■ :コウチュウ目　　■ :シリアゲムシ目　　■ :トビケラ目

■ :チョウ目

札幌の昆虫
Common Insects of Sapporo

［木野田君公 著］

北海道大学出版会

この本の見方

標本写真の下に，昆虫の名前，大きさ，成虫がおもに見られる時期や幼虫の食べものなどを示した。

(例)

（和名）　（珍しさ）　（よく似た種がいる）　日本では（北海道特産種）　（幼虫写真の有無）

キアゲハ○●★ 幼

①6〜9月　②65〜90mm　③山地〜平地
④ニンジン，セリなどのセリ科の草

① **成虫が，おもに見られる時期**
書かれていないものは，春から秋まで見られる種類。

② **昆虫の大きさ**
おもに著者が保存している標本の大きさに，一部で他の図鑑からデータを引用した。必ずしもこの大きさの範囲に納まるものではない。

③ **成虫が，おもに見られる場所**

④ **幼虫が食べるもの**
一部に成虫の食べものも書いたが，その場合は成虫は……を食べるとした。

● **よく似た種類がいるというマーク**
圏内に本書に記載した以外にもよく似た種類がいる。あるいはその可能性があるもの。この印があるものは，種類の判定には注意が必要で専門家に依頼するか，専門書などで確認する必要がある。小さなマーク●は可能性は低いがよく似ている種がいるもの。あるいはやや似た種がいるが，よく見れば区別が可能なもの。

★ **日本国内では，北海道だけに見られる種類**

圏内で目につく個体数の多さ(著者が見たところによる)

◉最も普通に見られる

普通に見られるものは特に記号なし

○少ない　　　　　　△産地は限られる
◎極めて稀　　　　　▲産地は極めて限られる

幼　このマークのあるものは巻末に**卵，幼虫，**あるいは**さなぎ**の写真がある。

圏内　この本での圏内とは，札幌市内，小樽市内，石狩市の石狩川左岸側を示す。

大きさの測り方について

この本では、昆虫の大きさを下のように測った。

トンボ・カゲロウ・カワゲラ・トビケラ目

大きさ

トンボでは尾部付属器を含む。カゲロウ、トビケラでは、腹部の先端から出ている尾毛(尾肢)は長さに含まない。

バッタ目

体か翅の長い方をとる。産卵管は含まない。

大きさ

ハサミムシ目

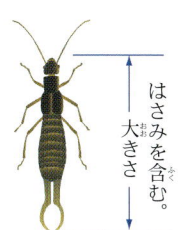

はさみを含む。大きさ

カメムシ目

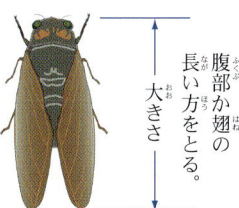

腹部か翅の長い方をとる。大きさ

コウチュウ目

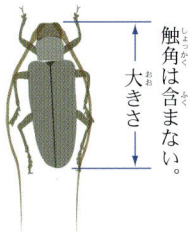

触角は含まない。大きさ

コウチュウ目のクワガタムシ科

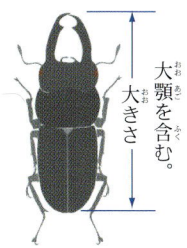

大顎を含む。大きさ

コウチュウ目のゾウムシ上科

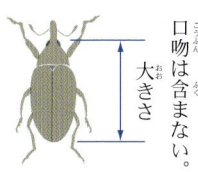

口吻は含まない。大きさ

チョウ・アミメカゲロウ・シリアゲムシ目

大きさ(開長)

ハエ・ハチ目

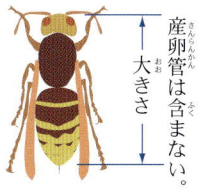

産卵管は含まない。大きさ

圏内の地図

　この本に出てくる昆虫は，ほとんどが下図の灰色の境界線内(札幌市，小樽市，石狩市の石狩川左岸側)で採集したものである。この境界線内を**圏内**と呼ぶことにする。圏外で採集した標本については，標本写真の下に産地を示した。また，参考のために圏内には生息しないと思われる種の標本も示したが，その場合は文章中に圏内に生息しない種であることを示した。

(イメージ図)

圏内で見られる昆虫について

　圏内は，砂浜・砂質の原野(旧砂丘)・防風林・岩礁のある海岸部，湿地・河川中〜下流域・池・畑地・公園・民家などを含む平野部，草原・森林・湿原・河川上〜中流域などを含む低山地や山岳部などいろいろな地形と植生からなる。このようなさまざまな環境からなる圏内は，北海道では最も昆虫の豊富な地域の一つである。

　圏内の低地域は，北海道南西部と北東部を分ける生物相の境界上(札幌と苫小牧をむすぶ**石狩低地帯**がその境界線に当る)にあり，圏内の山側は，北海道南西部地域の北東端部に位置している。圏内の昆虫は，このように生物地理学的にも重要な位置にあり，これまで多くの研究がなされてきたが，未だ未解明のことも多い。

　また，圏内の地名にちなんだ和名や学名のついた昆虫も多く，サッポロフキバッタ，モイワサナエ，ジョウザンシジミ，ジョウザンミドリシジミ，ジョウザンヒトリ，コトニミギワバエなど100種類以上にのぼる。「エゾ」などといった広い地域ではなく，狭い場所の地名がこれほど多くの昆虫名に使用されている場所は国内では他にはなく，札幌が日本の昆虫学の発祥の地であったことがうかがえる。

　このように，いろいろな昆虫が生息する重要な地域ではあるが，草原，荒地や湿地の大部分は開発され，低地の昆虫は激減し圏内では見られなくなった種類も少なくない。平野部では，これに代わって街路樹，庭木，野菜などを食べたり，人工的な環境にでも適応できる昆虫や外来種が侵入しつつある。また，山地や丘陵地においても，砂防ダムや河川改修工事が継続して行われ，清流にすむトンボ，水生昆虫類や河川沿いに生息する昆虫なども減少の一途をたどっている。

もくじ

この本の見方 ……………2
大きさの測り方について ……3
圏内の地図 ……………4
圏内で見られる昆虫について‥5

カゲロウ目 ……………10
ヒラタカゲロウ科 ……………11
コカゲロウ科 ……………12
モンカゲロウ科 ……………12
マダラカゲロウ科 ……………13

トンボ目 ……………14
カワトンボ科 ……………16
アオイトトンボ科 ……………16
モノサシトンボ科 ……………17
イトトンボ科 ……………17
ムカシトンボ科 ……………21
サナエトンボ科 ……………22
オニヤンマ科 ……………23
ヤンマ科 ……………24
エゾトンボ科 ……………30
トンボ科 ……………31

カワゲラ目 ……………38
クロカワゲラ科 ……………39
オナシカワゲラ科 ……………40
ミドリカワゲラ科 ……………40
アミメカワゲラ科 ……………40
カワゲラ科 ……………41

バッタ目 ……………42
カマドウマ科 ……………44
キリギリス科 ……………44
ケラ科 ……………47
コオロギ科 ……………48
ヒシバッタ科 ……………49
ノミバッタ科 ……………49
バッタ科 ……………50

ハサミムシ目 ……………54
マルムネハサミムシ科 ……55
オオハサミムシ科 ……………56
クヌギハサミムシ科 ……………57

カメムシ目 ……………58
セミ科 ……………60
アワフキムシ科 ……………62
コガシラアワフキ科 ……………63
ツノゼミ科 ……………63
ヨコバイ科 ……………63
ヒシウンカ科 ……………65
コガシラウンカ科 ……………65
ハネナガウンカ科 ……………65
テングスケバ科 ……………65
アブラムシ科 ……………66
コオイムシ科 ……………66
タイコウチ科 ……………67
ミズムシ科 ……………67
アメンボ科 ……………68
マツモムシ科 ……………70
イトアメンボ科 ……………70
カスミカメムシ科 ……………70

マキバサシガメ科 …………75	シデムシ科 ……………105
ヒラタカメムシ科 …………75	クワガタムシ科 …………106
グンバイムシ科 ……………76	コガネムシ科 ……………116
ナガカメムシ科 ……………76	マルトゲムシ科 …………122
サシガメ科 …………………77	タマムシ科 ………………123
ホシカメムシ科 ……………77	コメツキムシ科 …………124
ヘリカメムシ科 ……………77	コメツキダマシ科 ………125
ヒメヘリカメムシ科 ………78	ベニボタル科 ……………126
ホソヘリカメムシ科 ………78	ジョウカイボン科 ………128
ツチカメムシ科 ……………78	ホタル科 …………………129
クヌギカメムシ科 …………79	ジョウカイモドキ科 ……129
カメムシ科 …………………79	カツオブシムシ科 ………130
ツノカメムシ科 ……………82	ヒメトゲムシ科 …………130
	シバンムシ科 ……………130
アミメカゲロウ目 ……84	コクヌスト科 ……………131
ヘビトンボ科 ………………85	ツツシンクイ科 …………131
センブリ科 …………………86	ヒラタムシ科 ……………131
ヒロバカゲロウ科 …………87	ケシキスイ科 ……………132
クサカゲロウ科 ……………87	オオキスイムシ科 ………132
ウスバカゲロウ科 …………89	コメツキモドキ科 ………132
	オオキノコムシ科 ………133
コウチュウ目 …………90	テントウムシ科 …………134
ハンミョウ科 ………………92	ゴミムシダマシ科 ………138
オサムシ科 …………………92	ハムシダマシ科 …………139
ミズスマシ科 ………………99	クチキムシ科 ……………139
ゲンゴロウ科 ………………100	クビナガムシ科 …………139
ガムシ科 ……………………102	キノコムシダマシ科 ……139
エンマムシ科 ………………102	アカハネムシ科 …………139
エンマムシモドキ科 ………103	ナガクチキムシ科 ………140
クシヒゲムシ科 ……………103	ハナノミ科 ………………141
デオキノコムシ科 …………103	ツチハンミョウ科 ………141
ハネカクシ科 ………………104	アリモドキ科 ……………141

カミキリモドキ科 …………142
カミキリムシ科 …………143
ハムシ科 …………164
ヒゲナガゾウムシ科 ………172
オトシブミ科 …………172
ゾウムシ科 …………175
オサゾウムシ科 …………177
ミツギリゾウムシ科 ………177

シリアゲムシ目 ………178
シリアゲムシ科 …………179

ハエ目 …………180
ガガンボ科 …………182
カ科 …………185
ユスリカ科 …………185
ブユ科 …………186
ケバエ科 …………186
コガシラアブ科 …………187
アブ科 …………188
ミズアブ科 …………189
クサアブ科 …………189
ムシヒキアブ科 …………190
ツルギアブ科 …………192
ツリアブ科 …………192
オドリバエ科 …………193
アシナガバエ科 …………193
メバエ科 …………193
マルズヤセバエ科 …………193
ミバエ科 …………193
ハナアブ科 …………194
ベッコウバエ科 …………220

ヤチバエ科 …………220
トゲハネバエ科 …………220
ヒロクチバエ科 …………220
シラミバエ科 …………220
フンバエ科 …………220
ヤドリバエ科 …………221
クロバエ科 …………222
ニクバエ科 …………223
イエバエ科 …………223

トビケラ目 …………224
トビケラ科 …………225
エグリトビケラ科 …………226
ヒゲナガカワトビケラ科 …227
シマトビケラ科 …………227

チョウ目 …………228
コウモリガ科 …………230
ヒゲナガガ科 …………230
ミノガ科 …………230
ハマキガ科 …………231
ホソハマキモドキガ科 ……231
スカシバガ科 …………232
ニセマイコガ科 …………232
イラガ科 …………232
マダラガ科 …………233
マドガ科 …………234
メイガ科 …………234
トリバガ科 …………235
イカリモンガ科 …………235
セセリチョウ科 …………236
アゲハチョウ科 …………240

シロチョウ科 ……………248	コンボウヤセバチ科 ……330
シジミチョウ科 …………254	セイボウ科 ………………330
タテハチョウ科 …………270	アリバチ科 ………………331
オオカギバガ科 …………292	コツチバチ科 ……………331
カギバガ科 ………………292	ツチバチ科 ………………331
トガリバガ科 ……………293	アリ科 ……………………332
アゲハモドキガ科 ………293	ベッコウバチ科 …………334
シャクガ科 ………………294	スズメバチ科 ……………335
イボタガ科 ………………300	ドロバチ科 ………………340
カレハガ科 ………………300	アナバチ科 ………………341
オビガ科 …………………301	アリマキバチ科 …………341
カイコガ科 ………………301	ギングチバチ科 …………342
ヤママユガ科 ……………302	ドロバチモドキ科 ………344
スズメガ科 ………………304	フシダカバチ科 …………345
シャチホコガ科 …………305	ムカシハナバチ科 ………346
トラガ科 …………………307	コハナバチ科 ……………346
ドクガ科 …………………308	ヒメハナバチ科 …………347
ヒトリガ科 ………………310	ハキリバチ科 ……………348
ヤガ科 ……………………312	ミツバチ科 ………………349

ハチ目 ……………320
ヒラタハバチ科 …………322
ミフシハバチ科 …………322
ヨフシハバチ科 …………323
コンボウハバチ科 ………323
ハバチ科 …………………324
キバチ科 …………………326
クビナガキバチ科 ………326
コマユバチ科 ……………327
ヒメバチ科 ………………327
カギバラバチ科 …………330
コガネコバチ科 …………330

幼虫 ……………354
その他の節足動物 ……366

各環境で見られる昆虫 ………370
体の名称……………………376
参考文献……………………384
あとがき……………………386
ご協力頂いた方々…………387
索引と学名…………………389

カゲロウ(蜉蝣)目

札幌市南区小樽内川　　モンカゲロウ　6/22

カゲロウ目 翅のある昆虫の中で最も原始的で，翅を合わせるだけで腹の上に重ねてたたむことはない。体は軟らかく，後翅は小さい。前脚は長く前に突き出し，腹の先に2〜3本の長い尾毛がある。成虫は何も食べず寿命は短く数時間〜数日で，"カゲロウの命"といわれるように成虫期間は短い。羽化して亜成虫となり，1〜数日を草上などで過ごしてからさらに脱皮をして成虫となる。亜成虫では翅は白色を帯び，成虫そっくりの姿をしていて飛ぶことができる。交尾は，夜明けか夕暮れに群れをなして飛ぶ♂の中に♀が飛び込んで行われる。この時の様子が，陽炎のように見えることでこの名がある。幼虫は水生で，頭部が大きく腹部にえらと2〜3本の尾毛をもつ。水中の植物質または動物質を食べ，石につく藻類を食べるものが多い。幼虫の脱皮回数は12回前後と多く，40回以上も脱皮する例も記録されている。

＊カゲロウ目の体の大きさは，頭部先端から尾毛を含まない腹部先端までの長さ(体長)とした。

ヒラタカゲロウ科 成虫の尾毛は2本。幼虫の体は平たく複眼は頭部の背面後方にあり，尾毛は2〜3本。幼虫の生息域は河川の上流〜下流，湖の石や枯葉の隙間などいろいろである。

ヒラタカゲロウ属
エルモンヒラタカゲロウの幼虫

ヒラタカゲロウ属
エルモンヒラタカゲロウの幼虫

幼虫は体長15mm前後，えらに赤紫色の斑点がある。

エルモンヒラタカゲロウ ● 幼

①6〜9月 ②12mm前後
③山地の渓流
＊幼虫は渓流の流れの速いところに生息する。

12　カゲロウ目　　　　　　　　コカゲロウ，モンカゲロウの仲間

コカゲロウ科　成虫の尾毛は2本。幼虫は小型円筒形で尾毛は2〜3本。有機物あるいは石表面の藻類を食べる。フタオカゲロウ科に似るが幼虫の腹部第9節後側には，とげ状の突起はない。

コカゲロウ科の一種の幼虫●　5/21
（とげ状の突起がない。）

コカゲロウ科の一種の亜成虫●　6/23

モンカゲロウ科　やや大型で翅は透明か褐色を帯びた色をしている。成虫には3本の尾毛がある。幼虫は円筒形で水底の砂や隙間にもぐり込み，砂底の細かな有機物の粒を食べる。

モンカゲロウの幼虫　5/21

フタスジモンカゲロウの幼虫　5/21

モンカゲロウ科は1属4種で圏内には3種が生息し，幼虫は腹部背面後方の斑紋で区別できる。

モンカゲロウ●

①6〜7月　②15〜17mm
③山地の渓流
＊幼虫は渓流の砂泥の中で生活。

フタスジモンカゲロウ

①6〜7月　②15mm前後
③山地の渓流
＊幼虫は渓流の砂泥の中で生活。

カゲロウ目 13

マダラカゲロウ科 成虫には3本の尾毛がある。幼虫の体はいくぶん平らで、5対のえら、3本の尾毛がある。4対目のえらが5対目のえらをおおい、一見すると4対のようである。

トウヨウマダラカゲロウ属の一種の幼虫
体長10mm前後

ミツトゲマダラカゲロウの幼虫
体長12mm前後、頭頂部の中央部の突起(矢印部)の先端はくぼまない。前脚腿節背面の顆粒状突起(矢印部一帯)の先端はとがる。

フタマタマダラカゲロウの幼虫
頭頂部の中央部の突起(矢印部)はV字形にくぼむ。前脚腿節背面の顆粒状突起(矢印部一帯)の先端は円形である。

マダラカゲロウ科の一種

①6〜7月 ②10mm前後
③山地の渓流

札幌市南区小樽内川
エルモンヒラタカゲロウの幼虫などが生息する流れの速い渓流域

トンボ(蜻蛉)目
せい れい もく

札幌市手稲区手稲山　　ルリボシヤンマ♂　8/20

トンボ目 体は細長く，複眼は大きく大顎は発達している。透き通った丈夫な翅をもち，飛びながら餌をとったり産卵するなど空中生活に適した昆虫である。成虫は，カなどの小昆虫を空中でとらえて食べる。幼虫(ヤゴ)は，水中にすみ水中の小昆虫をとらえて食べる。

イトトンボ(均翅)亜目，ムカシトンボ亜目，トンボ(不均翅)亜目に大きく分けられる。**イトトンボ亜目**は，目が離れ，前後の翅の形はほぼ同じで止まる時に翅を閉じる(アオイトトンボ属では翅を開いて止まることが多い)。腹部は細長く，♂腹部末端の付属器は上下各2本の合計4本ある。**ムカシトンボ亜目**は，複眼や胴体はトンボ亜目のサナエトンボ類に似るが，翅はイトトンボ亜目に似て前後の翅はほぼ同じ形で，翅を閉じて止まる。**トンボ亜目**は，目が離れず，後翅は前翅より広く，羽化時以外は翅を開いて止まる。♂腹部末端の付属器は上部2本，下部1本の合計3本である。

＊トンボ目の体の大きさは，頭部先端から尾部付属器を含む腹部先端までの長さ(体長)とした。

圏内のトンボ目

　　圏内では，トンボは一般に5月下旬ころから見られ，はじめにエゾイトトンボやヨツボシトンボが現れる。エゾイトトンボは，羽化後しばらくは水辺からやや離れた林内の日の当るところで見られる。5月下旬～6月上旬，ムカシトンボは，山地の渓流上やその上空を餌を求めて飛ぶ。6月，低山地では，オオトラフトンボ，タカネトンボ，シオヤトンボが発生する。6月下旬，平地の湿地では，アオヤンマ，ルリイトトンボ，キタイトトンボなどが発生する。7～8月，トンボの成虫が多くなる時期で，西岡水源地では，オニヤンマ，コシボソヤンマ，エゾコヤマトンボ，コオニヤンマ，モイワサナエ，コサナエ，ホンサナエ，タカネトンボ，コエゾトンボ，オゼイトンボ，シオヤトンボなどを見ることができる。平地の湿地，池，沼などでは，コサナエ，シオカラトンボや各種のイトトンボ類が発生する。札幌市北区の福移湿地では，カラカネイトトンボ，オゼイトンボ，アオイトトンボ，マイコアカネ，オオルリボシヤンマなどが見られる。カラカネイトトンボとマイコアカネは圏内ではここでしか見ることができない。平地の水路や広い面積の池では，時々ギンヤンマが見られる。海岸部では，ウスバキトンボが見られるようになる。山地ではアキアカネ，ノシメトンボが多くなり，林道沿いではオニヤンマがなわばりを行き来する。また，山地の湿地にはルリボシヤンマ，やや広い池や沼ではオオルリボシヤンマが多い。山地の林道上ではタカネトンボなどのエゾトンボ類がしばしば往復する。山岳部の湿原では，カオジロトンボ，ルリボシヤンマ，ルリイトトンボ，エゾイトトンボなどが見られる。8月末～9月，アキアカネやノシメトンボが山から平野部に戻ってくる。平地の水辺にはマユタテアカネやオオルリボシヤンマなどが，山岳部の湿地ではムツアカネが見られる。オツネントンボは，成虫で越冬し，おもに平野部で1年を通して見られる。

カワトンボ科 大型。低山地の渓流付近をゆるやかに飛ぶ。

以前はヒガシカワトンボと呼ばれていたが、DNAの研究で北海道から九州まで広く分布することがわかり、オオカワトンボと改称され、さらにその後ニホンカワトンボに改称された。

(橙色型)

ニホンカワトンボ

①6〜7月 ②45〜53mm
③低山地の渓流沿い

(透明型)

翅は、♂は透明型と橙色型がある。♀は透明型のみ。成熟した個体は、♂♀で翅の縁紋の色が異なる。

アオイトトンボ科 金属光沢の青〜緑色のものが多い。翅のつけねは細い。

エゾアオイトトンボ▲○

①7〜9月
②34〜42mm
③平地〜山地の森林内の湿地や池沼

未熟

下付属器は先端付近が広がる。

産卵管突起の先端は腹端より長い。

アオイトトンボ●

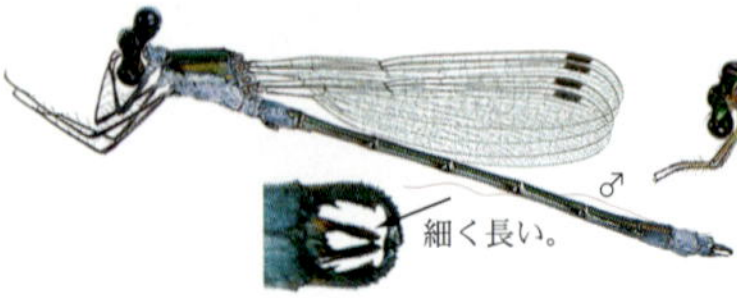

①7〜9月
②36〜43mm
③平地や山地の池沼、湿地

細く長い。

エゾアオイトトンボ、アオイトトンボともに♂の胸部は成熟すると白粉を生じる。近似種にオオアオイトトンボがいるが、より大型で圏内では極めて稀。

オツネントンボ

①通年、成虫で越冬 ②37mm前後
③平地〜低山地の池沼、湿地

トンボ目 17

モノサシトンボ科　頭部は横に長い。腹部は細く長い。

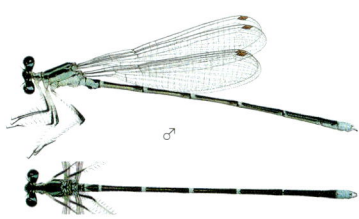

モノサシトンボ△

①7〜8月　②42〜46mm
③平地や丘陵地の池沼, 湿地

♂♀ほぼ同じ大きさだが, ♀がわずかに太く短い。

イトトンボ科　小〜中型で細い。複眼は左右に離れる。前翅と後翅の形はほぼ同じ。♀は緑色を帯びるものが多い。

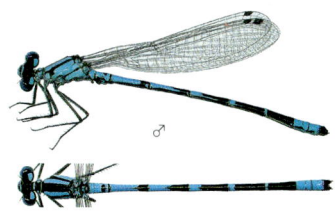

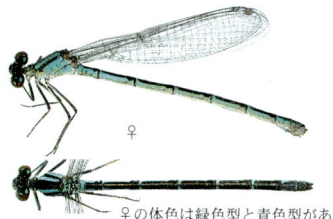

♀の体色は緑色型と青色型がある。

ルリイトトンボ

①5〜9月　②33〜35mm
③平地〜山地の池沼

眼後紋の形　腹部つけねの模様

胸の側面に1本の太く明瞭な黒いすじがある。♂の体の青色紋は緑色を帯びない。

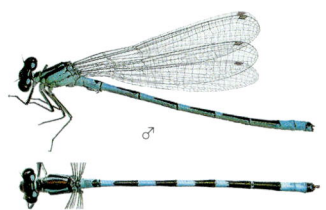

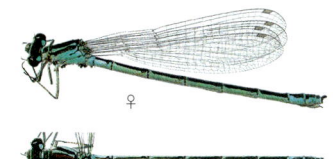

成熟♀は, やや青みのある黄緑色。

エゾイトトンボ

①5〜7月　②31〜36mm
③平地〜山地の池沼, 湿地

眼後紋の形　腹部つけねの模様

黒色斑はスペード型。

眼後紋は丸みがある。羽化後しばらくは, 水辺から離れた森林の日当たりなどで生活する。

18　トンボ目　　　　　　　　　　イトトンボの仲間

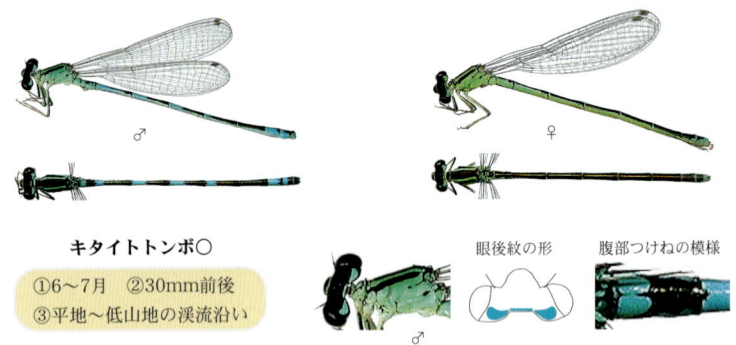

キタイトトンボ◯
①6〜7月　②30mm前後
③平地〜低山地の渓流沿い

眼後紋の形　腹部つけねの模様

エゾイトトンボよりやや小型。♂の胸部は成熟すると緑色を帯びる。眼後紋は特徴的。

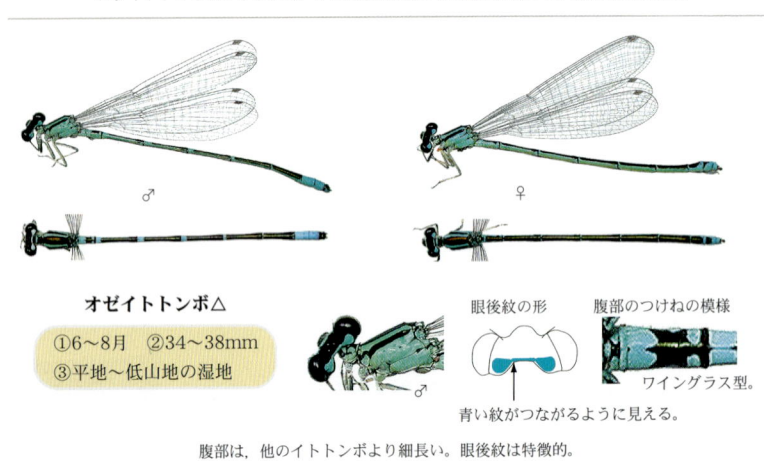

オゼイトトンボ△
①6〜8月　②34〜38mm
③平地〜低山地の湿地

眼後紋の形　腹部のつけねの模様

ワイングラス型。

青い紋がつながるように見える。

腹部は，他のイトトンボより細長い。眼後紋は特徴的。

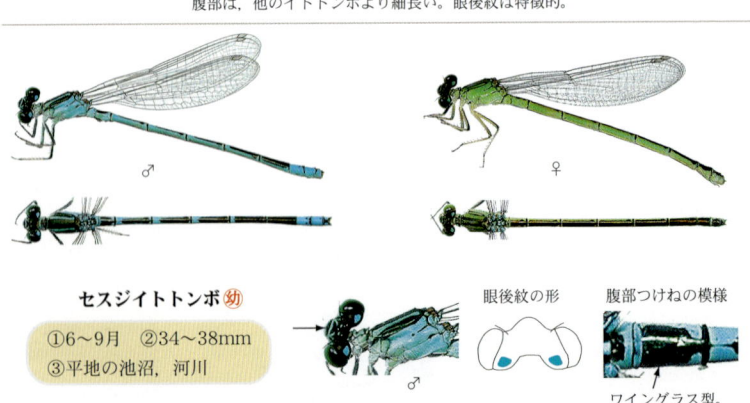

セスジイトトンボ幼
①6〜9月　②34〜38mm
③平地の池沼，河川

眼後紋の形　腹部つけねの模様

ワイングラス型。

眼後紋は，小さく三角形状。オオイトトンボに似るが，顔面に模様がある。

イトトンボの仲間　　　　トンボ目 19

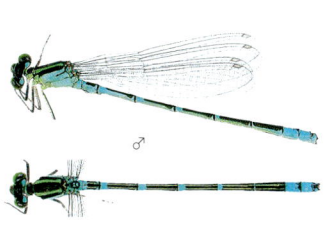
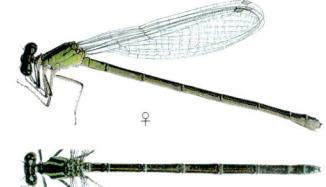

オオイトトンボ △○

①7〜9月　②34〜38mm
③平地や丘陵地の池沼湿地

眼後紋の形

腹部つけねの模様

眼後紋は，コンマ状。胸の側面のすじは明瞭。顔に紋がない。

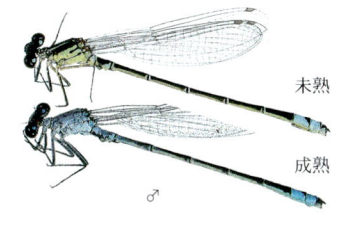
未熟
成熟
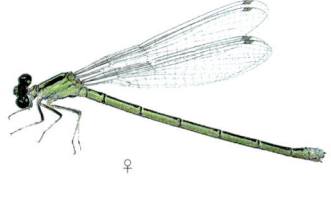

クロイトトンボ

①7〜9月　②32〜36mm
③平地の大きな湖沼など

眼後紋の形

腹部のつけねの模様

♂の胸は，白い粉をふく。眼後紋は小さい。場所によっては普通。

札幌市手稲区手稲山　エゾイトトンボ♂♀　7/7

札幌市モエレ沼　ルリイトトンボ　7/2

20　トンボ目　　　　　　　　　　イトトンボの仲間

♂

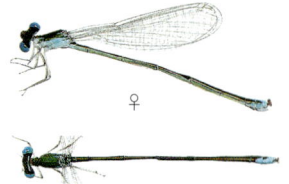
♀

カラカネイトトンボ▲○

①7〜8月　②25〜27mm
③ミズゴケやスゲ類の茂る湿地

♂
　眼後紋の形　　腹部のつけねの模様

最も小型で判別は容易。生息地は限られる。圏内では，札幌市北区福移にのみ生息。

未熟
成熟
♂

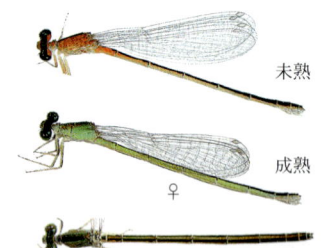
未熟
成熟
♀

アジアイトトンボ△

①6，8月　②27〜31mm
③平地や丘陵地の池沼，湿地

♂
　眼後紋の形　　腹部のつけねの模様
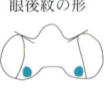 

小型で♂は腹部先端近くに青色紋がある。ところによっては普通。

札幌市福移　カラカネイットトンボ　8/11

札幌市東茨戸　アジアイトトンボ未熟♀　8/11

ムカシトンボ科 中型。複眼が離れ、前翅と後翅の形が似る。腹部は縦に平たい。幼虫は山地の渓流にすむ。

ムカシトンボ○幼

①5～6月 ②32～48mm ③山間の渓流部 ＊日本の特産種。渓流上のやや開けた空間を飛ぶ。

札幌市手稲山　ムカシトンボ　5/30

ムカシトンボは1億5000万年も前のトンボの化石とほぼ同じ姿をしている。このため生きている化石といわれる。翅は閉じて止まる。同じ科の仲間は，インド，ネパールにすむヒマラヤムカシトンボだけである。山地の渓流にすみ，成虫は上空を飛ぶ昆虫などをとらえて食べる。幼虫は冷たい渓流にすみ，14回脱皮して，7～8年で成虫になるといわれる。

札幌市手稲山　ムカシトンボ　6/1

22　トンボ目　　　　　　　　　　サナエトンボの仲間

サナエトンボ科　中〜大型。複眼は，左右に離れる。腹部は，こん棒のように先端のやや手前でふくらみ，黒色に黄色〜緑色の斑紋がある。幼虫は平たく，川の水底にすむ。

コオニヤンマ△○● 幼

①7〜8月　②72〜80mm　③丘陵地や扇状地の砂泥底のゆるやかな流れ，低山地・平野部の砂礫底の河川　＊西岡水源地で見ることができるが年々少なくなって来た。

黒色条は短い。

コサナエ○

①7月　②40mm前後　③平地〜低山地の湿地

モイワサナエ

①7月　②38〜42mm　③低山地の渓流や湿地　＊圏内では，サナエトンボ科の中で最も多い。

ホンサナエ△○

①6〜7月　②47mm前後　③丘陵地や平地の砂泥質のゆるやかな流れの川　＊個体数は少ない。胸部と腹部は太いので上記2種との区別は容易。

札幌市西岡　コオニヤンマ　7/22

オニヤンマの仲間　　　　　　　　トンボ目　23

オニヤンマ科　大型。複眼は1点で接する。体には，黒色に黄色の斑紋がある。幼虫は，川の泥の中にひそむ。

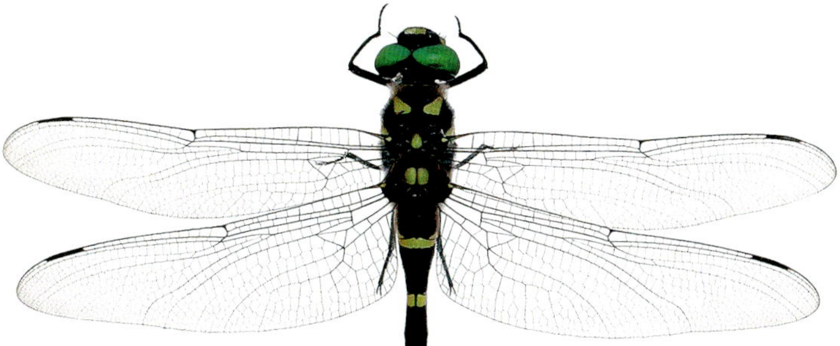

オニヤンマ●幼

①7〜8月　②77〜87mm
③泥土のある小川や湧水池のある渓流沿い。成虫は渓流や林道沿いを飛ぶ
＊渓流沿いに普通。

♂

♀の腹端

♂

札幌市南区札幌湖付近　縄張りを旋回するオニヤンマ♂　8/16

24　トンボ目　　　　　　　　　　ヤンマの仲間

> **ヤンマ科**　大型。複眼は左右が線で接する。黒色に青色や緑色の斑紋があるものが多い。幼虫は，水中の植物などに止まる。

ルリボシヤンマ
① 7〜9月
② 74〜80mm
③ 低山地の沼，湿地

♂は腹部基方の紋が緑色を帯びる。
♂♀ともここの黄緑色が後方に流れる。

オオルリボシヤンマ 🔵 幼
① 7〜9月
② 73〜80mm
③ 山地や平地の池沼，流れのゆるい川
＊平地の池などに普通。

♂♀とも先端がルリボシヤンマよりややとがる。

ヤンマの仲間　　　　　　　　トンボ目

マダラヤンマ△○

①7〜9月　②60〜63mm　③平地で水面の多くがヨシ・ガマなどでおおわれる湿地，池，沼，水路など　＊ヤンマの中で最も小型。飛ぶ姿は，オオルリボシヤンマに似るが，より小型のため区別できる。複眼の色はより青に近い。産地は限られ個体数は少ない。

ギンヤンマ△

①7〜8月
②66〜70mm
③平地〜低山地の比較的大きい池沼

26 トンボ目　　　　　　　ヤンマの仲間

札幌市無意根山　ルリボシヤンマ♀　9/24

札幌市手稲区星置　ギンヤンマ♂♀，シオカラトンボ♂　8/10

札幌市手稲区星置　マダラヤンマ♂　9/14

札幌市手稲区星置　マダラヤンマ♀　9/15

28 トンボ目　　　　ヤンマの仲間

アオヤンマ▲

①6〜8月　②77〜87mm　③平地のミズゴケ，ヨシ，ガマなどが茂る湿地

札幌市　アオヤンマの交尾　7/9

ヤンマの仲間　　　　　　　　　トンボ目 29

コシボソヤンマ▲○

①7〜8月　②77〜87mm　③林の中の枯葉などが沈む砂礫底の河川。早朝と夕方に飛ぶ

サラサヤンマ△◎

①6〜7月　②70mm前後　③山地の湿地林や谷川沿いの林道

エゾトンボの仲間

エゾトンボ科 中型。多くは黒色か褐色で、緑や青の金属光沢がある。幼虫の多くは、湿地や泥炭地のようなよどんだ水の中にすむ。

オオトラフトンボ○
①6月 ②55mm前後
③山地、森林のある池、沼

エゾコヤマトンボ△○
①6〜7月 ②68mm前後
③低山地の森林内の沼、よどみのある川

近似種オオヤマトンボは、体が一回り大きくがっしりしていて、顔面に2本の黄色条がある。

タカネトンボ
①6〜8月 ②50〜54mm ③平地〜山地の湿地や渓流沿いに普通

カラカネトンボ▲
①6〜8月 ②47mm前後
③山地の湖沼

圏内では、タカネトンボとよく似た種に、エゾトンボ、ハネビロエゾトンボ、コエゾトンボ、カラカネトンボ、キバネモリトンボが生息する。この中で本地域の山地ではタカネトンボが最も普通に見られる。

エゾトンボ，トンボの仲間　　　　　　　　　　トンボ目 31

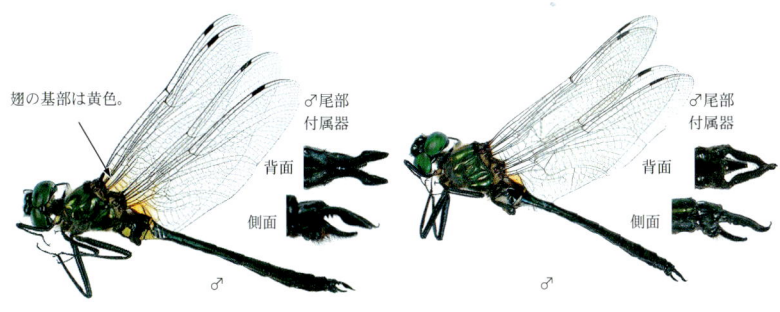

翅の基部は黄色。　　　　　　　　♂尾部付属器　　　　　　　　　　　　　　　♂尾部付属器
　　　　　　　　　　　　　　　　　背面　　　　　　　　　　　　　　　　　　　背面
　　　　　　　　　　　　　　　　　側面　　　　　　　　　　　　　　　　　　　側面

キバネモリトンボ◎　　　　　　　　　　**コエゾトンボ**

①6〜9月　②50〜55mm　　　　　　　①6〜9月　②55mm前後
③山地の湖沼や湿原のゆる　　　　　　　③低山地の湖沼，湿原，ゆる
やかな流れ　　　　　　　　　　　　　やかな流れのよどみ

圏内で見られるその他エゾトンボ類の見分け方
エゾトンボ：一般に胸部側面および腹部の各節に黄色紋が出る。圏内では稀。
ハネビロエゾトンボ：胸部に黄色紋があるが腹部にはない。圏内では極めて稀。

トンボ科　中型。複眼は上面で接する。産卵管があまり発達していないので，卵は水面に産み落とす。長く静止する時は，翅を水平よりさらに下げる。幼虫の多くは止水性で，流れのないところにすむ。

アキアカネ🔵🟠

①7〜10月　②37〜40mm
③平地〜山地に普通

アキアカネ：多くは平地の池や沼で羽化して成虫になり，夏は涼しい山地で過ごす。平地が涼しくなる秋ころには，再び戻って来て産卵を行う。夏〜秋に普通だが，日本特産種。近似種**ナツアカネ**はやや小型で黒色条線の先端(矢印部)が直角に断ち切れた形となる。圏内ではナツアカネは極めて稀。

32 トンボ目　　　　　　　　　　トンボの仲間

小樽市銭函　アキアカネの産卵風景　9/11

マユタテアカネ
①7〜10月　②28〜39mm
③平地〜低山地の池沼，湿地，流れのゆるい川の木陰

マイコアカネ▲○
①7〜9月　②25〜34mm
③平地や丘陵地の池，沼，湿地

圏内での産地は，札幌市北区福移湿地のみ。

← ♂♀ともに，一般には翅の先端は黒くなる。

ヒメリスアカネ△
①7〜9月　②36mm前後
③森林の中の池沼や湿地，河原など

トンボの仲間　　　　　　　　　　トンボ目 33

キトンボ△○

①7〜10月　②40mm前後
③平地〜低山地の岸辺に木立ちのある池沼

♂ 産地は局地的で個体数は少ない。

翅の基部付近と前縁が橙色。

タイリクアカネ△○●

①7〜9月　②40〜42mm　③海岸沿いや平地の池沼，低山地

未熟♂
成熟♂

アキアカネのように，夏は山地で過ごす。翅の基部が橙黄色で飛んでいるといくぶん翅が赤っぽく感じられる。

未熟♂

成熟♂

産地は局地的で個体数も多くはない。

ノシメトンボ●

①7〜10月　②37〜42mm
③山地〜平地に普通

アキアカネとともに，最も普通。

 ♂
 ♀
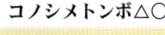

コノシメトンボ△○

①7〜9月　②34〜41mm
③平地〜低山地の池，沼，湿地

 ♂
 ♀

産地は局地的。

34　トンボ目　　　　　　　　　　　トンボの仲間

ミヤマアカネ△

①8〜9月　②35〜36mm
③丘陵地や平地の池沼, 河原

ムツアカネ▲

①8〜10月　②33〜38mm
③山岳部の湿原

圏内では南区の山岳部の湿原に生息。

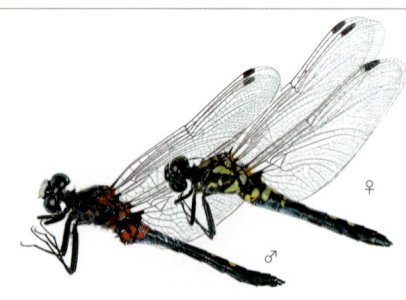

カオジロトンボ▲

①7〜8月　②33〜38mm
③山岳部の湿原

圏内では南区の山岳部の湿原に生息。

ウスバキトンボ

①7〜9月　②46〜50mm
③海岸沿い〜平地〜山地

圏内では, 海岸部に近い平野部でよく見られる。

毎年, 南方から南風に乗って渡ってくるもので琉球列島以北では, 越冬は確認されていない。

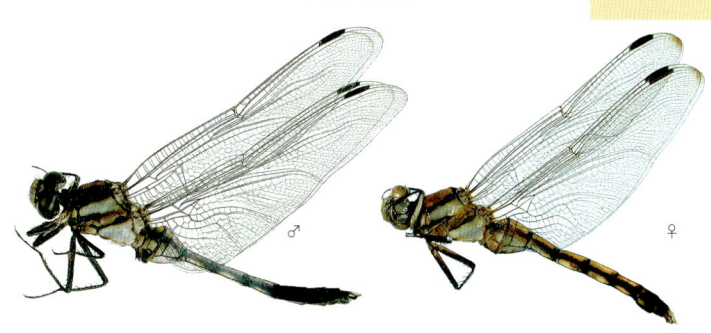

トンボの仲間　　　　　　　　　　　トンボ目　35

シオカラトンボ

①6〜8月　②45〜52mm　③平地〜低山地の池沼や流れのゆるい小川　＊平地に普通。

未熟♂
成熟♂

シオヤトンボ

①6〜8月　②41〜45mm　③山地の湿地，川沿いの林道　＊山地に普通。

褐色の斑紋がある。
黒色の斑紋がある。

ヨツボシトンボ○

①5〜7月　②40mm前後　③低山地の沼，湿地　＊圏内ではやや少ないが，北海道の低湿地ではところにより普通。

36　トンボ目　　　　　　　　　　　　トンボの仲間

札幌市星置　キトンボ♀　9/16

札幌市福移　マイコアカネ♀　9/11

札幌市南区　カオジロトンボ♂　7/29

札幌市南区　カオジロトンボ♀　7/29

札幌市南区　ムツアカネ♂　9/24

小樽市銭函　アキアカネ♂とノシメトンボ♀の連結　9/5

トンボの仲間　　　　　　　　　トンボ目　37

小樽市銭函　ヒメリスアカネ♀　8/16

札幌市星置　羽化直後のウスバキトンボ♂　9/11

札幌市星置　ミヤマアカネ♂　8/10

札幌市星置　タイリクアカネ♂　9/15

札幌市南区　コノシメトンボ♂　8/9

カワゲラ(襀翅)目

札幌市手稲区滝の沢川　　　　　キカワゲラ属の一種　5/29

クロカワゲラの仲間　　カワゲラ目　39

カワゲラ目　体は軟らかく細長い。腹部の先端には1対の尾がある。成虫は川沿いの草木や石下に見られる。口はあまり発達しないか，なくなっていて，多くの種は何も食べず，水分などをとるだけと考えられる。不完全変態。幼虫は成虫になるまでに12〜36回くらいの脱皮をし，大型の幼虫は肉食性で，小型の幼虫ではたいてい藻類や植物質を食べるといわれている。一般に酸素の豊富なきれいな川にすむ。北半球のカワゲラ類は，腹部を草の茎などに叩きつけて振動を与え，交尾相手を探すことが知られている。

＊カワゲラ目の体の大きさは，頭部先端から腹部先端までの長さ(体長)で示した。

クロカワゲラ科　多くは小型で褐色〜黒色。成虫は冬場に羽化して交尾を行い，水中に卵を産む。晴れた暖かい日に雪上を歩くのでセッケイムシとも呼ばれる。

クロカワゲラ科の一種A　2/21

①2〜4月　②6〜8mm　③山地，早春に樹上や雪上に見られる

クロカワゲラ科の一種B　2/21

①2〜4月　②6〜7mm　③山地，早春に樹上や雪上に見られる。成虫はトビムシやユスリカなどを食べる

札幌市手稲区手稲山　　雪上を歩くクロカワゲラ科の一種A　2/21

オナシカワゲラ科 カワゲラ目の中では最も多くの種類が記録されているが多くの未記載種がいる。

ミドリカワゲラ科 小型で一般に黄緑色。翅の臀脈が5本未満に退化するなどの特徴をもつ。

オナシカワゲラ科の一種● 5/26

ミドリカワゲラ科の一種● 5/21

①6〜8月 ②9mm前後
③渓流付近

①6〜8月 ②6mm前後
③渓流付近

アミメカワゲラ科 前胸は黒く，中央に顕著な黄色い線がある。翅脈は目立ち網の目状に見える。

アミメカワゲラモドキ属の一種●

①4〜6月
②16mm前後
③山地の渓流付近の草上

アミメカワゲラ科の一種の幼虫● 6/21

カワゲラの仲間　カワゲラ目　41

カワゲラ科　翅は黄色〜褐色で紋はない。幼虫の胸部には，えらがある。成虫になるまでに数年かかるといわれる。幼虫は小さな水中生物などを捕食する。

カミムラカワゲラ属の一種

カミムラカワゲラ属の一種の幼虫　6/12

①6〜9月　②20mm前後
③山地の渓流付近の草上
＊幼虫は山地の川の石の下などにすむ。

キカワゲラ属の一種　5/27

キカワゲラ属の一種の幼虫　6/21

カワゲラ類が生息する渓流沿い

バッタ(直翅ちょくし)目もく

札幌市南区朝里峠　　　　ミカド(ミヤマ)フキバッタ　8/18

バッタ目 頭は大きく口はかむ形で，前翅は硬く，後翅を保護している。後脚は長く大きくて，飛び跳ねるのに適している。食性は，草食性，肉食性，雑食性といろいろ。発音器をそなえるものが多い。

キリギリス亜目(キリギリス，コオロギ類)と**バッタ亜目**に分けられる。**キリギリス亜目**は，動物食が多く，夜行性のため触角は長く，複眼は小さい。前脚に耳がある。交尾は♀が♂の上に乗って行われる。左右前翅の摩擦により発音する。**バッタ亜目**は，植物を食べ，昼行性。腹部第1節に耳がある。交尾は♂が♀の上に乗って行われる。後腿節と前翅の摩擦により発音する。

＊バッタ目の体の大きさは，頭部先端から腹部先端，あるいは頭部先端から翅の先端までの長い方の長さで示した。ただし，キリギリス亜目に見られるような♀の腹部先端に突き出た産卵管は，長さに含めない。

圏内のバッタ目

5～6月，山地のフキなどの葉上には，サッポロフキバッタ，ミカドフキバッタ，ハネナガフキバッタの幼虫が群がる。平地や低山地の裸地や荒地を歩くと，小さなハラヒシバッタが時々足元から飛び出す。7月各種のバッタ類やキリギリス類が成虫になり始める。山地の朽木や倒木下，古い民家の軒下などにはマダラカマドウマなどのカマドウマ類が隠れている。8～9月，平野部～山地の草地では，ヒナバッタ，サッポロフキバッタ，ミカドフキバッタ，ハネナガフキバッタが多く，時々トノサマバッタが足元から飛び出す。イナゴモドキは低山地のところどころで見られる。コバネイナゴは，低山地にも生息するが，おもに平地の草地や牧草地などに生息する。クルマバッタモドキは，河川のやや乾燥した河原に局所的に見られる。ツマグロイナゴモドキは，今のところ定山渓付近の山麓でだけ見つかっているが，元来生息していたかどうかはわからない。平地～低山地の庭，草地や石の陰には，エゾエンマコオロギがいてリーリーと鳴く。札幌の平地から小樽方面には，エンマコオロギも生息していてコロコロリーと鳴く。やや乾燥した荒地には，シバスズやマダラスズ(いずれもジージーと鳴く)が生息する。イブキヒメギスは各所に多い。平地～低山地の草地では，カンタンが普通で，ルルルとやや寂しげな鳴き声を聞くと秋の到来を感じる。ケラは平地の水路脇や石下などに穴を掘ってすむ。ジージーと鳴き声はしても姿の見えないことが多いが，生息地では灯火によく現れる。ハネナガキリギリスは，やや草丈の高い草地でチョンギース，チョンギースと大きな音を立てて鳴くのでわかりやすい。また，ヤブキリも圏内の一部に局所的に生息している。ササキリ類は，かつて平野部では普通に見られたが，荒地や空地の開発に伴い，生息域と個体数は減少しつつある。

44　バッタ目　　　　　　　　　　　　カマドウマ，キリギリスの仲間

カマドウマ科 背中は丸く，ずんぐりしていて翅がない。後脚と触角はとても長い。じめじめしたところを好む。

モリズミウマ
①7〜9月　②18〜25mm
③屋内や屋外の暗いところ
④成虫は雑食性で夜間活動する

マダラカマドウマ
①7〜9月
②18〜25mm
③屋内や屋外の暗いところ
④成虫は雑食性で夜間活動する

キリギリス科 触角は長く，体はやや縦に平たい。色は褐色か緑色で，葉によく似ている。バッタよりも複眼は小さく，産卵管は長い。前翅は左が上，右が下になっている。♂は，前翅をこすり合わせて鳴く。前脚の脛節に耳がある。

ハネナガキリギリス　①7〜9月　②38〜50mm
③草原や草地のやぶの中など

♂はチョンギース，チョンギースと草地でかん高い音を出して鳴く。近くで鳴いていても体の色が褐色の枯れ草と緑色の草との保護色となっているために見つけづらい。

ハネナガキリギリス　8/31

キリギリスの仲間　　　　　　　　バッタ目　45

ヒメクサキリ

(褐色型)
♂
♀

ヒメクサキリ

①7〜10月　②36〜39mm
③やや湿った草地
＊緑色型と褐色型がある。ジーと同音で途切れなく鳴く。

ツユムシ

♂
♀

ツユムシ　8/27

ツユムシ

①7〜9月　②30〜33mm
③おもに平地の草原や草地の植物や花
＊ジ・ジ・ジーッチ・ジーッチと鳴く。ツユムシ類は♂♀とも鳴くらしい。エゾツユムシより体が細い。

エゾツユムシ

♂
エゾツユムシ
♀

エゾツユムシ　8/20

葉の上で独特の姿勢をとる。

♀の後翅は前翅からはみ出ない。

エゾツユムシ

①7〜9月　②28〜31mm
③山地の林縁の草地の葉上
＊ツーツーツーツキチッと鳴く。

46　バッタ目　　　　　　　　　　　キリギリスの仲間

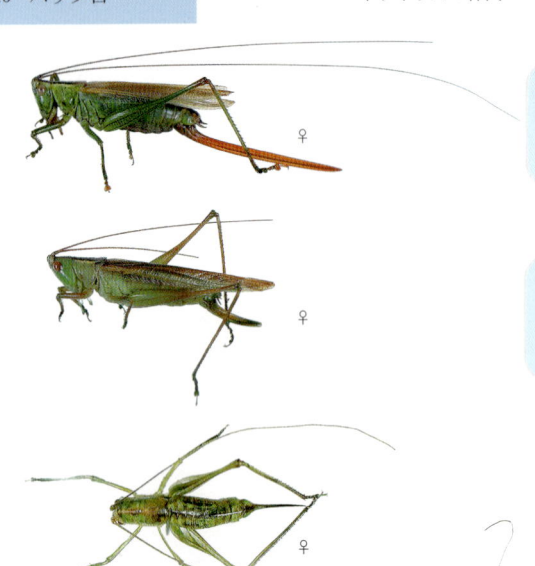

キタササキリ

①8〜9月　②22〜38mm
③草原や草地のイネ科植物やササの上
＊♂はジリジリジリと鳴く。

ウスイロササキリ

①8〜9月　②22〜38mm
③草原や草地のイネ科植物やササの上
＊♂はシルルルと鳴く。

コバネササキリモドキ○

①8〜10月　②17mm前後
③山地の林，林縁

キタササキリ　8/16

コバネササキリモドキ　10/14

翅端はとがる。体はほぼ暗褐色。翅は一般に腹部末端を出る。

ヒメギス△

①7〜9月　②20〜25mm
③平地〜丘陵地の湿った草地
＊キシキシ，……と鳴く。

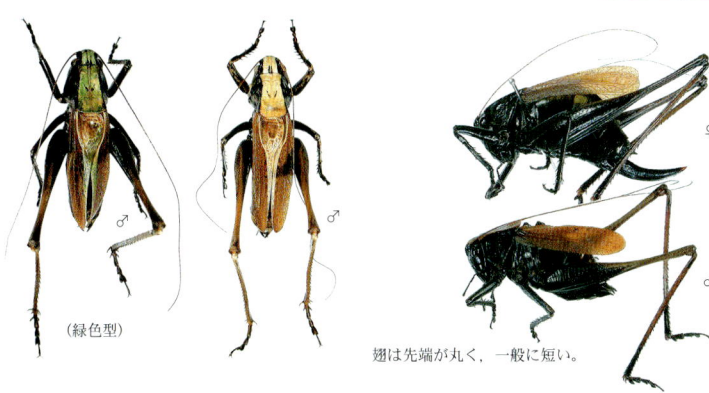

キリギリス，ケラの仲間

イブキヒメギス●

①7〜9月 ②20〜36mm ③平地〜山地の草地 ＊♂はキシキシ，……と鳴く。

(緑色型) ♂ ♂ ♀ ♂

翅は先端が丸く，一般に短い。

成虫でも翅は短い。

コバネヒメギス△

①7〜9月 ②19mm前後
③平地〜丘陵地のやや乾燥した草地
＊チチ，チチ，……と鳴く。

イブキヒメギス 9/20

ケラ科 前胸はビール樽のような形をしている。脚は短く土を掘るのに適し，モグラのような形をしている。土の中にすみ，♂♀ともにジーと鳴く。

ケラ△

①7〜9月 ②30〜33mm
③主に平地 ④成虫は土中で植物の根を食べる
＊ジーと鳴く。

つかまえると，前脚を使って指の間にもぐり込もうとする。

9/7

48 バッタ目　　　　　　　　　　コオロギの仲間

コオロギ科　体は多くは褐色～黒色で，上下に平たく，頭は丸く，触角は糸のように細長い。前翅は右が上，左が下になっている。♀の産卵管は発達して長い。前脚の脛節に耳がある。♂は，前翅をこすり合わせて鳴く。雑食性で，最大12齢まである。

エゾエンマコオロギ

①8～9月　②23～36mm　③平地～山地の草地や石の下など
＊♂はリーッリーッと鳴く。エンマコオロギはコロコロコロリーと鳴く。

エゾエンマコオロギの顔面

エンマコオロギの顔面

圏内には，両種が生息する。

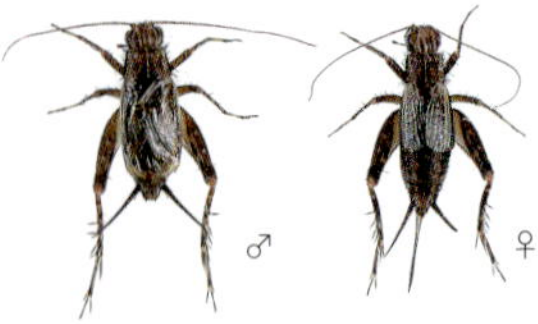

シバスズ●

ジージーと鳴く。

①8～10月　②6mm前後
③平地の河原の草地など

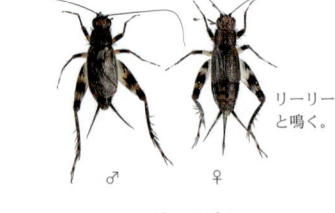

マダラスズ

リーリーと鳴く。

①8～10月　②6mm前後
③平地の河原の草地など

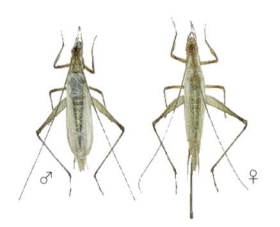

♂はルルルと鳴き，胸部に誘惑腺がある。

カンタン●

①8～9月　②13～21mm
③平地～山地のヨモギなどの草や花など

カンタン♂♀ 9/19

コオロギ，ヒシバッタ，ノミバッタの仲間　　　　バッタ目 49

ヒシバッタ 5/25 　　エゾエンマコオロギ 8/19 　　マダラスズ 8/16

ヒシバッタ科　小型。バッタ科に似るが前胸の後縁が三角形にのびて腹部をおおい，前翅は小さい。触角は糸状で短く，後脚の腿節は発達してよく飛び跳ねる。

ヒシバッタ(ハラヒシバッタ)🔵🟡

①4〜10月　②7〜15mm
③平地〜山地の草地　＊色彩はいろいろ。

(長翅型)

ノミバッタ科　前翅と後翅はともに小さく，飛ぶことができない。♂も発音器と聴器をもたない。後脚は腿節がとても太い。ノミのように小さく，跳躍力が強いのでこの名がある。

ノミバッタ△

①7〜9月　②4〜5mm
③平地〜山地の日当たりのよい湿地や砂地
＊土や砂にドーム状の巣をつくって生活している。泳ぐのもうまい。鳴かない。

後脚を縮めた状態　後脚をのばした状態

50　バッタ目　　　　　　　　　　　　　　　　バッタの仲間

> **バッタ科**　キリギリス科よりも触角は短く，複眼は大きい。産卵管はかぎ形で短い。耳は腹の根元の両側にある。草食性。

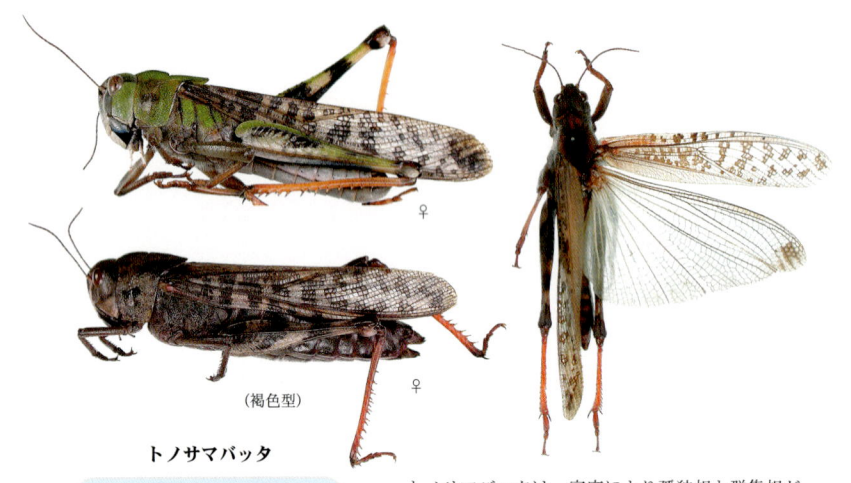

トノサマバッタ

①7〜9月　②45〜58mm
④成虫は平常時はイネ科やカヤツリグサ科の植物を食草とする　*♂♀ともシャッ，シャッ，シャッと鳴く。

トノサマバッタは，密度により孤独相と群集相がある。孤独相は前胸背板に隆起があり，後脚は長く翅は短い。群集相は前胸背板に隆起はなく，後脚は短く，翅は長く褐色を帯びる。群集相は，密度が高まった時に発生し移動を行う。

平野〜山地のイネ科の植物の生える荒地や裸地に普通。明治13〜17年には，北海道を記録的なトノサマバッタの大集団が襲った。札幌ではこの時にほうむったバッタ塚が手稲山口にあり，市の文化財になっている。昭和6年以降は，開拓が進み大発生も見られなくなった。

クルマバッタモドキ△

①7〜10月　②28〜40mm
③平地の裸地に近い草丈の低い草地
*♂はシャッ，シャッ，シャッと鳴く。

後翅に黒い帯がある。

バッタの仲間　　　　　　　　　　　バッタ目　51

トノサマバッタの幼虫　7/13

トノサマバッタ♂♀　9/6

クルマバッタモドキの幼虫　8/1

クルマバッタモドキ　8/19

ヒナバッタ♂♀　9/2

ヒナバッタ♂　8/17

ハネナガフキバッタ♂♀　9/14

52　バッタ目　　　　　　　　　　バッタの仲間

6/14
脱皮中のミカドフキバッタ幼虫

サッポロフキバッタ♂♀　7/28

ヒナバッタ

①7〜9月　②22〜24mm
③平地〜山地の草原や草地に普通
＊色彩は場所や個体によっていろいろある。♂はシャッシャッシャッと鳴く。

前胸背板に黒色条はない。

♂は黒色紋がある。♀は黒色紋がない。

イナゴモドキ△

①8〜9月　②21〜34mm
③草原や草地のイネ科植物など
＊♀が近くにいる時にだけ鳴く。コバネイナゴに比べて前脚などが細く長い。

ツマグロイナゴモドキ▲

①8〜9月　②31〜40mm
③水田脇などの湿った草地
＊♂はタッタッと高音で鳴くが音域が狭く聞き取りにくい。

バッタの仲間　　　　　　　バッタ目　53

サッポロフキバッタの幼虫

ミカドフキバッタの幼虫

サッポロフキバッタ●

①6〜9月　②20〜28mm
③山地のフキの上などに多い

ミカドフキバッタ(ミヤマフキバッタ)●

①6〜9月　②17〜34mm
③山地の草上や低い木の葉の上に普通

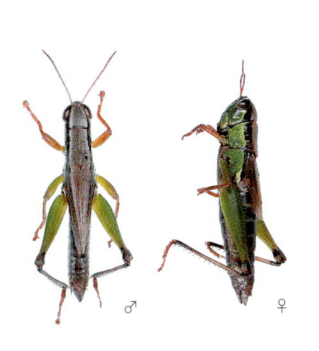

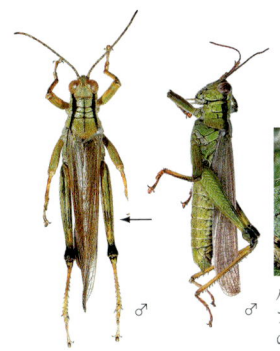

ハネナガフキバッタの幼虫

コバネイナゴ(エゾイナゴ)△

①8〜9月　②16〜23mm
③草原や草地のイネ科植物やササの上

ハネナガフキバッタ●

①7〜9月　②26〜37mm
③山地の草原や草地　④成虫はフキやオオイタドリを食べる。イネ科，カヤツリグサ科は全く食べない
＊後腿節に不明瞭な黒色紋がある。

ハサミムシ(革翅)目

札幌市手稲区手稲山　　クギヌキハサミムシ♂　6/15

マルムネハサミムシの仲間　　　　　ハサミムシ目　55

ハサミムシ目　腹部は伸縮自在で，先端に尾毛が変化したはさみをもっている。はさみは普通♀ではまっすぐ，♂では曲がっている。飛ぶのはあまり上手でなく，翅のないものもいる。石の下など狭い空間を好む。♀は土中に産卵し，カビが生えないように卵をなめたり，外敵から守ったりなどの保護行動をとる。種類によっては，孵化後も巣に餌を持ち込んだり，食べたものを吐き戻して幼虫に与える。肉食性。不完全変態で4〜7回脱皮し，年1〜2回発生する。

＊ハサミムシ目の体の大きさは，頭部先端からはさみを含む腹部先端までの長さとした。

マルムネハサミムシ(ハサミムシ)科　通常翅はない。♂の陰茎は2葉。

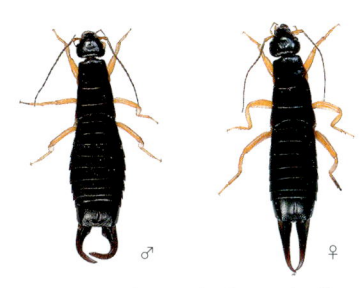

♂　　　♀

ハマベハサミムシ(ハサミムシ) △○

①5〜10月　②20〜33mm(はさみを含む)
③海岸部の石や流木の下
＊翅はない。

卵を守るハマベハサミムシ♀　7/17

56 ハサミムシ目　　オオハサミムシの仲間

オオハサミムシ科　大型で体は硬く，赤褐色。♂の陰茎は2葉で，互いに外側を向く。♀は砂質の土に深い穴を掘り，産卵する。海浜，河岸などにすむ。

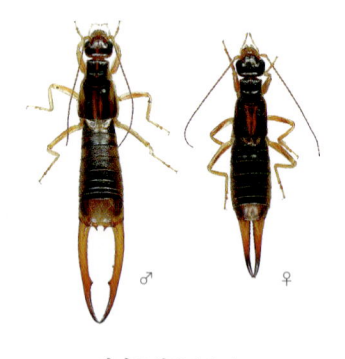

オオハサミムシ△

①5〜9月　②20〜30mm(はさみを含む)
③海浜，河岸などの石，流木，ゴミなどの下

オオハサミムシ♂ 8/23

流木下のオオハサミムシの幼虫 7/12

流木の隙間に入り込むオオハサミムシ♂ 8/23

石狩市石狩浜　オオハサミムシが生息する海岸

クヌギハサミムシの仲間　ハサミムシ目　57

クヌギハサミムシ科 体形はいろいろ。体色は暗褐色で，脚の色は薄い。第2跗節は2葉に広がり，第3跗節の下にのび，背面から見える。♀は通常，土中，石の下，樹皮下に産卵する。♀は卵を外敵から守る。植物質の他，ガの幼虫やアブラムシなどの昆虫も食べる雑食性。♂のはさみは多型となる種がある。

コブハサミムシの前胸背はキバネハサミムシより一回り大きい。

黄色　とげがある。

クギヌキハサミムシ

①6〜9月　②16〜31mm
③平地〜山地の石花，草上，石下など

コブハサミムシ

①8〜10月　②12〜16mm
③平地〜山地の花，草上，石下など

キバネハサミムシ

①6〜10月　②11〜18mm
③山野の花，草上，石下など

キバネハサミムシ　8/15

エゾハサミムシ

①9月〜越冬〜5月　②11〜16mm
③山地の石下，草上など

雪上を歩くクギヌキハサミムシの幼虫　3/25

カメムシ(半翅)目
はんしもく

札幌市手稲区手稲山　　ナガメ　5/21

カメムシ目 口は植物の汁や昆虫の体液を吸うのに適した長い口器をもつ不完全変態の昆虫。多くは、前翅は硬い革質の部分と、軟らかい膜質の部分があり半翅目とも呼ばれる。前翅全体が均一な膜質でできた**ヨコバイ(同翅)亜目**と前翅の基部半分が革質、先端半分が膜質の**カメムシ(異翅)亜目**に大別されるが、この両者を独立の目とする研究者も多い。生息域は、陸上、地中、淡水、海水と広範囲に渡る。

＊カメムシ目の体の大きさは、頭部先端から腹部先端、あるいは頭部先端から翅の先端までの長い方の長さで示した。

圏内のカメムシ目

4月中旬、越冬していたスコットカメムシ、セグロヒメツノカメムシ、シロヘリナガカメムシ、ヒラタカメムシなどの褐色系のカメムシたちが目を覚まし、樹皮や枯葉上に現れる。5月、山地では、下草が成長し始めると、草上にはエゾアオカメムシ、チャイロクチブトカメムシ、ヨツモンカメムシ、ハサミツノカメムシ、ミヤマツノカメムシなどが、またタンポポなどのキク科の花上にはマダラナガカメムシなどが見られる。樹上では、エゾハルゼミが鳴き始める。平地の水たまりにはヒメアメンボやアメンボ、山地の林道沿いの水たまりにはヤスマツアメンボやエゾコセアカアメンボ、渓流脇の止水域にはコセアカアメンボなどのアメンボ類が多い。6月、葉上には色あざやかなカメムシ類の幼虫がしばしば集団で見られる。成虫ではカスミカメムシ類、トビイロツノゼミ、モジツノゼミなどのツノゼミ類、マエキアワフキなどが発生する。ヤマグワの木にはチャモンナガカメムシが多い。特に護岸されていない平地の池や沼地の水中には、ミズカマキリやオオコオイムシあるいはコオイムシの幼体、マツモムシ、ミズムシなどが生息する。7〜9月、夏から秋にかけては、実を好むカメムシ類、アブラムシ類、アワフキムシ類、ヨコバイ類などが、平野部や山地で多数発生する。山地ではコエゾゼミやエゾゼミが見られ、局所的にアカエゾゼミが発生する。ミンミンゼミは小樽市の一部に生息している。近年、アブラゼミは局所的に多いところはあるが、一般に少なく、稀に市街地に入り込んだものは、カラスなどの餌となってしまうケースが多い。エゾチッチゼミは山地の岩場やガレ場のあるエゾマツなどに生息するが、ヒメギスの鳴き声に似て、キシキシ………と鳴くので、セミだと気づかないことが多い。平地の池や水たまりには、アメンボ類が多く、泳ぐ波紋で一見シトシトと雨が降っているように見える。10月、庭先などにわずかに咲くキク科などの花には、マキバカスミカメなどの小型のカスミカメムシ類がやって来る。日当たりのよい山地の岩場や民家の壁に、スコットカメムシなどのカメムシ類が越冬のために集団をなす光景を目にすることもある。

60　カメムシ目　　　　　　　　　　　セミの仲間

セミ科 細い管のような口をもち，翅は膜質で屋根形にたたまれる。体は黒〜褐色の地色をしていて，木に止まっていると保護色をしていて見つけづらい。成虫は，草木の茎，枝などに口吻を刺して汁を吸う。♂は腹部の器官でかん高い鳴き声を出す。

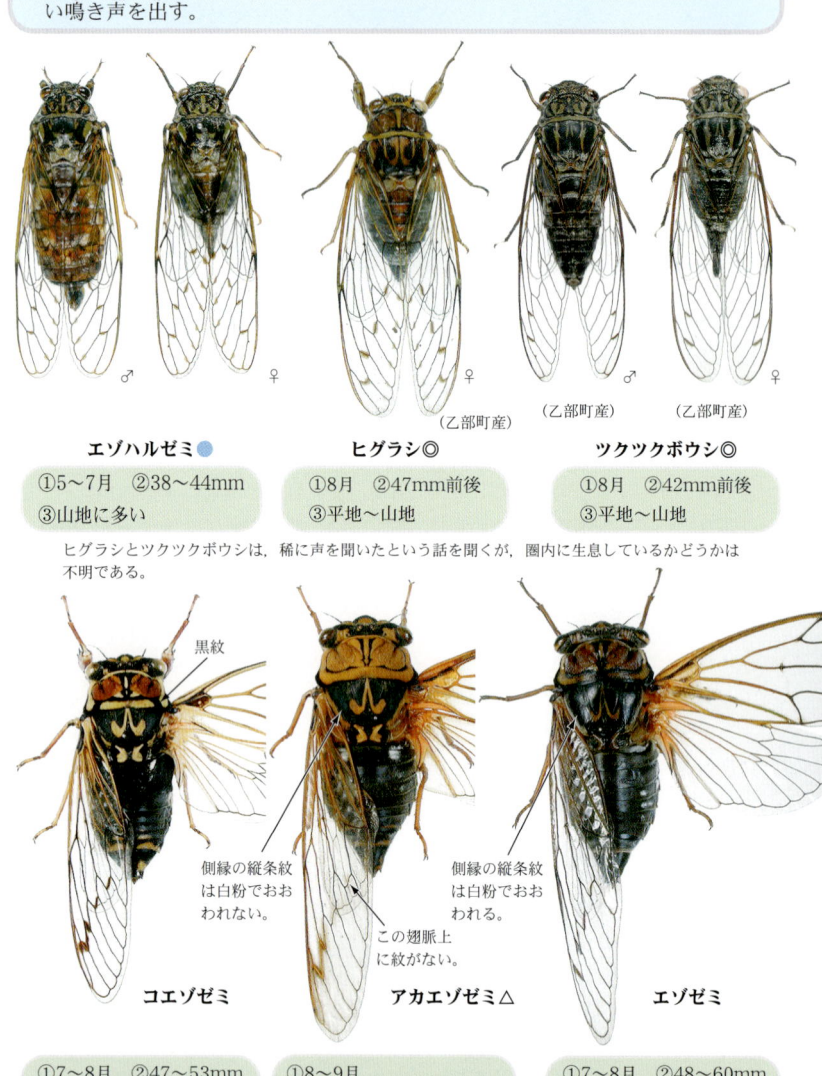

エゾハルゼミ●
①5〜7月　②38〜44mm
③山地に多い

ヒグラシ◎
①8月　②47mm前後
③平地〜山地

ツクツクボウシ◎
①8月　②42mm前後
③平地〜山地

ヒグラシとツクツクボウシは，稀に声を聞いたという話を聞くが，圏内に生息しているかどうかは不明である。

コエゾゼミ
黒紋
側縁の縦条紋は白粉でおおわれない。

アカエゾゼミ△
側縁の縦条紋は白粉でおおわれる。
この翅脈上に紋がない。

エゾゼミ

①7〜8月　②47〜53mm
③ブナ科，針葉樹林，山道脇の草木など

①8〜9月
②58〜65mm
③山地の落葉広葉樹林など

①7〜8月　②48〜60mm
③平地〜山地，マツ林やスギ，ヒノキ林など

セミの仲間　　　　　　　　　　カメムシ目　61

近年では
ほとんど
見られな
くなった。

（乙部町産）

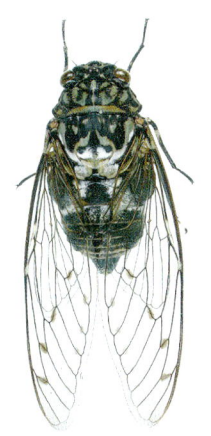

ニイニイゼミ◎

①7〜8月　②35mm前後
③平地〜山地　＊圏内に
も生息するが稀。

ミンミンゼミ▲

①7〜8月　②52〜54mm
③平地〜低山地の林，圏内
では小樽の一部に生息

アブラゼミ△

①7〜8月　②52〜55mm
③果樹園など
＊農薬の使用により果樹
園では少なくなった。

エゾチッチゼミ△

①8〜9月　②21〜25mm
③山地のガレ場近くのアカ
エゾマツやトドマツなど
＊シッシッシッ・・・とヒ
メギスに似た鳴き声。

アブラゼミの一生

夏，♀は木の幹に産卵管をさし込み，数個の卵を産みつける。翌年の春に孵化した幼虫は，
木を降りて土の中にもぐり込み，木の根から栄養を吸って成長する。その後，数回脱皮を
繰り返し，産卵されて7年目ほどで土から出て樹上や下草にのぼり脱皮をして成虫になる。

エゾチッチゼミ　8/26 　　　アカエゾゼミ　8/19

カメムシ目　アワフキムシの仲間

アワフキムシ科 体と脚は細長く，翅は比較的硬い。幼虫時代を自分が出した泡の中で過ごす。草木の汁を吸う。地中で過ごし植物の根から吸汁するものもいる。見つかるとジャンプして逃げる。

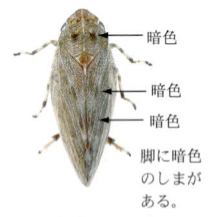

オオアワフキ
（矢印：暗色／暗色／暗色／脚に暗色のしまがある。）

①6〜9月
②15mm前後
＊一般に矢印部は暗色となる。脚には暗色のしまがある。うらから見て顔は白い。

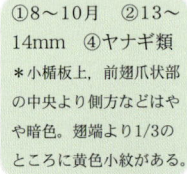

モンキアワフキ
（矢印：暗色紋の列。／黄色紋）

①8〜10月　②13〜14mm　④ヤナギ類
＊小楯板上，前翅爪状部の中央より側方などはやや暗色。翅端より1/3のところに黄色小紋がある。

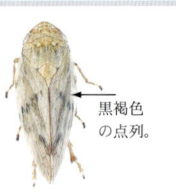

ホシアワフキ●
（矢印：黒褐色の点列。）
（乙部町産）

①7〜9月　②13〜14mm
④ススキ　＊圏内に生息するかは不明。暗化してクロスジアワフキに似る個体あり。またシロオビアワフキの白化型で本種によく似た個体あり。

シロオビアワフキ●
（矢印：幅の広い白帯。）

①8〜10月
②10〜12.5mm
③ヤナギなどに生息
＊淡色化してホシアワフキによく似た個体あり。

クロスジアワフキ○●

①8〜10月　②12mm前後　④ササ類
＊一般に前翅に黒褐色の太い縦条があるが，白化してホシアワフキに似る個体もある。

マエキアワフキ●

①6〜9月
②10〜12mm
④ヤナギ属
＊全体は暗褐〜淡褐色前翅の基部の縁が黄色。

コガタアワフキ

①8〜10月
②9mm前後
③山地

ハンノアワフキ

①7〜9月
②9mm前後
③山地

ホソアワフキ

①7〜10月
②6mm前後
③平地〜山地

コミヤマアワフキ●

①8〜10月
②7〜8mm
③平地〜山地
＊小楯板は黒くない。

ミヤマアワフキ○●

①8〜10月
②6〜8mm
③山岳部
＊小楯板は黒い。

クロフアワフキ
（矢印：黒い）

①8〜10月
②10〜12mm
③山地のトドマツ
＊体は光沢があり，頭部，胸部の幅は狭い。

アワフキムシ, コガシラアワフキ, ツノゼミ, ヨコバイの仲間　　　カメムシ目　63

← ヒメモンキアワフキに比べ胸部の正中線と前翅の翅脈がはっきりしている。

イシダアワフキ
①8〜10月
②10mm前後
③山地
＊全体ほとんど暗褐色で前翅の中央部より先端よりにしばしば黄色の斑点がある。

← イシダアワフキに比べ前翅はやや縦に長い。

ヒメモンキアワフキ〇
①8〜10月
②10mm前後
③山地

クロスジホソアワフキ🔴
①7〜8月
②7mm前後
③山地

コガシラアワフキ科

コガシラアワフキ
①8〜10月　②7〜8.5mm
③山地　＊前胸部の幅は頭部の幅よりはるかに広い。

羽化直後のモンキアワフキ　6/21

ツノゼミ科　前胸が大きく角状に張り出すものが多い。

トビイロツノゼミ
①5〜9月
②6mm前後
③平地〜山地のシラカバ, ミズナラ, クワ, ヨモギなど　＊成虫で越冬。

モジツノゼミ
①6〜8月
②7mm前後
③平地〜山地のヨモギなど

ヨコバイ科　頭部は三角〜楕円状に突き出し, 脛節は角があり剛毛が並ぶ。横に歩くものが多い。腹部の器官で音を出し, 葉を振動させて求愛するという。

真上から見た姿 　　斜め後方から見た姿

ミミズク△
①7〜8月
②18mm前後
③山地

リンゴマダラヨコバイ
①8〜10月　②6mm前後
③バラ科など
＊背面は黒褐色の網目模様。

タマガワヨシヨコバイ〇
6/24
①6〜7月　②4.5mm前後
③平地〜低山地のヨシ

64　カメムシ目　　　　　　　　　　ヨコバイの仲間

暗褐色の円紋。
三角形状紋
白色紋
白色紋
白色紋

オオヨコバイ

①7〜9月　②9mm前後　③平地〜山地　④イネ,ムギ,ダイズ,ブドウなど多くの作物

マエジロオオヨコバイ

←小楯板の黄色部は個体により黒化する。

①8〜9月　②7mm前後　＊複眼の内側と前翅の前縁が黄色。♂は前胸背と小楯板が黒色。

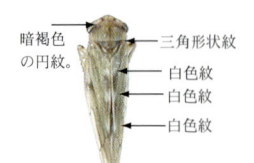

オヌキシダヨコバイ●

①8〜10月　②9mm前後　＊前胸背前方の暗色紋,小楯板前縁両側の三角形状紋,前翅の白色部が特徴。

←黒点

フタテンオオヨコバイ

①7〜8月　②8〜9mm　③山地　＊頭頂の両側と頭頂先端に黒点がある。

キタヨコバイ

♂　♀

①6〜8月　②8〜10mm　③山地のヨモギなど

キタヨコバイ♂♀　7/4

キスジカンムリヨコバイ●

①8〜9月　②7mm前後　③キク科など　＊黒色部は個体により相当変異がある。

シロズオオヨコバイ

①7〜9月　②5〜7mm　③ヤナギなど　＊黒色部は個体により相当変異がある。

オヌキヨコバイ　10/25

①8〜10月　②6mm前後　③平地〜山地

ヨコバイ,ヒシウンカ,コガシラウンカ,ハネナガウンカ,テングスケバの仲間　　カメムシ目　65

プチミャクヨコバイ

①8～9月　②7～10mm
③ブナ科植物　＊前翅は透明，4つの淡褐色の帯紋をもつ。翅脈は黒と白のぶち状。

←淡褐色の帯。

オオアオズキンヨコバイ

①8～9月　②9.5～11mm
③山地　＊前翅は帯緑色，半透明で翅頂から内縁に沿って褐色を帯びる。

セグロアオズキンヨコバイ●

①8～10月　②7mm前後　③山地
＊全体淡黄緑色。

ヒシウンカ科

コガシラウンカ科

ズキンヨコバイ●

①8～10月　②6mm前後
③ヤナギ類　＊頭頂，前胸背，小楯板に黒色の斑紋。

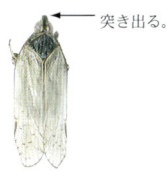

ヨモギヒシウンカ

←突き出る。

①7～9月　②5～8mm
④ヨモギ　＊頭頂は細長く前方に突出し，その長さは複眼間のほぼ3倍ある。

ジョウザンコガシラウンカ

①8～10月
②8mm前後
③山地の森林内

ハネナガウンカ科

テングスケバ科

クワヤマハネナガウンカ◎ 7/16

①6～8月　②17mm前後(体長6mm)
③山地

クロテングスケバ○

①6～8月　②14mm前後(体長10.5mm)
③山地

アブラムシ科
小さくて体は軟らかい。腹部に角状管と呼ばれる1対の短い管があり、甘露と呼ばれる甘い液体を出す。1年の大部分は♀ばかりの社会で、直接幼虫を産み、増殖能力が極めて大きい。新居を求め他の植物に移動する時には、翅をもつ成虫が現れる。♂は越冬卵を産む時にだけ現れ、♀と交尾する。アリと共生するのでアリマキとも呼ばれる。

イバラヒゲナガアブラムシ
① 5～9月
② 2mm前後
③ バラに多い

ヨモギヒメヒゲナガアブラムシ
① 6～9月
② 2mm前後
③ ヨモギ類

トドノネオオワタムシ
① 4～11月　② 2mm前後　③ 平地～山地
④ トドマツ、ヤチダモ

トドノネオオワタムシは、北海道では雪虫とも呼ばれ、10月末ころ、風のない日に群れて飛び、ヤチダモの木に集まり交尾して産卵する。春に孵化するのは♀だけでトドマツに飛んで戻り、再び晩秋に飛び立つまで翅のない♀だけで繁殖する。

コオイムシ科
卵形～長楕円形で扁平。前脚は獲物をとらえるのに使われる。腹部の先端には伸縮自在の呼吸管をもつ。池や沼などに生息し、水中の小動物をとらえて体液を吸う。

オオコオイムシ
① 4～10月、成虫で越冬
② 20～23mm
③ 平地の湖沼の水草付近
④ 水中の小動物の体液を吸う
＊4月ごろ♀は♂の背中に卵を産みつける。

オオコオイムシ　コオイムシ
オオコオイムシ、コオイムシともに圏内に生息する。オオコオイムシは暗褐色～黒褐色。前胸背前縁中央の湾入は深い。コオイムシは、淡黄褐色～淡褐色。体長17～20mmとやや小型。前胸背板と小楯板に白帯をもつ。♂交尾器中央片は、オオコオイムシでは大型で先端部がより丸く、コオイムシではやや小型で先はより細まる。

タイコウチ，ミズムシの仲間　　　　　　　カメムシ目　67

タイコウチ科　体と脚は細長く，前脚は獲物をとらえるのに適している。水中で生活し，腹部の先端には細長い呼吸管がある。

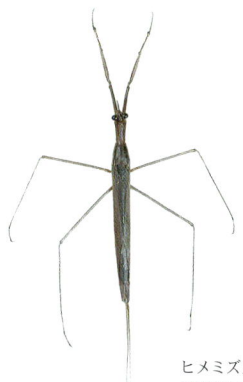

ヒメミズカマキリは，呼吸管が前翅より明らかに短い。

ヒメミズカマキリ

①6～10月
②24～32mm前後(産卵管を含まない)
③おもに平地の湖沼の水草の間
④小魚などの体液を吸う

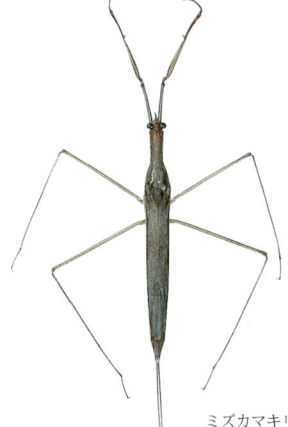

ミズカマキリはヒメミズカマキリより大型で，呼吸管が長く，前脚腿節中央付近のとげは1本で顕著。

ミズカマキリ△

①6～10月
②40～45mm(産卵管を含まない)
③おもに平地の湖沼や池の水草の間
④小魚などの体液を吸う

ミズカマキリ　9/14

水面から体を出すミズカマキリ　9/14

ミズムシ科　おもに池，沼などの止水域に生息。後脚は平らで泳ぐのに適している。おもに藻類，珪藻から吸汁し，一部は捕食肉食性。

ミズムシ●

①5～9月　②9.5～11.5mm
③平地の湖沼の水草付近
④水中の小動物の体液を吸う
＊コミズムシ類の体長は6mm前後。

68 カメムシ目　　　　　　　　　　　　　　アメンボの仲間

アメンボ科 体と脚は水をはじく短い毛でおおわれている。中脚と後脚は水面上でバランスをとるのに役立っている。さざ波を立てて求愛する。水に落ちた小昆虫などの体液を吸う。

♂腹短部背面　　　　　　　　　前脚腿節の色彩

パパアメンボ△

① 4〜10月
② 6.3〜8mm
③ おもに平地の池沼
＊体は極めて小型。ヒメアメンボに似るが，♂腹部の第7〜8腹版にかけての中央は幅広くくぼむ。触角は，第1節先方と第2節基方が黄褐色の他は黒色かほぼ全体が黒色。

アメンボ🔵

① 4〜10月
② 11.5〜16mm
③ 平地の流れの少ない川，溝，沼，水たまりに普通　＊触角第1節は，第2, 3節の和より長い。♂の結合板後端(矢印部)は長いとげ状。

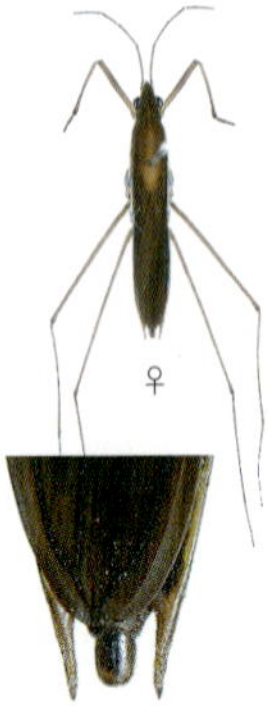

セアカアメンボ△○★

① 4〜10月
② 11.5〜15mm
③ おもに平地の池沼
＊アメンボに似るが，触角第1節は，第2, 3節の和よりやや短い。体は褐色を帯び中脚腿節は後脚腿節より明らかに短い。

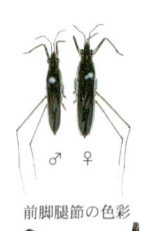

ヒメアメンボ🔴

① 4〜10月
② 8.5〜10mm
③ おもに平地の池・沼・水たまり。山地では少ない　＊体は小型。前腿節の外面に幅の広い黒色条(矢印部)が斜走し，内面に黒色条を欠く。

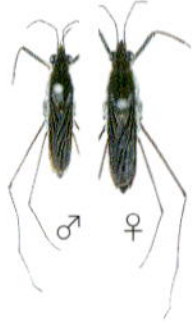

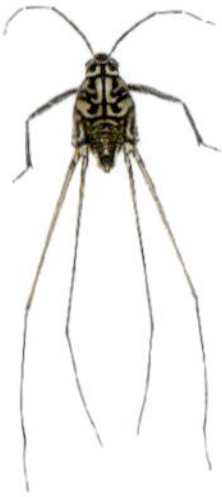

シマアメンボ

① 5〜9月
② 5〜6mm
③ 丘陵地〜低山地の流水面の反流部

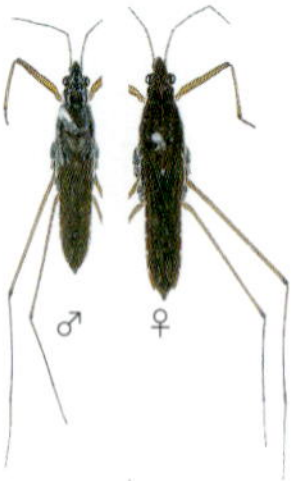

ヤスマツアメンボ

① 4〜10月
② 9.5〜12mm
③ 林道脇の水たまりなどに普通。平地では少ない

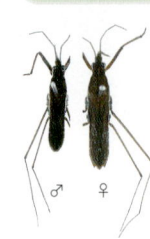

エゾコセアカアメンボ

① 4〜10月
② 9〜14mm
③ 林道脇の水たまり，沼など。平地では少ない　＊腹部腹面の正中線両側に浅いくぼみがある。

コセアカアメンボ

① 4〜10月
② 9.5〜15mm
③ 低山地の渓流脇のよどみ，池，沼など。平地では少ない
＊同性同士の大きさはヤスマツ，エゾコセアカより大きい場合が多い。腹部腹面の正中線両側に浅いくぼみがあるがエゾコセアカより不明瞭。

アメンボの仲間　　カメムシ目　69

次の3種は，触角の第3，4節はいずれも黒色で，脚の色（個体差あり）などもよく似ているが，以下の点などで区別できる。

ヤスマツアメンボ
♂腹部先端腹面

♂第7腹板に1対の黒色の不明瞭な紋がある。

エゾコセアカアメンボ
♂腹部先端腹面

♂第8腹板に浅いくぼみがあり灰色毛が密生。

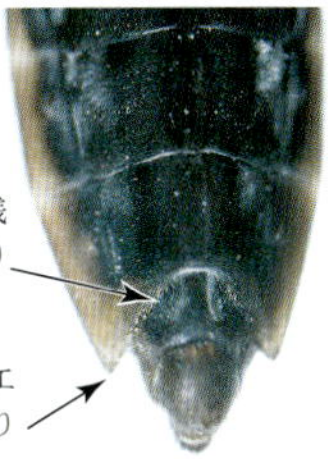

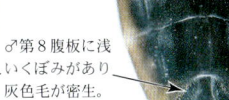

結合板先端はエゾコセアカより鋭角。

コセアカアメンボ
♂腹部先端腹面

♂外部生殖器末端の硬片

末端片はY字型となる。

♂外部生殖器末端の硬片

末端片は長く，左右が癒合し細長いくちばし状となる。

♂外部生殖器末端の硬片

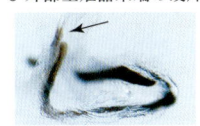

末端片は退化し，1対の微小片となる。

♀腹部先端腹面

腹面側から見ても腹節の両側には一般に白色斑はないが，部分的に見えるものもある。

♀腹部先端腹面

結合板の先端はヤスマツアメンボよりは突出するが，コセアカアメンボほど突出せず，やや外側に向かう。

♀腹部先端腹面

♂♀ともに腹面側から見ると各腹節の両側に明瞭な白色斑が見える。

キタヒメアメンボはヒメアメンボ（8〜12mm）に似るが，腹部結合板はヒメアメンボほど側方に広がらず，腹部腹面の正中線両側の浅いくぼみは見られない。触角は全体的に黒色，時に暗褐色。

触角のいろいろ
アメンボ
セアカアメンボ
ヒメアメンボ
ババアメンボ

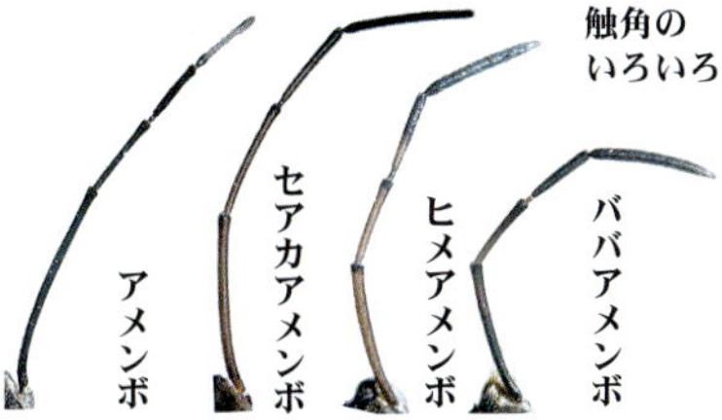

毛でおおわれるアメンボの前脚跗節

アメンボの全身は，左の写真のように，細かい毛におおわれ，表面張力により水面に浮かんでいる。通常，水面に触れているのは，中脚と後脚の跗節である。アメンボはどの脚を使って前に進んでいるか観察してみよう。

カメムシ目　マツモムシ, イトアメンボ, カスミカメムシの仲間

マツモムシ科 複眼は大きく、後脚は長く平らで泳ぐのに適している。腹を上にして泳ぎ、地上ではよく飛ぶ。池、沼、水たまりなどに生息し、他の小動物を捕食する。指でつまむと刺されることもある。

イトアメンボ科 体は非常に細長く棒状。複眼は長い頭部の中間より後方につく。水辺や水面上の小昆虫などを捕食する。

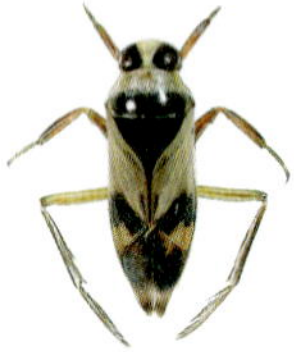

マツモムシ

①4～9月
②11.5～14mm
③平地～山地の池沼, 水たまり
④小魚, オタマジャクシ, 虫などの体液を吸う

ヒメイトアメンボ△○

①7～9月　②7.5～10.5mm
③湿地, 沼などの水ぎわ

マツモムシ成虫と卵　5/7　　卵

ヒメイトアメンボ　8/11

カスミカメムシ科 小型で体長は3～8mm程度のものが多い。単眼はない。植食～動物食(捕食)で, 多くの種は特定の植物に寄生するが, 成長過程のある時期には動物性の餌もとることがわかってきている。日本で現在400種以上が知られるが, 今後さらに多くの種類が発見される可能性が高い。

触角第2節は目立って太い。

コベニモンカスミカメ○

①7～9月　②3.8mm前後
③広葉樹上　④昆虫を捕食
＊小楯板に点刻を欠く。

シロテンツヤカスミカメ

①6～9月　②4.2mm前後
③山地のヨモギ類
＊通常, 頭頂, 小楯板の側縁と先端に淡色斑がある。

ヒゲブトツヤチビカスミカメ△○

①7～8月　②3.5mm前後
③山岳部のハイマツなど

カスミカメムシの仲間　　　カメムシ目　71

フタモンカスミカメ 8/22 　　**フタモンカスミカメ** 8/26　　**ナカグロカスミカメ** 8/15

①8〜10月　②8mm前後
③平地〜山地の草むら
④ヨモギ類に寄生
＊色彩の変異は大きい。

①8〜9月　②7.5〜9mm
③山地の草原　④キク科,
マメ科, イネ科
＊色彩斑紋の変異は大きい。

コブヒゲカスミカメ♀ 6/5 　　**シマアオカスミカメ** 6/4　　**ツヤミドリカスミカメ** 7/24

①5〜7月　②7.5mm前後
③山地の植物や花上
④コンロンソウ, ヨモギなど
＊黒い条紋の変異は大きい。

①7〜8月　②6〜7mm
③林床の草本類上
＊本種の触角第4節は, 第3節
とほぼ同長。近似種ムモンミ
ドリカスミカメは触角第4節が
複眼を含めた頭の幅より短い。

♂

コブヒゲカスミカメ

①5〜6月　②5〜6mm
③平地〜山地　④ミズ
ナラ, カシワ, コナラ
＊♂は♀より黒っぽい。

キベリナガカスミカメ 6/21　　**クルミツヤクロカスミカメ** 6/18

①6〜8月　②6mm前後
③山地　④ミズナラなど
＊近似種ケブカキベリナガカス
ミカメは背面に軟毛が密生する。

①6〜7月　②5〜6mm
④オニグルミ

72　カメムシ目　　　　　　　　　　　カスミカメムシの仲間

革質部先端の暗色斑は現れないか帯状。
楔状部先端は通常暗化。

革質部先端の小さな暗色斑は円形に近い。
楔状部先端は暗化しない。

触角第2節は淡色，頭部中葉は暗化しない。

ツマグロアオカスミカメ●

①6〜10月　②4.5〜6mm
④ヨモギ，オニシモツケ，ヤナギ類の他多種多様な植物に寄生

コアオカスミカメ○●

①6〜10月　②4.5〜6mm
④ヨモギ，オニシモツケ，ヤナギ類の他多種多様な植物に寄生

コガタミドリカスミカメ○●

①6〜9月
②4.3mm前後
④イタヤカエデ

触角第4節は複眼を含めた頭幅より長く口吻が後基節先端に達する。

触角第4節は複眼を含めた頭幅より短く口吻が後基節先端に達しない。

触角は体長よりも長く，口吻は後基節を越えて腹部に達する。

ナガミドリカスミカメ●

①7〜9月　②5〜7mm
③各種の広葉樹，草本

ムモンミドリカスミカメ●

①6〜8月　②5〜6mm
③各種の広葉樹，草本，オニシモツケやウドの花など

ヒゲナガミドリカスミカメ●

①7〜8月
②6.5mm前後
③ハンノキ類

半月状の暗色斑がある。

前胸背の後方，小楯板の周りは暗化，革質部後方に暗色斑。

淡緑色で目立つ暗色部はない。

フタモンウスキカスミカメ●

①7〜8月　②5.5〜6mm
③各種の落葉広葉樹　④ツルアジサイ，ノリウツギなど
＊♀は♂より暗色部が狭い。

ムナグロミドリカスミカメ△●

①7〜8月　②5〜6mm
③山岳部の広葉樹
④ホザキカエデ，カンバ類

ヒメウスミドリカスミカメ○●

①7〜8月
②5.5mm前後
③多種の広葉樹，ツルアジサイなどの花

上記のような緑色系のカスミカメの同定は，外見では判別のつかないものも多いので，専門書で調べたり，専門家に同定を依頼するなどして慎重に行う必要がある。

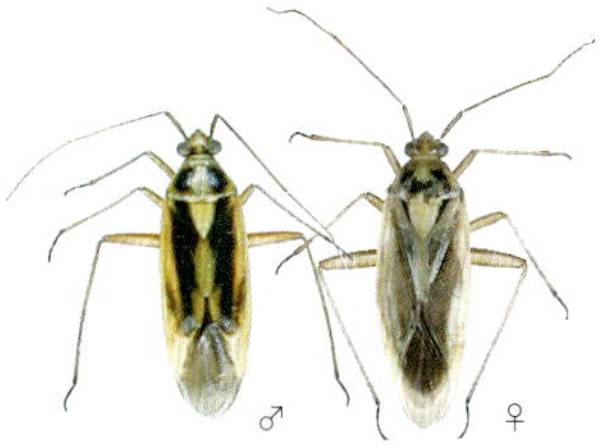

カスミカメムシの仲間　　　　　　　　　カメムシ目 73

フタスジカスミカメ🔵

①6〜7月　②6mm前後
④イネ科，牧草など
＊色彩や紋の個体変異あり。

マダラカスミカメ

①9〜越冬〜6月
②4.5〜5mm　④イネ科，カヤツリグサ科などの単子葉草本類

シモフリカスミカメ

←背面は光沢が弱く，淡色の小斑を散りばめる。

①8〜越冬〜5月
②5.5mm前後
④ヤナギ類

ベニミドリカスミカメ○

①8〜9月　②6.5mm前後
③オヒョウなど落葉広葉樹
④マタタビ，サルナシなど
＊背面の色調の濃淡や暗色斑の大きさには変異が見られる。

フタモンアカカスミカメ🟠

← →
両種ともに色彩に個体変異がある。

①8〜9月　②4〜6mm
③多種の植物
＊一般に頭部中葉は広く暗化。触角第2節の基半部は淡色，基部が暗褐色。

ツマグロハギカスミカメ🟠

①7〜8月　②4.5mm前後　③多種の植物
＊頭部中葉，角質部の先端部，楔状部の基部と先端が暗化。

アカスジヒゲブトカスミカメ

←触角は第1，2節が太い。

①6〜10月
②4〜6mm
③シダ類の草上やニガナ

モンキマキバカスミカメ

←小楯板の色は♀はハート型の黄白色紋，♂は大部分が黒。

①7〜10月
②4〜5mm
④ウコギ科，セリ科

マキバカスミカメ🔵

←小楯板にV字型の白い紋がある。前胸背に明瞭な点刻。

①4〜11月
②5.5〜6mm
④アカザ科，キク科，イネ科

74 カメムシ目　　　カスミカメムシの仲間

**アシアカクロ
カスミカメ**〇

①7〜8月
②8mm前後
③針葉樹,
広葉樹

**アカツヤトビ
カスミカメ**

①7〜8月
②3.5mm前後
④ハルニレ

**オオセダカマル
カスミカメ**〇●

①7〜9月
②5.5〜6.5mm
③山地　＊小楯板
は強く隆起する。

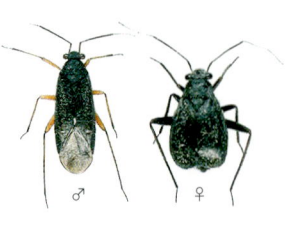

**クロマル
カスミカメ**●

①6〜7月
②5〜7mm
④ヨモギ類

**トビマダラ
カスミカメ**〇

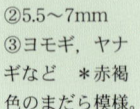

①8〜10月
②5.5〜7mm
③ヨモギ, ヤナ
ギなど　＊赤褐
色のまだら模様。

**オオマダラカス
ミカメの一種**〇●

①7〜8月
②8mm前後
③針葉樹
＊全体に黒っ
ぽい。

**カシワ
カスミカメ**

①6〜7月
②7mm前後
③ミズナラ,
カシワなど

オオチャイロカスミカメ 7/18

①7〜8月　②7.4〜10mm
③各種の広葉樹, 草花上
④ナラ類, ヤナギ類, ハ
リギリ, ノリウツギなど
＊大きさと色彩には変異
がある。

ブチヒゲクロカスミカメ●

①7〜10月　②7〜9mm
③キク科, イネ科, マメ科
＊前胸背後縁と小楯板の先端
は淡色, 楔状部に黄白色の紋。

メンガタカスミカメ◯

①7〜10月
②7〜8mm
③多種多様な花

ヒョウタンカスミカメ 8/10

①7〜8月　②4.5〜6mm
③平地〜山地　④多くの
落葉広葉樹や多年生草本

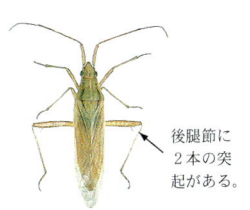

カスミカメムシ, マキバサシガメ, ヒラタカメムシの仲間　　　　カメムシ目　75

後腿節に2本の突起がある。

触角第1節に3本の赤色条がある。

フタトゲムギカスミカメ 🟠

①8～越冬～5月
②6.8～8mm
④イネ科, スゲ, ヨシ

イネホソミドリカスミカメ 🟠

①7～9月
②4.5～6.4mm
④イネ科, テンサイ

ミドリヨシカスミカメ

①7月
②4～6mm
④ヨシ

マキバサシガメ科

←正中線上に暗色の条がある。

アシブトマキバサシガメ◎

①5～6月　②6～7mm
③草地の地表など　④小昆虫

ハネナガマキバサシガメ

①8～10月　②7～9mm
③草上　④小昆虫を捕食

ハラビロマキバサシガメ 11/8

①8～11月　②10～12mm
③樹上や草上　④小昆虫を捕食

ヒラタカメムシ科　体は平たく暗褐色のものが多い。枯木や倒木の樹皮下にすむ。

ノコギリヒラタカメムシ

①5～7月
②6.5～9mm
③森林の樹皮
④カワラタケ, サルノコシカケなど

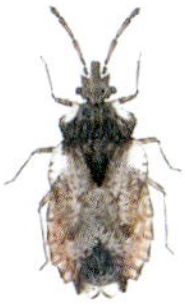

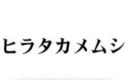

ヒラタカメムシ

①5～7月
②5～6.5mm
③倒木など
④食菌性

アラゲオオヒラタカメムシ○

①5～7月
②8.5mm前後
③森林内の樹皮上など

オオヒラタカメムシ○

①5～7月
②10mm前後
③樹皮上など

76　カメムシ目　　　ヒラタカメムシ，グンバイムシ，ナガカメムシの仲間

グンバイムシ科

アラゲオオヒラタカメムシ　5/25

ツツジグンバイ
① 5～9月
② 3.5～4mm
③ 庭のツツジ
④ ツツジの葉

ツツジグンバイ　6/28

ナガカメムシ科

マダラナガカメムシ　5/14

① 5～9月
② 10～13mm
③ 平地～山地のキク科に多い

チャモンナガカメムシ●　6/15

① 6～8月
② 5.5mm前後
③ 平地～山地のヤマグワ，ニワトコなどの実

←胸部～上翅の両縁が白い。

シロヘリナガカメムシ●

① 5～10月
② 7.5mm前後
③ 平地～山地の草むらの地表

エチゴヒメ（エゾヒメ）ナガカメムシ●●

① 7～10月
② 4mm前後
④ キク科植物

コバネナガカメムシ●

① 5～10月
② 4～6mm
④ テンキグサ

クロツヤオオメナガカメムシ

① 7～9月
② 5mm前後
④ 雑食性，小昆虫や植物

←前胸背後葉に1対の大きい赤褐色紋がある。

ヒラタヒョウタンナガカメムシ○

① 7～9月
② 5mm前後
③ 平地～山地の草むら

サシガメ，ホシカメムシ，ヘリカメムシの仲間　カメムシ目　77

サシガメ科　後頭は長く胸部に隠れない。前胸部の幅は腹部の幅より狭いものが多い。口吻はやや曲がり，おもに昆虫の体液を吸う。指でつまむと刺されることもある。

モンシロサシガメ 8/7
①6〜8月
②13〜15mm
③山地の地表や草花上

ハネナシサシガメ
①8〜9月　②15〜19mm
③山地の植物の根ぎわ
④小昆虫を捕食

クロモンサシガメ
①6〜8月　②12mm前後
③山地の地上
④小昆虫を捕食

ホシカメムシ科

←前胸背の前縁近くに黒い光沢のある1対の紋がある。各脚の基節の外側と腹部の先が白い。クロホシカメムシは基節外側が黒い。

フタモンホシカメムシ ●
①7〜10月　②9mm前後
③平地〜山地の草むらの地表など
④イネ科の穂を吸収

ヘリカメムシ科

オオツマキヘリカメムシ ○
①5〜6月　②8.5〜12mm
③山地のアザミ，イチゴ類，ノイバラ，イタドリの茎

ヘリカメムシ ● 7/31
①5〜7月　②12〜16mm
③山地のオオイタドリ，ギシギシ，フキなどの植物上

キバラヘリカメムシ幼虫 8/23

キバラヘリカメムシ 10/16
①8〜10月　②15mm前後
③平地のツルウメモドキ，ニシキギ，マユミなど

78　カメムシ目　　　　ヒメヘリカメムシ, ホソヘリカメムシ, ツチカメムシの仲間

ヒメヘリカメムシ科

←ここに突起がある。
←体は直立した長軟毛を密生する。
←ここに突起がある。
←体は赤みの強い黄褐色で短い毛におおわれている。

ブチヒゲヒメヘリカメムシ
①5～10月　②6.5～8mm
④イネ科, キク科, タデ科など

ケブカヒメヘリカメムシ
①5～10月
②6.5～8mm

アカヒメヘリカメムシ○
①5～10月　②6～8mm
④イネ科, キク科, タデ科などに寄生

ホソヘリカメムシ科

成虫　　幼虫　　幼虫

キベリヘリカメムシ●
①8～10月　②13～17mm　③平地～山地の草むら　④マメ科植物　＊成虫は飛ぶとハチに, 幼虫は形や行動がアリに似ている。

キベリヘリカメムシ　9/2

ツチカメムシ科

ツチカメムシ
①6～9月
②7～10mm
③山地の地表
④植物の根や木の実を吸収

ヒメクロツチカメムシ●
①4～10月
②4.5mm前後
③林内の地表, 草上　④イネ科, キク科

ミツボシ○ツチカメムシ
①5～6月
②4～6mm
③山地の草上
④オドリコソウなど

マダラツチカメムシ○　5/17
①5～6月
②6.5mm前後
③山地の草上

クヌギカメムシ，カメムシの仲間　　　　　カメムシ目 79

クヌギカメムシ科

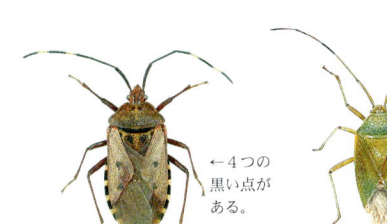

ヨツモンカメムシ
←4つの黒い点がある。
①5～6月　②13～15mm
③平地～山地の樹葉上

ヘラクヌギカメムシ
①6～7月　②11～12.5mm
③ミズナラの樹葉上
④ミズナラ

サジクヌギカメムシ〇
①6～7月　②10.5～12.5mm
③カシワの樹葉上　④カシワ

ヘラクヌギカメムシ，サジクヌギカメムシともに秋の個体は，脚が赤くなる。

ヘラクヌギカメムシ 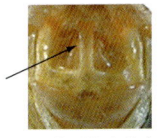
♀尾端の形状
♂の交尾節中央突起はへら状。

サジクヌギカメムシ 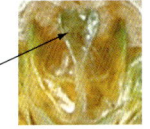
♀尾端の形状
♂の交尾節中央突起はさじ状。

カメムシ科　体は，盾のような形をしている。胸部にある臭腺からきつい臭いを出して身を守る。卵は，植物上にかためて産みつけられる。幼虫は，5齢期があり，多くは植食性だが，クチブトカメムシ類では捕食性である。成虫で越冬する種も多い。

体は一様に赤褐色で，後縁の黒色斑以外目立った斑紋はない。

チャイロクチブトカメムシ
①5～9月　②12mm前後
③山地の樹葉上
④鱗翅目の幼虫を捕食

オオクチブトカメムシ〇
①7～9月　②15mm前後
③山地の草むら
④毛虫その他の小昆虫

腹板の黒色斑は♂になく，♀では第7節に1個だけある。クチブトカメムシでは第4～7腹板の中央に黒色斑が1個ずつある。

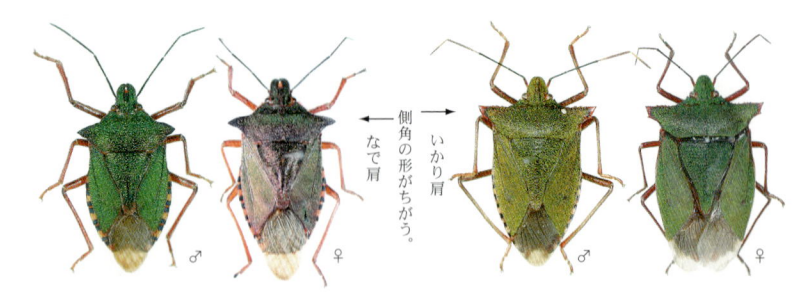

80 カメムシ目　　　　　　　　　　　カメムシの仲間

側角の形がちがう。→なで肩　←いかり肩

アオクチブトカメムシ

①8〜9月　②17〜21mm
③山地の樹上，下生えなど
④鱗翅目の幼虫を捕食

ツノアオカメムシ

①7〜9月　②17〜21mm
③ハルニレ，ミズナラ，カエデなどの樹葉上　④植食性

側角の先端は丸い。　小楯板の先端は白色。

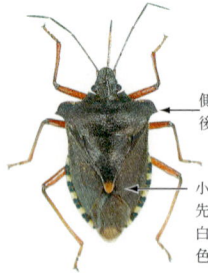

側角の先端はやや後方を向く。　小楯板の先端は黄白〜赤褐色。

アカアシクチブトカメムシ◯

①8〜9月
②16mm前後
③山地の樹上
④毛虫その他の小昆虫

アシアカカメムシ◯

①8〜9月
②15mm前後
③ハルニレ，ミズナラ，カンバ類，カエデ類などの樹葉上

アオクチブトカメムシ2齢幼虫 6/1

アオクチブトカメムシ3齢幼虫 6/22

ツノアオカメムシ 7/14

アオクチブトカメムシ 8/17

アオクチブトカメムシ5齢幼虫 7/7

カメムシの仲間　　　　　　　　　カメムシ目　81

小楯板の基部中央に大きな黒色の紋がある。翅の先端は腹部より長く出る。♂の体はやや細長く暗色。

体は光沢のある紫黒色。
前胸背の後半に黄白色の幅の広い横帯。
小楯板の先端が広く白色。

スコットカメムシ●

①8〜9月　②9〜11mm
③山地の樹上，集団で越冬することがある
④ハンノキ，シナノキ，ミズナラ，シラカンバなど

ツマジロカメムシ〇

①5〜9月　②8mm前後
③山地の樹葉上　④キイチゴ，ミズナラ，ノリウツギなど

トゲカメムシ

①7〜9月　②7〜12mm
③平地〜山地
④キク科，バラ科の他，多くの植物

ナガメ●

①5〜9月　②6.5〜9.5mm
③平地〜山地のアブラナ科の花
④アブラナ科

アカスジカメムシ

①7〜9月　②9〜12mm
③平地〜山地のセリ科植物の種子上
④セリ科

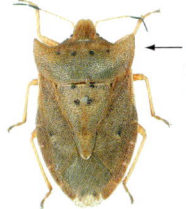

側角は，前に突き出す。前胸背に4個小楯板に6個の小黒点をもつ。

トホシカメムシ

①7〜9月　②16〜23mm
③平地〜山地の広葉樹
④カエデなど

アカスジカメムシ　9/1

82　カメムシ目　　　　　　　　カメムシ，ツノカメムシの仲間

←エゾアオカメムシ●

①5〜9月　②13〜15mm
③平地〜山地の草むら
④マメ科，キク科，時に
ダイズ，イネ
＊越冬時に褐色になる。

チャバネアオカメムシ○→

①5〜9月　②9〜10mm
③平地〜山地
④多数の植物，時にブドウ，
ウメなどの果樹を吸収
＊越冬時に褐色になる。

触角は黒色だが，
第4節の両端と
第5節の基部は
黄褐色。体は暗
褐色に黄褐色の
不規則な斑紋が
ある。

側角は黒
く，やや
角ばって
いる。

触角の
各節の
基部は
黄白色。

クサギカメムシ○

①7〜9月　②16mm前後
③平地〜山地の植物，果実　④多食性で多くの果実を吸収

ムラサキカメムシ●

①8〜10月　②12〜15mm
③平地〜山地のキク科やその他植物上
④ヨモギなど，時にイネの穂を吸収

プチヒゲカメムシ

①5〜9月　②10〜13mm
③山地の灌木や雑草　④マメ科，キク科，その他ダイコン，ゴマ，ニンジン，ゴボウ，イネなどを吸収

4個の白い
小さな点が
横に並ぶが
わかりづら
い。側角は
幅広く，先
端は丸い。

ヨツボシカメムシ○

①5〜9月
②13mm前後
③山地の草上
④マメ科植物
に寄生

オオトゲシラホシカメムシ

①7〜10月
②5〜7mm
③平地〜山地
④ヨモギ，イネ，
オオバコ，牧草
など

ツノカメムシ科　前胸背の側角が側方に突き出ているものが多い。

ハサミツノカメムシ♂●　5/21

ハサミツノカメムシ♀●　6/4

①5〜7月　②18mm前後　③山地の植物の葉上　④ウルシ，ミズキ，ヤナギ類

ミヤマツノカメムシ　5/9

①5〜9月　②13〜16mm
③山地のミズキなどの樹上

ツノカメムシの仲間　　　　　　　カメムシ目　83

セアカツノカメムシ○

①5〜9月　②14〜18mm
③山地の樹上　④ミズキ,
ヤマウルシ, ツタウルシ

エゾツノカメムシ○

①6〜9月　②12mm前後
③山地のミズキ, ニワト
コなどの葉上

**エサキモンキ○
ツノカメムシ**

①6〜8月
②12mm前後
③山地のミズキなど

セグロヒメツノカメムシ　6/1

とがる。
黒色紋の形に特徴あり。

①6〜7月　②7mm前後
③山地の花など
④ノリウツギ, ヒメジョン,
ウド, タラノキなど

**セグロベニモン
ツノカメムシ●●　5/21**

①6〜10月　②8.5〜11mm
③山地の花や草上
④シラカンバ, ダケカンバ
＊腹背板は黒い。

ベニモンツノカメムシ●

①6〜7月　②8.5〜11mm
③ウドなどセリ科やタラノ
キの花など
＊腹背板は紅色。

アカヒメツノカメムシ

①6〜7月　②6〜7mm
③ミズキ, ダケカンバ,
シモツケ, ヤマブキショ
ウマ, キイチゴなど

ヒメツノカメムシ

①5〜10月　②7.5〜9.5mm
③山地の草花
④ヤマグワ, コウゾ, ノリ
ウツギなど　＊腹部下面に
黒色点刻がない。

クロヒメツノカメムシ

①5〜10月　②7.5〜8.5mm
③山地の草花
④シラカバなど
＊腹部下面に黒い点刻があ
る。

アミメカゲロウ(脈翅みゃくし)目もく

札幌市手稲区星置　　クモンクサカゲロウ　6/22

ヘビトンボの仲間　　　　　アミメカゲロウ目　85

アミメカゲロウ目　体は軟らかく，触角は糸状で，かむ口をもつ。2対の翅はおおよそ等しい大きさで，基本的な翅脈は完全である。止まる時は，翅を屋根状にたたむ。幼虫のほとんどが捕食性である。完全変態をする昆虫の中では，最も原始的なものの一つと考えられている。**ヘビトンボ亜目，ラクダムシ亜目，アミメカゲロウ亜目**に分けられる。幼虫の形態が非常に異なることから，それぞれを独立の目とする研究者もいる。**ヘビトンボ亜目**では，後翅の後縁部は広く，静止の際，その部分はたたまれる。幼虫は水生で，強大な顎をもつ。蛹化の時は岸へ這い上がり，石や植物の下に穴をつくる。**アミメカゲロウ亜目**では，翅脈は外縁近くで細かく分岐する。幼虫は一般に陸生で，曲がったきばがあり，中空のチューブ状で，これを使って獲物の体液を吸い上げる。幼虫は3齢の後，尻から糸を出してまゆをつくり，その中でさなぎになる。

＊アミメカゲロウ目の体の大きさは，乾燥すると腹部が縮むものが多いため，翅を開いた時の左右の翅の両端間の長さ（開長）とした。

ヘビトンボ科　体は大きくて軟らかく，強大な大顎をもつ。幼虫は水生で，水生昆虫の幼虫を食べて育つ。幼虫は漢方薬「孫太郎虫」として子供のかんの薬で有名。

ヘビトンボ

①7～8月　②85～105mm（開長）
③平地～山地，河岸の木の幹

幼虫・成虫とも強力な顎をもっている。幼虫は，渓流や山地の小川などにすみ，2～3年で成虫になる。岸へ這い上がりさなぎになる。

ヘビトンボ　7/24

86　アミメカゲロウ目　　　　　　　　ヘビトンボ，センブリの仲間

札幌市手稲区滝の沢川　　ヘビトンボが生息する渓流の中〜下流域

センブリ科　ヘビトンボに近いが小形で単眼がない。翅は褐色〜黒色を帯びるものが多い。幼虫は，泥の底に埋まって生活し，水生昆虫の幼虫などを食べる。

センブリ ●

①5〜7月　②27mm前後(開長)
③平地〜山地の流れのゆるい川
の近く　④幼虫は水生で肉食

センブリ　6/10

近似種の判定は難しく，種の同定には♂の生殖器による判定が必要。

札幌市手稲区山口運河　センブリが生息する流れがゆるく泥質物が沈殿している川

ヒロバカゲロウ科 翅は広く、横脈が多い。卵は水辺の木の幹や葉上に産まれる。ある種の幼虫は半水生で、湿ったコケの中などにすみ昆虫の幼虫を食べる。成虫は、水辺の木の幹などに見られる。

スカシヒロバカゲロウ

①6～8月 ②44mm前後(開長)
③山地、暗く湿った林内

ヒロバカゲロウ○

①6～8月 ②35mm前後(開長)
③平地～山地、暗く湿った林内

ウンモンヒロバカゲロウ

①6～8月 ②50～55mm(開長)
③山地、暗く湿った林内

スカシヒロバカゲロウ 6/23

ウンモンヒロバカゲロウ 6/15

クサカゲロウ科 多くは緑色。成虫は夜行性。多くの種が、コウモリの超音波を感知する特殊な感覚器が翅にある。柄のついた卵を植物上に産み、絹のまゆの中でさなぎになる。幼虫はアブラムシ、カイガラムシ、ハダニや小蛾類の幼虫などを食べる。成虫も捕食性のものもある。

88　アミメカゲロウ目　　　　　　　クサカゲロウの仲間

成虫は顔面に9個の黒色紋がある。前翅前縁横脈は黒色。**モンクサカゲロウ**, **エゾクサカゲロウ**ではほぼ淡色。

クモンクサカゲロウ●

①7〜9月　②24〜31mm(開長)
③平地〜山地

触角上下の紋は触角間の黒点を介してX字状につながる。

クサカゲロウ

①6〜9月　②25〜32mm　③平地〜山地

頭部は無紋。中型。翅横脈は後翅の一部を除き全て黒色。

ムモンクサカゲロウ

①7〜9月　②26〜32mm　③山地

頭部は複眼下の頬に小黒色紋がある。中型。R横脈は全体が黒色。

フタモンクサカゲロウ○

①7〜9月　②24mm前後　③平地

頭下部と頭盾の側部に黒色紋がある。顎ひげは外側のみ暗色。

ヤマトクサカゲロウ●

①7〜9月　②23〜27mm　③平地〜山地

頭部は無紋。大型。触角第1節は、幅の1.5倍ほど。前胸背の毛は淡褐色か淡色。**ヒメオオクサカゲロウ**は触角第1節は幅の2倍長く、前胸背の毛は黒色。

キタオオクサカゲロウ●

①7〜9月　②40〜50mm　③山地

成虫は顔面に4〜7個の黒色紋がある。触角より上と触角間は通常無紋。右図は触角間にかすかに黒色紋が出ている。近似種に**ナナホシクサカゲロウ**(圏外)がある。ヨツボシクサカゲロウは、通常アブラムシ類を食べるが、♂の成虫はマタタビに強く誘引されそれを食する性質もある。

ヨツボシクサカゲロウ○●

①7〜9月　②35〜43mm　③平地

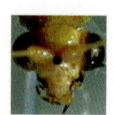

頭部は触角間に黒色紋, 頬と頭楯を連続する黒色条がある。胸背にも黒色紋がある。**イツホシアカマダラクサカゲロウ**は触角基節に黒色紋がある。

セボシクサカゲロウ●

①7〜9月　②24〜30mm　③平地

ウスバカゲロウの仲間　　　　　アミメカゲロウ目　89

ウスバカゲロウ科　体は軟らかく細長い。複眼は大きく，触角は先端がこん棒状。幼虫は砂にすり鉢状の穴(アリジゴク)をつくる。種によっては穴をつくらず，砂中，落葉下，石の下などに隠れて小昆虫をとらえる。成虫は夜行性。森林中の薄暗いところなどを飛ぶ。

中脚脛節後面は黒色。近似種のウスバカゲロウは胸下面は脚基節を含み黄色で脚は黄色部が多い。

中脚脛節後面は黄色。

コウスバカゲロウ 幼

①7〜9月　②70〜80mm(開長)
③山地　④幼虫は山地の崖の斜面などにすり鉢状の穴(アリジゴク)をつくり小昆虫などを食べる

クロコウスバカゲロウ 幼

①7〜9月　②52〜63mm(開長)
③平地〜山地　④幼虫は海岸の砂丘，河原の砂地などにすり鉢状の穴(アリジゴク)をつくり小昆虫などを食べる

モイワウスバカゲロウ○

①7〜8月　②80mm前後(開長)
③山地

ホシウスバカゲロウ○

①7〜8月　②69mm前後(開長)
③平地〜山地

クロコウスバカゲロウの幼虫の巣(アリジゴク) 6/23

クロコウスバカゲロウの幼虫

まゆ　7/1

コウチュウ(鞘翅)目

札幌市南区薄別　　　　　　　　　　　　　　ヒメオオクワガタ　7/28

コウチュウ目 前翅を含め体の表面が硬く，よろい・かぶとをつけたように見えるため甲虫と呼ばれる。体が硬い表皮におおわれているため，土中や水中など多様な環境への進出を可能にした。世界で約37万種，日本で約9000種が知られ全動植物の約1/4を占める生物界最大の分類群である。**オサムシ(食肉)亜目**，**カブトムシ(多食)亜目**，ナガヒラタムシ(始原)亜目，ツブミズムシ(粘食)亜目に分類され，ほとんどは前2亜目に含まれる。

＊コウチュウ目の体の大きさは，頭部先端から上翅先端，あるいは頭部先端から腹部先端の長い方の長さで示した。ただし，ゾウムシ上科とクワガタムシ科の長さの測り方については，各科に示した説明を参照のこと。

圏内のコウチュウ目

雪解け直後の4月，平地では越冬したナナホシテントウやテントウムシが現れる。5月上旬，ハンノキのある湿地，海岸部の草原などではハンノキハムシが発生する。5～6月，新緑の低山地では，イタドリハムシ，ハンノキハムシ，キクビアオハムシ，ミヤマヒラタハムシ，カタクリハムシ，アカイロマルノミハムシなどのハムシ類やドロハマキチョッキリ，ハナウドゾウムシ，ハイイロヒョウタンゾウ，クロアナアキゾウムシ，カツオゾウムシ，リンゴヒゲナガゾウムシなどのゾウムシ類，サビキコリやエゾフトヒラタコメツキなどのコメツキ類，モモブトカミキリモドキ，アオジョウカイ，ジョウカイボンなどは草上で比較的よく目にする種類である。カツラの倒木の赤朽木表面にはマダラクワガタ，赤朽木内にはツヤハダクワガタの成虫が見つかる。オサムシ類は，この時期最も活発に活動する。7～8月，山地の草木の花にはシロトラカミキリ，ホソトラカミキリ，ヨツスジハナカミキリ，ヤツボシハナカミキリ，ニンフホソハナカミキリ，クロハナカミキリ，アカハナカミキリなどのカミキリムシ類，ハナムグリ，アオハナムグリ，ヒメコガネ，セマダラコガネなどを比較的よく目にする。平野部ではマメコガネやナガチャコガネが公園，庭，草地などで大発生することがある。海岸部の草原ではカタモンコガネが多い。山地の土場には各種のカミキリムシが集まる。平野部～山地のハルニレ，ヤナギ，ミズナラ，イタヤカエデの樹液には，ミヤマクワガタ，スジクワガタなどがやって来る。ハルニレの発酵した樹液やその樹皮下にはオオヒラタエンマムシ，エンマムシモドキ，ケモンヒメトゲムシやケシキスイ類が見られる。ヒメオオクワガタは稀にヤナギなどの幼木や林道上などで見つかる。オニクワガタは，林道上などを歩行する姿を見かけるケースが多い。山地のニレタケなどのキノコにはヨツボシオオキノコムシ，ハネカクシ類，モンキナガクチキなど，カワラタケ類にはミヤマオビオオキノコなどが集まる。生物の死体には，シデムシ類やハネカクシ類が集まる。秋も深まる9～10月，地面の草を食べたり，地面を歩行するメノコツチハンミョウの姿が見られる。

コウチュウ目　　　ハンミョウ，オサムシの仲間

ハンミョウ科 頭部は大きく，複眼が突出する。成虫，幼虫とも大顎は強力で，内側に鋭い歯がある。幼虫は地中に穴を掘ってすみ，昆虫をとらえて食べる。最新の分類体系では，ゴミムシ科に含まれる。

(穂別町産)　(穂別町産)

上唇はほぼ三角形。　上唇はやや横に長い。　上唇は横に長い。　上唇は横に長い。

ミヤマハンミョウ 幼
①5〜9月
②13〜17mm
③露頭のある林道や山中の開けた裸地，ガレ場

アイヌハンミョウ
①5〜9月
②16〜18mm
③河原
＊圏内には生息しない。

ニワハンミョウ
①5〜9月
②16〜18mm
③河原
＊圏内で過去に記録があるが近年では記録がない。

コニワハンミョウ△
①5〜9月
②11〜12mm
③河原
＊体は小型。

エリザハンミョウ△
①5〜9月
②8.5〜10mm
③平地の河岸や開けた砂地

オサムシ科 一般に褐色〜黒色だが，美しい金属光沢をもつものもいる。胸の中央に1本の縦溝がある。前翅には縦に溝があるものが多い。後翅は退化して飛べないものもいる。幼虫・成虫ともに肉食性でミミズ，カタツムリ，ガの幼虫などを食べる。多くは夜行性で日中は，石や枯葉の下に隠れている。つかまえるとお尻から臭い液を出す。成虫は土中や朽木中で冬を越すものが多い。

アイヌキンオサムシ△★
①6〜8月　②24〜28mm
③高山地，下草のある林内，林縁や草原　④幼虫，成虫ともカタツムリ
＊北海道と択捉島のみに生息。

(手稲山産)　(中山峠産)

オサムシの仲間　　　　　　　　　　　　　　　　　コウチュウ目　93

アイヌキンオサムシが生息する手稲山8合目付近

（手稲山産）　　　　（手稲山産）　　　　（手稲山産）　　　　（真駒内産）
♂金緑色型　　　　　♂赤銅色型　　　　　♂金銅色型　　　　　♂藍青色型

オオルリオサムシ★

①5〜8月　②26〜33mm
③山地，下草のある林内，林縁
④幼虫，成虫ともカタツムリ

オオルリオサムシは，世界でも北海道にのみ生息し，1990年日本昆虫学会において北海道の虫とされている。飛ぶことができないために地域変異が見られる。

94　コウチュウ目　　　　　　　　　オサムシの仲間

オオルリオサムシが生息する手稲山ロープウェー付近

オサムシ類の♂は跗節の幅が広い。

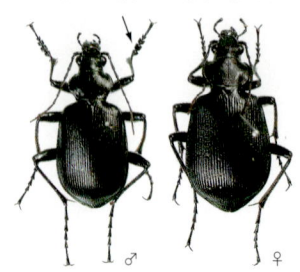

アオカタビロオサムシ●

①5〜8月　②17〜22mm
③成虫は樹上で鱗翅目幼虫を食べる　＊体は緑，銅色を帯びる。

エゾカタビロオサムシ

①7〜8月　②28mm前後
③樹上で鱗翅目幼虫を食べ，夜間灯火にも来る

エゾアカガネオサムシ●★

①5〜8月　②21〜25mm
③下草のある林内，林縁
④幼虫，成虫ともに小昆虫やミミズを食べる　＊色は，黒，銅黒，緑銅黒色。

オサムシの仲間　　　　　　　　　　コウチュウ目　95

イシカリクロナガオサムシ★

①5〜8月　②26mm前後
③下草のある林内，林縁
④幼虫，成虫ともに小昆虫やミミズを食べる
＊背面は光沢を欠く。

ヒメクロオサムシ

①5〜8月　②18〜20mm
③下草のある林内，林縁
④幼虫，成虫ともに小昆虫やミミズを食べる

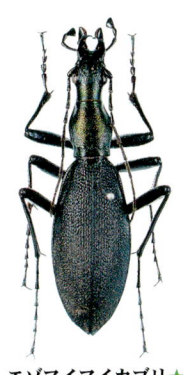

エゾマイマイカブリ★

①5〜8月　②28〜33mm
③下草のある林内，林縁
④幼虫，成虫ともにカタツムリを食べる

毛虫を食べるエゾアカガネオサムシ　7/20

エゾマイマイカブリ　5/21

セダカオサムシ　6/24

セダカオサムシ

①5〜8月　②14mm前後
③山地の朽木など
④幼虫，成虫ともに小型のカタツムリを食べる

コウチュウ目　　　　　　　　　　オサムシの仲間

オサムシモドキ△○

①7〜9月
②22mm前後
③平地の砂地に穴を掘って隠れる

キンナガゴミムシ

①5〜7月
②11〜14mm
③下草のある林内、林縁　④成虫、幼虫ともに小昆虫やミミズを食べる　＊体色は、赤銅〜緑銅色。

オオキンナガゴミムシ●

①6〜8月
②13mm前後
③山地の石下など
＊体色は、緑銅〜赤銅色、黒色。

ツンベルグナガゴミムシ●★

①5〜7月
②12〜16mm
③山地の林内や林縁に多い

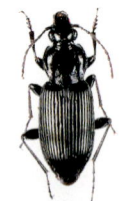

カタツムリを食べる
マルガタナガゴミムシ　7/14

マルガタナガゴミムシ●

①5〜6月
②12mm前後
③山地の林、草地
＊弱い緑銅色の光沢がある。

クロオオナガゴミムシ●

①6〜9月
②16〜22mm
③渓流沿いの石下
＊つやは弱い。

アトマルナガゴミムシ●

①5〜8月
②14〜16mm
③山地

エゾホソナガゴミムシ●★

①5〜10月
②11mm前後
③山地の林縁
＊銅色を帯びる。

エゾマルクビゴミムシ●★

①6〜9月
②10〜12mm
③渓流沿い石下

コガシラナガゴミムシ●

①5〜9月
②8.5〜11mm
③山地の林縁

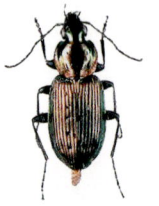

セボシヒラタゴミムシ

①5〜8月
②8.5mm前後
③山地の林縁
＊銅色を帯びる。

オサムシの仲間　　　　　　　　　　　コウチュウ目　97

**キンモリ
ヒラタゴミムシ**

①5～9月
②8.5～10.5mm
③樹葉上など
＊前胸背板後角は直角で角ばる。下唇基節の歯の先端はやや湾入。

**コハラアカモリ
ヒラタゴミムシ**

①5～9月
②8.5～10mm
③樹葉上など
＊前胸背板の側縁上反部は幅広く，後角は丸い。下唇基節の歯の先端は丸い。

**ハラアカモリ
ヒラタゴミムシ**

①5～9月
②8.5～10.5mm
③樹葉上など
＊前胸背板後角は丸い。下唇基節の歯の先端は丸い。

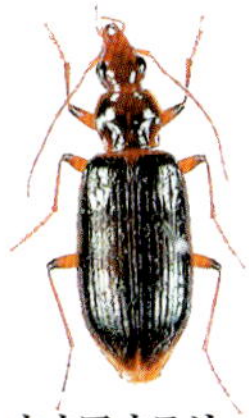

**オオアオモリ
ヒラタゴミムシ**

①6～9月
②10.5～13mm
③樹葉上など
＊翅端会合角の歯状突起は鋭い。

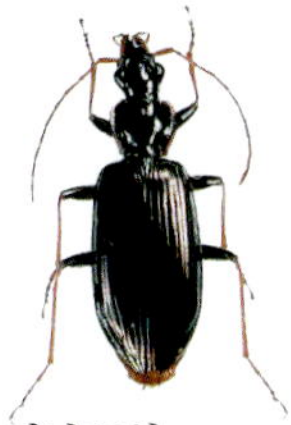

**ヤセモリ
ヒラタゴミムシ**

①5～9月
②9.5～12mm
③樹葉上など
＊上翅は細長い。下唇基節の歯の先端は湾入する。

**ウスグロモリ
ヒラタゴミムシ**

①6～9月
②9～11mm
③樹葉上など
＊後腿節の刺毛は3本以上。下唇基節の歯はややとがる。

ルリヒラタゴミムシ

①6～9月
②8～9.5mm
③樹葉上など
＊上翅端の会合角は歯状突起をそなえる。下唇基節の歯はとがる。

クビアカツヤゴモクムシ

①6～9月
②8.5～10.5mm
③山地

ヒラタゴモクムシ

①5～9月
②9～16mm
③平地の砂地

クロゴモクムシ

①6～9月
②14mm前後
③平地～山地の林，草地など

ヒロゴモクムシ

①6～8月
②14～15mm
③平地，灯火など

ゴミムシ

①5～9月
②11～13.5mm
③平地～山地　＊頭頂に赤色斑がある。

98　コウチュウ目　　　　　　　　　オサムシの仲間

**コクロツヤ
ヒラタゴミムシ**●
①6〜9月
②12mm前後
③平地の林縁

マルガタゴミムシ●
①5〜7月
②8〜9mm
③平地〜山地に普通

トックリゴミムシ●
①5〜9月
②10.5〜11.5mm
③水辺湿地など

アオゴミムシ
①6〜9月
②13mm前後
③平地〜山地の林，草地

ヤホシゴミムシ 6/5
①5〜7月
②9〜11mm
③山地の樹葉上など

コヨツボシゴミムシ 7/14
①6〜7月
②10mm前後
③山地の林縁など

セアカヒラタゴミムシ
①7〜9月　②16〜18mm
③平地〜山地に普通
＊胸部背板は全て赤褐色の個体もあり，赤褐色部に変化がある。

**ミツアナアトキリ
ゴミムシ**
①5〜9月
②6〜7.5mm
③樹葉上など
＊暗褐色で前胸背板と上翅の側縁は細く暗赤褐色。第3間室に3孔点がある。体の割に大顎が大きい。

**エゾハネビロアトキリ
ゴミムシ**
①5〜9月
②7mm前後
③山地
＊前胸背板は横長で上翅の幅は広い。上翅の条溝は顕著。

**ミヤマジュウジ
アトキリゴミムシ**
①6〜9月
②6mm前後
③山地の花や樹葉上
＊頭部と前胸背板は暗赤褐色。

**ホソアトキリ
ゴミムシ**
①5〜9月
②6mm前後
③樹葉上など
＊前胸背板は横じわが多い。前胸背板側縁の剛毛は後角の1本のみ。間室には点刻がなく微細印刻がある。

オサムシ，ミズスマシの仲間　　　　　　コウチュウ目 99

フタツメゴミムシ
① 5〜9月
② 8.5mm前後
③ 樹葉上

**チャバネヒメ
ヒラタゴミムシ**○
① 5〜9月
② 8mm前後
③ 平地

ツノヒゲゴミムシ○
① 4〜9月
② 8mm前後
③ おもに湿地

**オオフタモン
ミズギワゴミムシ**
① 5〜9月
② 6mm前後
③ 河川沿いの水辺
　　など

**ヨツアナ
ミズギワゴミムシ**
① 5〜9月
② 4.5mm前後
③ 河川沿いの水辺な
　　ど

ヒョウタンゴミムシ▲（熊石町産）
① 5〜9月
② 20mm前後
③ 海岸の砂地
＊圏内にも生息する。

**エゾハンミョウ
モドキ▲★**
① 5〜9月
② 8〜9mm
③ 水辺湿地

**コルリアトキリ
ゴミムシ**
① 5〜9月
② 4.5mm前後
③ 平地の荒地の
　　草本上

ミズスマシ科　卵形で流線形。複眼は上下2つに分かれる。長い前脚で獲物をとらえ，中脚と後脚は短い水かきのようになっている。水面で群れをなし，さざ波を感知できる触角で獲物を探知する。卵のかたまりは水生植物のうら面に産まれる。成虫，幼虫とも小動物をとらえて食べる。

オオミズスマシ○
① 5〜8月
② 10mm前後
③ 平地〜山地の湖沼

ミヤマミズスマシ
① 5〜8月
② 5.5〜7.3mm
③ 平地〜山地の
　　湖沼，水たまり

ミヤマミズスマシ　5/9

100 コウチュウ目　　　　ゲンゴロウの仲間

ゲンゴロウ科 卵形で流線型。後脚は平たく，毛のふさがあり，泳ぐのに適している。上翅の下に空気をたくわえることができる。♀は水生植物の茎にさけ目をつくり，その中に産卵する。水の近くの湿った土中でさなぎになる。成虫・幼虫とも小魚や昆虫などをとらえて食べる。新成虫は夏〜秋に羽化し，土中または水中で越冬する。

ヒメゲンゴロウ●

光沢があり体はやや細い。

②10〜12mm　③平地〜山地の池沼，湿地　＊道北，道東にはキタヒメゲンゴロウが生息する。

エゾヒメゲンゴロウ

前胸背の中央の紋は円形。光沢は鈍い。

②12〜14mm　③平地〜山地の池沼，湿地　＊近似種オオヒメゲンゴロウは前胸背の中央の紋が帯状である。

クロズマメゲンゴロウ

②9〜10mm
③平地〜山地の沼，湿地

ヨツボシクロヒメゲンゴロウ●

体の腹面と脚はほぼ赤褐色。黄色斑は明瞭。

②10.5mm前後
③山地の湿地

キベリクロヒメゲンゴロウ

体は細長く前胸背と上翅の側縁には黄褐色の帯紋がある。

②7.5〜9mm
③ヨシなどが生える大きな池沼

クロマメゲンゴロウ●

通常前脚の跗節・脛節中脚の跗節は赤褐色。黄色斑がある。

②6.5〜7.5mm
③山地の湿地

メススジゲンゴロウ△○

②14〜17mm
③山地の池沼

コシマゲンゴロウ

②10mm前後
③平地〜山地の沼，湿地

ゲンゴロウの仲間　　　　　　　　　　コウチュウ目 101

後脚第5跗節は前節の1.5倍以上。

体はやや細長く光沢がある。♂前脚の爪は第5跗節の2/3の長さ。脚は赤褐色。

上翅は暗褐色で腹面は黒い。脚は赤褐色で後腿節は暗色。後脚腿節は上翅側片を越えない。

上翅の黄色斑はほぼ無紋となることもある。後頭部と前胸背前角の赤褐色紋は常に存在。

マツモトマメゲンゴロウ●
②7〜8.5mm
③山地の渓流の止水域など

マメゲンゴロウ●
②6.5〜7.5mm
③平地〜山地の止水域

モンキマメゲンゴロウ○●
②6.5〜8.5mm
③山地の清流域

♂ (当別町産)　　♀　　　(当別町産)♂

（ナミ）ゲンゴロウ◎幼
②34〜42mm
③水生植物の生える池沼, 湿地
＊♂の第1〜3跗節は幅が広い。♀の上翅は縦じわでおおわれる。

ゲンゴロウモドキ○●
②30〜36mm　③水生植物の生える池沼, 湿地　＊♀の上翅は, ♂とそっくりの型と深い縦溝をもつ型の2型がある。近似種エゾゲンゴロウモドキとは, 腹部腹面が虎模様を呈することと, 後基節突起の先端が鋭くとがることで区別できる。

エゾヒメゲンゴロウ　7/31

キベリクロヒメゲンゴロウ　6/11

ガムシ，エンマムシの仲間

ガムシ科 卵形で流線形。後脚は平たく泳ぐのに適しているが，ゲンゴロウほどではない。上翅の下や体表面に空気をたくわえる。触角の先端4節がこん棒状。卵は水中や湿った場所に産まれる。成虫は水草，腐食性，幼虫は水生昆虫の幼虫，貝，ミミズ，落葉，獣糞などを食べる。

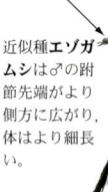

近似種**エゾガムシ**は♂の跗節先端がより側方に広がり，体はより細長い。

♀は跗節先端が広がらない。

ガムシ ● 幼
①6〜8月 ②33〜41mm
③平地〜低山地の池，沼

エンマハバビロガムシ
①5〜9月
②5.5〜7.5mm
③牛糞・馬糞

エンマムシ科 体は黒色で硬く，円形〜楕円形。前翅の表面にすじや点刻のあるものが多い。前翅はやや短く，腹部がはみ出している。幼虫，成虫ともウジやコウチュウの幼虫などを食べる。材害虫の天敵でもある。糞や腐肉，落ち葉や樹皮下などにすむ。

上翅は後半に点刻群があり背条は弧をえがく。第3背条は他背条の半分かそれ以下。

ドウガネエンマムシ ●
①6〜7月
②6.5mm前後
③平地〜山地

上翅の第1〜4背条が完全，第5条は後半部のみ，第6条はそれより少し長い。

ツヤマルエンマムシ ●
①7〜9月
②3.5〜4mm
③平地〜山地，
牛・馬糞に集まる

上翅の第1〜3背条が完全，第4〜6は基半部を欠く。

クロエンマムシ ●
①7〜9月
②5.8〜7.5mm
③平地〜山地，
牛・馬糞に集まる

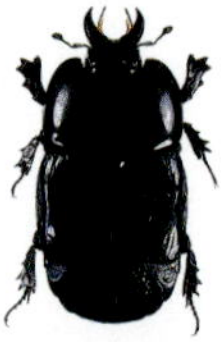

オオヒラタエンマムシ ●
①6〜7月
②8.0〜11mm
③山地の樹皮下
伐採木，樹液

エンマムシモドキ科

エンマムシモドキ

上翅には点刻を含む6〜7条の条溝がある。

①5〜6月 ②11〜15mm ③枯木，樹液 成虫は樹液に集まる小昆虫の幼虫を捕食する

オオヒラタエンマムシ 6/1

エンマムシモドキ 6/1

クシヒゲムシ科　大顎は大きく前方に突出

クチキクシヒゲムシ○

①6〜7月 ②10〜21mm ③山地の木の枝 ④北アメリカ産の別種ではセミの幼虫に寄生

クチキクシヒゲムシ 5/17

デオキノコムシ科　卵形で上翅端は幅広い。朽木やキノコに生息する。最新の分類体系では，ハネカクシ科に含まれる。

触角第6節は卵形で第5節よりやや幅広い。触角先端部は幅広い。上翅前紋の後縁は3歯状。

エグリデオキノコムシ●

①6〜7月 ②6〜7mm ③森林の樹幹，朽木

エグリデオキノコムシ 7/5

104 コウチュウ目　　　　　　　　　　ハネカクシの仲間

ハネカクシ科 体形はいろいろで，上翅は短く，腹部がはみ出す。活発に活動し，近づくと飛んで逃げる。キノコや石の下などに見られる。植食性，食腐性，食肉性，食菌性のものなどいろいろで，種類は多い。シデムシに近縁である。

←頭部と前胸背板は正中部に細い無点刻帯がある。

←前頭，小楯板，第2，5腹部両側に金色毛を密生する。

←顔はやや細長い。前胸背板の正中線後方に不明瞭な細い平滑条をそなえる。

←上翅は緑〜青の光沢がある。

オオアカバハネカクシ
①5〜8月
②14〜19mm
③落葉下など

ダイミョウハネカクシ
①5〜8月
②16〜18mm
③落葉下など

アカバハネカクシ
①5〜8月
②13〜15mm
③落葉下など

ルリコガシラハネカクシ
①6〜7月 ②11〜13mm ③キノコ類に集まる

←体に光沢がある。

←前胸背板は点刻を欠く。

←触角はくし状。上翅側片の前方約2/3は黄色。

クロオオキバハネカクシ
①6〜8月 ②8〜11mm ③ヒラタケなどに多い

サビハネカクシ
①5〜7月
②10〜13mm
③動物の腐肉など

ムネビロハネカクシ●
①6〜7月
②14〜16mm
③落葉下

コクシヒゲハネカクシ●
①6〜7月
②15mm前後
③樹液や腐った果物

エゾアリガタハネカクシは後翅が退化している。

体液が皮膚につくと炎症を起こす。

アオバアリガタハネカクシ●
①6〜8月
②7〜9mm
③湿地，草地

シラオビシデムシモドキ
①6〜7月
②9〜10mm
③伐採木など

オオキバハネカクシの一種●
①6〜7月
②7〜9mm
③キノコ

キノコを食べる
クロオオキバハネカクシ 7/12

シデムシの仲間　コウチュウ目 105

シデムシ科 体は平たく，首は細い。触角の先端は太い。成虫，幼虫とも腐った動物質を食べる森のそうじ屋である。卵は動物の死体などに産みつけられる。モンシデムシ類は，動物の死体などの肉片を近くの土の中に埋めて卵を産み，かえった幼虫を♀が育てる。

←胸部背面正中部に点刻された浅い縦溝がある。

オオヒラタシデムシ
①6〜8月
②18〜23mm
③平地〜山地
＊体色はやや青みを帯びた黒。

ヒラタシデムシ●
①5〜8月
②15〜20mm
③平地〜山地
＊体色は弱い金銅光沢。

←正中部はほとんどへこまない。

クロヒラタシデムシ●
①5〜8月
②15〜17mm
③平地〜山地
＊頭部は細長く突き出している。

ヨツボシヒラタシデムシ●
①5〜8月
②13〜16mm
③樹上にいて各種の幼虫などを捕食する。

←赤色帯紋中に通常4つの黒点を遊離。翅端に黒色部はない。頭頂に赤色紋がある。

ヨツボシモンシデムシ
①6〜8月
②14〜18mm
③山地

ヒメクロシデムシ○●
①6〜8月
②21〜24mm
③山地

コクロシデムシ○
①6〜8月
②15mm前後
③山地

オオモモブトシデムシ○●
♂ ♀
①8〜9月
②20〜24mm
③山地，灯火に来る

←帯紋は幅広く前紋と端紋が側縁に沿って連結。触角の先端は褐色。頭頂に赤色紋がない。

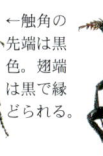

ヒロオビモンシデムシ
①7〜9月
②15〜22mm
③山地

←触角の先端は黒色。翅端は黒で縁どられる。

ツノグロモンシデムシ○
①7〜9月
②14〜22mm
③平地〜山地

マエモンシデムシ●
①7〜9月
②13〜25mm
③平地〜山地

7/27
ヒラタシデムシとオオヒラタシデムシ

106 コウチュウ目　　クワガタムシの仲間

クワガタムシ科 体は平たく，♂は長い大顎をもつ。触角は第1，2節の間で肘状に曲がる。成虫は樹液に集まり，灯火にも飛来する。幼虫は，腐植土や朽木を食べて育つ。成虫になるまでに2〜3年かかるものが多い。

＊クワガタムシ科の体の大きさは，大顎を含むものとした。

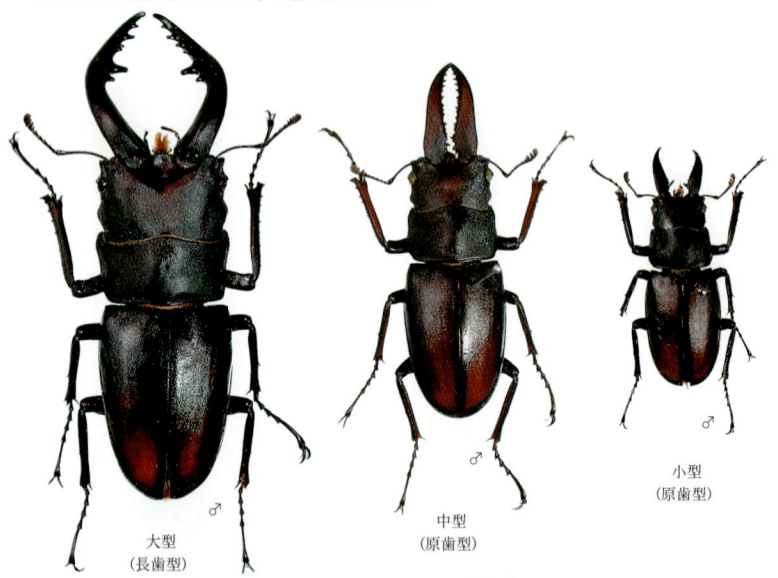

大型
（長歯型）

中型
（原歯型）

小型
（原歯型）

ノコギリクワガタ幼

①7〜8月　②♂30〜62mm，♀27〜35mm
③平地〜丘陵地の広葉樹　④ミズナラ，コナラ
＊圏内では，成虫はヤナギの木で見られることが多い。

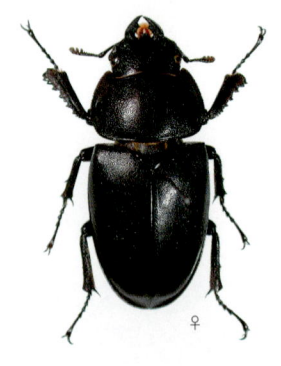

ノコギリクワガタ

マダラクワガタ幼

①5〜7月
②5mm前後
③山地の朽木
④カツラの赤朽木
＊♂の大顎には上に向く大きく曲がった突起がある。

ツヤハダクワガタ

①5〜8月
②♂17mm，♀13mm前後
③山地の朽木
④カツラの赤朽木

クワガタムシの仲間　　　　　　　　コウチュウ目 107

大型
(基本型)

中型
(エゾ型)

小型

ミヤマクワガタ 幼

①7～8月　②♂38～64mm，♀29～38mm
③平地～山地の広葉樹林　④ミズナラ，コナラ　＊成虫はハルニレ，
ヤナギ類，ミズナラ，コナラ，イタヤカエデの樹液などに集まる。

＊ノコギリクワガタ♀とミヤマクワガタ♀のちがい

1. 体の形はノコギリクワガタの方が卵型である。
2. ノコギリクワガタの表面はザラザラしている。
3. 前脚の輪郭がちがう(矢印部)。
4. ミヤマクワガタでは腿節に褐色の紋(矢印部)をもつものが多い。

ミヤマクワガタ 　　ノコギリクワガタ♀ 　　ミヤマクワガタ♀

ギザギザ

キザギザがない。
褐色紋

108 コウチュウ目　　　　　　　クワガタムシの仲間

ハルニレの樹液に集まるミヤマクワガタ♂♀、スジクワガタ♀、コクワガタ♂　8/13

ハルニレの根元にいたミヤマクワガタ♀　7/5 　ハルニレの樹液を吸うミヤマクワガタ♂　8/3

クワガタムシの仲間　　　　　　　　　コウチュウ目 109

ハルニレの樹液を吸うミヤマクワガタ♂♀(上)とコクワガタ♂(下)　8/10

ハルニレの樹液を吸うミヤマクワガタ♂　8/22

路上に落下後,再び飛び立つミヤマクワガタ♂　8/3

110 コウチュウ目　　　　　　　クワガタムシの仲間

アカアシクワガタ♂(上)とスジクワガタ♂(下)　7/15

コクワガタ♂　8/21

ノコギリクワガタ♂　8/16

クワガタムシの仲間　　　　　　　　　コウチュウ目 111

アカアシクワガタ♂♀　8/26

アカアシクワガタ♂　9/3

オニクワガタ♂　8/10

赤朽木の下にいたマダラクワガタ　6/24

赤朽木中のツヤハダクワガタ♂　6/16

赤朽木中のツヤハダクワガタ♀　6/16

112 コウチュウ目　　　　　　　　クワガタムシの仲間

大型　　中型　　小型　　♀

♂♀ともに、上翅にはすじがない。

コクワガタ

①6〜8月　②♂23〜45mm、♀25〜29mm
③平地〜山地の広葉樹林　④コナラ、ミズナラ
＊成虫はハルニレ、ヤナギ、ミズナラ、コナラ、イタヤカエデの樹液に集まる。

コクワガタとスジクワガタのちがい

全てのコクワガタの上翅にはすじがない。スジクワガタも大型〜中型の♂ではすじが消失するが、大顎の内側の歯の形が異なるので区別できる。

大型　　中型　　小型　　縦にすじがある。　縦にすじがある。

小型の♂と全ての♀の上翅にはすじがある。

スジクワガタ

①7〜8月　②♂15〜31mm、♀13〜20mm
③平地〜山地の広葉樹林　④コナラ、ミズナラ
＊成虫はハルニレ、ヤナギ、ミズナラ、コナラ、イタヤカエデの樹液に集まる。

クワガタムシの仲間

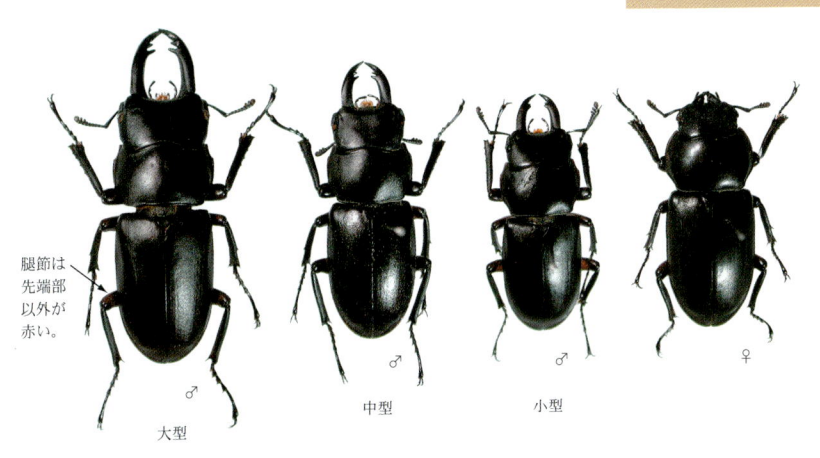

腿節は先端部以外が赤い。

大型　　中型　　小型　　♂　　♀

アカアシクワガタ

①7〜9月　②♂25〜40mm，♀20〜30mm　③平地〜山地の広葉樹林　④コナラ，ミズナラ　＊脚のつけね付近が赤色。成虫はヤナギ，ミズナラ，コナラ，イタヤカエデ，ハルニレの樹液に集まる。特に晩夏にヤナギの木に集まることが多い。

オニクワガタ

①7〜8月　②♂22mm，♀17mm前後　③山地　④ミズナラなど　＊樹液にはあまり集まらず，路上を横断しているところを見つける例が多い。

ヒメオオクワガタ○

①6〜10月　②♂47mm，♀33mm前後　③山地のヤナギ，ハンノキ，ダケカンバなど　＊成虫は夏〜秋に，ヤナギやケヤマハンノキなどの幼木で樹液を吸う。路上を横断しているところを見つける例も多い。

114 コウチュウ目　　　　　　クワガタムシの仲間

クワガタムシの仲間　　　　　　　　コウチュウ目 115

ハルニレの樹液に群がるスジクワガタ　8/21

116 コウチュウ目　　　　　　　　コガネムシの仲間

コガネムシ科 体は一般にだ円形で，触角の先端はくし状になっている。♂では角をもつものもいる。成虫は樹液を吸うものや植物を食べるものがいる。幼虫は植物の根や腐食質を食べるものと，動物の糞を食べるものがいる。

腹部側面に毛が多い。

（藍色型）　（緑色型）　（褐色型）

ドウガネブイブイ 幼
①7〜8月　②17〜23mm
③平地〜低山地　④広葉樹の葉など

ヒメコガネ
①7〜8月　②13〜16mm　③平地〜低山地
④成虫はブドウ，サクラ，ダイズなど多くの種類の葉，幼虫は根を食べる

スジコガネ
①7〜8月　②15〜19mm　③平地〜山地
④成虫は各種針葉樹の葉，幼虫は作物や芝の根を食べる　＊翅の色は，緑，黄，褐色，暗紫色で通常光沢はない。各間室は大きさの異なる点刻を密にそなえる。

オオスジコガネ
①7〜8月　②17〜20mm
③山地　④成虫は各種針葉樹の葉を食べる
＊翅には，光沢があり，各間室はまばらに点刻される。

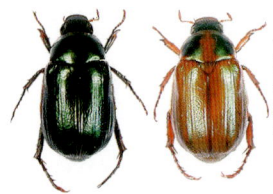

←背面の色彩は変異が多い。側縁隆起は上翅2/3付近で消失する。

←背面は時に緑色を帯び，ツヤコガネに似る。側縁隆起は狭いが後角の後方に達する。第1〜4腹節の両側は縁どられる。

ツヤコガネ●
①7〜8月
②14〜18mm
③平地〜低山地

ヒメサクラコガネ○●
①7〜8月　②11〜16mm
③平地〜低山地　④成虫はサクラや多くの広葉樹の葉

ヒメスジコガネ○
①7〜8月
②13〜17mm
③山地のイタドリ

コガネムシの仲間　　　コウチュウ目 117

ドウガネブイブイ 8/23　　ヒメコガネ 8/1

ツヤコガネ 7/30　　ヒメスジコガネ 8/16

カブトムシ

①7〜8月
②♂50〜65mm(角を含む),
♀35〜45mm
③平地〜山地の外灯など

カブトムシは元来，北海道には生息していなかったが本州産の飼育個体が野外に放されたことにより野生化したものと考えられる。現在では生息域は北海道全域に及んでいる。

♂　　♀
(青森県産)　　(青森県産)

118 コウチュウ目　　　　　コガネムシの仲間

キンスジコガネ
①7〜8月　②16〜20mm
③低山地　④幼虫は土中の根

キンスジコガネ　8/2

クロスジチャイロコガネ●
①5〜7月
②9.5mm前後
③山地

ナガチャコガネ幼
①7月　②10〜11mm
③平地　④木苗, 草木の葉, 花, 幼虫は根

夜, バラの花びらを食べるナガチャコガネ　7/5

←背面は細い毛を密生。黒褐〜褐色。

中脛節の先端1/3は太くなり, 内側に曲がる点でエゾビロウドコガネと異なる。

ハイイロビロウドコガネ
①6〜8月
②8mm前後
③山地

アシマガリビロウドコガネ○●
①6〜8月
②7.5〜9mm
③山地

マメコガネ●
①7〜8月　②9〜13mm
③平地〜低山地　④豆類, ヤマブドウ, オオイタドリ, バラなど各植物の葉, 花, 幼虫は根を食べる

マメコガネ　7/12

カタモンコガネ△●
①6月　②8〜11mm
③海岸部
④各植物の葉, 花, 根, 幼虫は根

カタモンコガネ　6/9

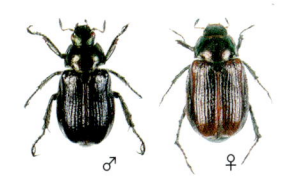

コガネムシの仲間　　　　コウチュウ目 119

アオウスチャコガネ
①6〜7月　②10mm前後　③低山地

アオウスチャコガネ　6/14

ヒメビロウドコガネ
①4〜9月　②6.5〜8mm　③平地〜低山地　④各種の植物の葉　＊若い個体は褐色を帯びる。触角は9節。近似種に**カミヤビロウドコガネ**，褐色のものに**アカビロウドコガネ**がある。**ビロウドコガネ**はより大型で，触角は10節，頭楯はの点刻は浅くしわ状にならず，圏内には産しない。

ヒメビロウドコガネ　6/10

セマダラコガネ
(黒色型)
①7〜8月　②8〜13mm　③平地〜低山地　④成虫は各種の野生植物，作物の葉を食べる　＊模様や色には個体変異がある。

セマダラコガネ　7/14

アオアシナガハナムグリ
①7月　②15〜22mm　③山地の花　＊模様や色には個体変異がある。

アオアシナガハナムグリ　7/4

120 コウチュウ目　　　　　　　　コガネムシの仲間

アオカナブン

①7〜8月　②22〜27mm
③低山地〜山地の樹液

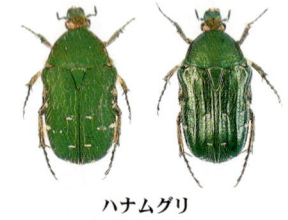

アオカナブン　8/21

ハナムグリ

①5〜9月　②14〜20mm
③低山地〜山地の花

ハナムグリ　8/3

アオハナムグリ

①5〜9月　②15〜19mm
③低山地〜山地の花

ハナムグリとアオハナムグリのちがい
下の写真のようにハナムグリの腹面には毛が多いが、アオハナムグリには毛が少ない。

ハナムグリ　　アオハナムグリ

アオハナムグリ　8/8

ミヤマオオハナムグリ　7/12

コガネムシの仲間　　　　　　　コウチュウ目 121

ミヤマオオハナムグリ 幼

①5〜7月　②19〜23mm
③低山地〜山地の花
＊体色は，赤銅色〜緑色。
やや緑を帯びた暗銅色が多い。

シロスジコガネ▲
（乙部町産）

①5〜8月　②25〜30mm
③海岸部　＊本種は石狩浜で生息が確認されている。

（本州産）
ムラサキツヤハナムグリ◎

上の列の3個体は全てミヤマオオハナムグリである。ムラサキツヤハナムグリでは，上翅の会合部後半の浅いくぼみには，馬蹄形のより明瞭で連続する点刻がある(矢印部)。また，上翅の白色斑はより大きく明瞭。交尾器で確認する必要がある。圏内には，近似種ムラサキツヤハナムグリも生息するが，極めて少ない。

←体色は緑色型と赤銅〜黒色型がある。

トラハナムグリ◎●
①6〜7月
②12〜16mm
③山地の花

コアオハナムグリ△
①5〜8月
②13mm前後
③山地の花

クロハナムグリ◎
①5〜8月
②13mm前後
③山地の花

カバイロアシナガコガネ◎
①7月
②8.5mm前後
③平地の花

コアオハナムグリ　5/16

カバイロアシナガコガネ　7/10

122 コウチュウ目　　　　コガネムシ，マルトゲムシの仲間

オオマグソコガネ

①5～9月　②9～12mm
③草地の牛糞　④牛糞

ツノコガネ

①6～9月　②7～10mm
③草地の牛糞　④牛糞

ダイコクコガネ

①6～9月　②18～28mm
③草地の牛糞　④牛糞
＊圏内では近年ほとんど見られなくなった。

ヨツボシマグソコガネ

①5～9月
②5～7mm
③草地の牛糞
④牛糞

マグソコガネ

①5～9月　②5～6mm　③平地～山地の動物の糞　④動物の糞

オオフタホシマグソコガネ

①5～9月
②11～13mm
③平地～山地の草地の糞
④獣糞

センチコガネ

①5～9月　②14～20mm
③平地～山地　④動物の糞　＊体色は，圏内ではおおむね鈍い緑銅色。最新の分類体系では**センチコガネ科**として独立した。

マルトゲムシ科　小型で半楕円球形。成虫は山地のコケの中やその近くの石の下，倒木などにすむ。幼虫は土中でコケや植物の根などを食べる。

上翅は金緑光沢を帯び，白，黒，赤褐色の倒伏する長毛におおわれる。

キヌゲマルトゲムシ●

①4～5，8月～越冬　②4～5mm
④スギゴケ

カラフトマルトゲムシ●

①6～7月　②7.5～9mm
③山地の地表付近

タマムシの仲間　　　　　　コウチュウ目 123

タマムシ科　美しい金属光沢をもつ種が多い。体は平たく細長い。複眼は大きく、触角は短い。森林内の樹皮などに見られ、種によっては花に来て花粉を食べる。幼虫はおもに枯木を食べて育つが、植物の茎や葉を食べるものもいる。

キンヘリタマムシ○●
①6〜8月
②8〜13mm
③ハルニレの伐採木など
④ハルニレの材

ムツボシタマムシ○
①6〜8月
②7〜12mm
③各種の広葉樹、時にマツ科の枯木など

フタオタマムシ○
①7〜8月
②18mm前後
③各種の広葉樹の枯木など

クロタマムシ○
①6〜9月
②11〜22mm
③マツ、モミ、エゾマツ類などの枯材

クロホシタマムシ○●
①6〜8月
②8〜13mm
③ミズナラなど

クロヒメヒラタタマムシ
①5〜8月
②4〜8mm
③山地のタンポポの花など
④エゾマツ、トドマツの材

シロオビナカボソタマムシ
①5〜7月
②5〜9mm
③キイチゴの葉上など
④キイチゴの茎の中

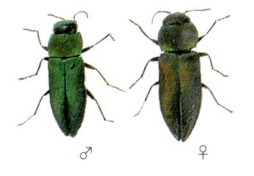

ヒメヒラタタマムシ
①5〜8月
②3〜5.5mm
③マツ類の枯枝、セリ科の花

フタオタマムシ　5/10
クロヒメヒラタタマムシ　5/24 
シロオビナカボソタマムシ　5/27

コウチュウ目　　　　　　　　コメツキムシの仲間

> **コメツキムシ科**　体は細長く，体が裏がえるとはね上がる性質がある(ベニコメツキ亜科などを除く)。成虫は，花，葉，樹，朽木などに見られる。幼虫は土，腐葉土，朽木中にすみ，植食性か捕食性である。

サビキコリ🔵
①5～7月
②12～16mm
③山地に普通

ホソサビキコリ
①5～7月
②12～20mm
③海岸～山地

ヒメサビキコリ○
①5～7月
②8～10mm
③平地～低山地の河川沿いの砂礫地

ヒメクロコメツキ
①5～7月
②7～9mm
③山地
＊黒色で光沢が強い。

エゾフトヒラタコメツキ🔵★
①5～6月
②13～16mm
③山地に普通

ムナビロサビキコリ○
①5～7月
②12～17mm
③山地

オオアカコメツキ🟠
①5～6月
②12～14mm
③山地の葉上

アカコメツキの一種🟠
①5～6月
②10～11mm
③山地の葉上

ムナグロチャイロツヤハダコメツキ○🟠★
①6～8月
②8mm前後
③山地

コブサビコメツキ○
①5～6月
②15mm前後
③トドマツの伐採木など

キバネツヤハダコメツキ★
①7～8月
②7～11mm
③平地～山地

カバイロコメツキ●
①5～7月
②8～10mm
③山地

オオカバイロコメツキ
①5～7月
②10～14.5mm
③山地

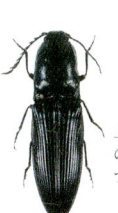

コメツキムシ，コメツキダマシの仲間　　コウチュウ目 125

ルリツヤハダコメツキ○

上翅は藍色の光沢をもつ。

①7月
②15〜18mm
③山地

シモフリコメツキの一種

①5〜7月
②15〜19mm
③平地〜山地

クシコメツキ○

①6〜8月
②16〜18mm
③平地〜山地

オオツヤハダコメツキ○

①8〜9月
②16mm前後
③山地

コガネコメツキ

①7〜8月
②13〜16mm
③山地　＊高山性の種にアラコガネコメツキがあるが圏内では未確認。

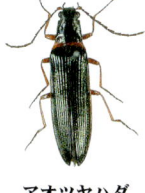

アオツヤハダコメツキ△★

①7〜8月
②11mm前後
③山岳部

ムネスジダンダラコメツキ属の一種

①8月
②14mm前後
③山地

ドウガネヒラタコメツキ

←胸部は長い。

①4〜5月
②9〜13mm
③山地の広葉樹の新芽や花

アイヌベニコメツキ★

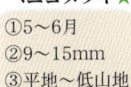

①5〜6月
②9〜15mm
③平地〜低山地

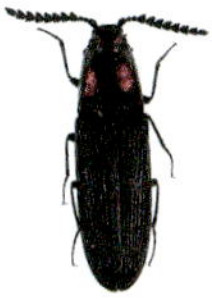

キンムネヒメカネコメツキ○

①6〜7月
②7〜8mm
③山地

ダイミョウヒラタコメツキ

①4〜8月
②9〜13mm
③山地の花

←メスアカキマダラコメツキ○

①7〜8月
②7〜8mm
③山地の花，葉上

コメツキダマシ科 体に厚みがある。幼虫は朽木や枯木にすむ。

オニコメツキダマシ

前胸背板には十字溝があり凹凸がいちじるしい。

①6〜7月
②7〜10mm
③山地

ダイミョウヒラタコメツキ　6/24

メスアカキマダラコメツキ　8/15

ベニボタルの仲間

ベニボタル科 触角はのこぎり歯状やくし状など。上翅は後方に広がるものが多い。ホタルのようには光らない。赤と黒を基調とする体色は、警戒色を示し、悪臭のある体液を分泌することから他の動物に回避され、カミキリムシ、コメツキムシ、ガなどの擬態のモデルになっている。成虫はあまりたくさんの食物はとらず、幼虫は朽木にすむ。

フトベニボタル
- ①7〜8月
- ②8.5〜14mm
- ③山地の花、葉上

↑吻の長さは複眼前方で中央幅の約3倍。触角の第3節の長さは幅の約2.5倍。上翅は4隆条、間室はしわ状に点刻される。♂の交尾器の先端は2裂する。

ベニボタル
- ①7〜8月
- ②8.5〜14mm
- ③山地の花、葉上

↑吻の長さは複眼前方で中央幅の約2.5倍。触角の第3節の長さは幅の約3〜3.5倍。上翅は4隆条、間室はしわ状に点刻される。♂の交尾器は棒状。

クシヒゲベニボタル
- ①6〜8月
- ②10〜16mm
- ③山地の花、葉上

↑前胸背板の前角はやや角ばり、後角は鋭く側方に突出する。小楯板の先端は水平に裁断される。

ホソベニボタル
- ①6〜8月
- ②5.5〜11mm
- ③山地の花

↑前胸背板は前縁から中央に達する縦隆条は顕著。上翅は3隆条は明瞭で、間室は粗く密に点刻される。

ミスジヒシベニボタル

←前胸背板は5室に分かれる。

- ①6〜8月
- ②5〜8mm
- ③山地の花

↑触角は糸状で♂♀とも第4節は第2,3節の和より短い。複眼間の幅は♂で複眼長径の1.1倍、♀で約1.8倍。上翅は強い3隆条、間室は2点刻列であるが第2,3隆条間では基部1/3が4点刻列。

ヤマトアミメボタル
- ①7〜8月
- ②8〜12mm
- ③山地の花

↑前胸背板の前角は丸く後角も強く突出しない。上翅間室は正方形または縦長の1列格子状。

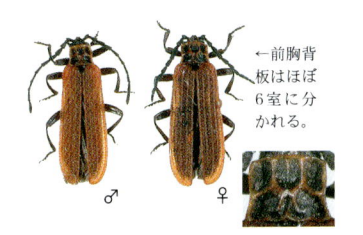

ベニボタルの仲間　　　　　　コウチュウ目 127

←前胸背板はほぼ6室に分かれる。

テングベニボタル

①5〜6月
②5〜9mm
③平地〜山地

↑頭部は触角付着点間で前方へ強く突出し、中央に縦溝をそなえ、先端部は裁断される。複眼は小さい。上翅は2点刻列で粗く密に点刻され、各点刻は普通丸いが多角形もある。♂の腿節下面には基部1/2に長毛を装う明瞭なくぼみがある。

ニセジュウジベニボタル　7/13

ニセジュウジベニボタル●

①6〜7月
②6〜12mm
③山地の葉上

↑触角の第3節は第2節の約1.9倍。♀の小顎ひげの末端節は斧形でその幅は長さの約0.6倍。
コウノジュウジベニボタルでは、触角の第3節は第2節の約2.4〜2.6倍。♀の小顎ひげの末端節は斧形でその長さは最大幅とほぼ同長。

マエアカクロベニボタル●

①7〜8月
②8〜10mm
③山地の花など

↑複眼間の幅は♂で複眼長径の約1.3倍、♀で約1.9倍。前胸背板の側縁部にある横隆条は弱い。

キタベニボタル●

①6〜8月
②8〜11mm
③山地の花、葉上

↑触角の第3節は第2節の2.2〜2.5倍。♀の小顎ひげの末端節は幅広い斧形で先端は裁断される。前胸背板は側縁部に強い横隆条をそなえる。上翅の間室は不規則な2点刻列。

ニセクロハナボタル●

①7〜8月
②5〜6.5mm
③山地の花など

↑**ニセクロハナボタル**の交尾器(陰茎先端部)はS字状に強く曲がる。
クロハナボタルの交尾器はオール状を呈し、中央前方で斜め横に張り出す。**コクロハナボタル**は小顎ひげの前縁に数個の小突起をそなえ、上翅は4隆条で間室は粗く密に点刻される。複眼間の幅は複眼長径の1(♂)〜1.4(♀)倍、ニセクロハナボタルで1.4〜1.6倍、クロハナボタルで0.7〜1.2倍である。

ジョウカイボンの仲間

ジョウカイボン科 カミキリムシに似ているが、体は軟らかい。触角は糸状で、強力な大顎をもつ。成虫、幼虫とも多くは他の虫を食べるが、花粉や花蜜を食べるものもいる。

アオジョウカイ ●
①5〜7月
②11.5〜16mm
③花、葉上に多い

ジョウカイボン ●
①5〜7月
②11.5〜15mm
③花、葉上に多い

アイヌクビボソジョウカイ ●★
①5〜6月
②7.7〜8mm
③山地の花、葉上

ムネアカクロジョウカイ
①5〜6月
②7.8〜10mm
③山地の草上

上翅の色彩は変化があり、全体黒色となる個体もある。

ミヤマクビアカジョウカイ ●
①5〜7月
②8〜10mm
③花、葉上に多い

ホッカイジョウカイ
①5〜7月
②5〜6mm
③花、葉上

クロヒメジョウカイの一種 ●
①5〜7月
②5〜7mm
③花、葉上

クリイロジョウカイ
①7〜8月
②8mm前後
③花、葉上

ゾウムシを食べるアオジョウカイ 6/15

ジョウカイボン 6/4

ホタル，ジョウカイモドキの仲間　　コウチュウ目 129

ホタル科　体は平たく細長い卵形をして軟らかい。頭は胸の下に隠れる。夜，光ることで知られているが，発光が認められる種はわずかである。ヘイケボタルの幼虫は水生であるが，ほとんどは林床に生息し，カタツムリ，ミミズなどを食べて生活している。

←触角は糸状。

←触角は長く平たい。

ヘイケボタル幼
①7〜8月　②7〜10mm
③湿地，小川，沼など
④モノアラガイ類
＊幼虫，成虫は夜に光る。

オバボタル
①6〜8月　②7〜12mm
③草間や花に普通
＊光らない。

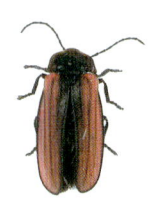

スジグロボタル
①7〜8月　②7〜8mm
③山地の葉上
＊光らない。

ヘイケボタル　7/17

スジグロボタル　8/3

ジョウカイモドキ科　小型で触角の一部や上翅端などが異形を呈する場合がよくある。多くの成虫は花に来る小昆虫を捕食し，幼虫は木の中の幼虫を捕食する。

ツマキアオジョウカイモドキ
①6〜7月
②5mm前後
③平地

130 コウチュウ目　　カツオブシムシ, ヒメトゲムシ, シバンムシの仲間

カツオブシムシ科　頭部は小さく, 卵〜長卵型。一般に乾燥した動物質を食べ, 貯穀類, 毛織物, 絹製品, 干物などを食べる虫として知られる。

←本種の上翅帯紋は赤色。オビカツオブシムシは灰黄色。

アカオビカツオブシムシ●
①5〜9月
②7〜8mm
③蚕蛹その他の害虫

ヒメマルカツオブシムシ●
①5〜11月　②2.5mm前後
③マーガレットなどの花, 衣類, 乾燥標本など　④花粉, 毛織物, 乾燥動植物を食べる

ガの標本を食べる **カツオブシムシ科の一種の幼虫**　8/29

ヒメトゲムシ科　3〜10mmの半楕円球形。1属からなる小さな科で, 日本からは2種が記録されている。幼虫は双翅目の幼虫などを食べる。

←上翅には赤褐色の刺毛塊をもつ。脛節は先端ほど太い。

ケモンヒメトゲムシ●
①5〜8月
②4〜4.5mm
③ニレの木の樹液

ハルニレの樹液に集まるケモンヒメトゲムシ　6/19

シバンムシ科　円筒形〜球形と体形は多様で, 体長は10mm以下。食材性と食菌性のものがおり, 古書や乾燥動植物, 種子食などに食性転換して害虫となった種もいる。

クロトサカシバンムシ●
①6〜7月
②4.5〜7mm
＊前胸背板の頂上の毛束は黒褐色。**トサカシバンムシ**は黄褐〜暗褐色。

コクヌスト，ツツシンクイ，ヒラタムシの仲間　　コウチュウ目 131

コクヌスト科 キノコや樹皮下などにすみ，食菌性，貯穀食性，捕食性(キクイムシなどを捕食)の種などがいる。

オオマダラコクヌスト
①6〜8月　②10〜17mm
③朽木の樹皮下など
＊各脛節の先端近くに白色斑がある。

オオマダラコクヌスト　5/16

ツツシンクイ科 体は細長で円筒形。伐採木に集まる。

ツマグロツツシンクイ
①6〜8月
②7〜18mm
③広葉樹の伐採木　＊♂は，頭胸部が黒色で珍しい。

ヒラタムシ科 体は細長く平たい。時に円筒形。朽木の樹皮下などにすみ，捕食性の種や，貯穀食性の種などがある。

エゾベニヒラタムシ
①5〜10月
②11〜15mm
③枯木の皮下，薪
＊上翅に光沢があるのが**ベニヒラタムシ**。本種は光沢がない。

エゾベニヒラタムシ　5/30

132 コウチュウ目　　ケシキスイ, オオキスイムシ, コメツキモドキの仲間

ケシキスイ科　体形や食性はいろいろ。花, 樹液, キノコ, 朽木, 腐肉などに見られる。一部は, 食材性害虫の天敵である。

ヨツボシケシキスイ
①5〜7月
②4〜14mm
③樹液などに集まる

ヒョウモンケシキスイ
①5〜7月
②4.5〜6.5mm
③樹液などに集まる

アカハラケシキスイ●
①5〜7月　②4.5mm前後
③樹液に集まる。幼虫はキクイムシの孔道にいる

←上翅赤紋は片側0〜2個。

クロマルケシキスイ●
①6〜7月
②4.5mm前後
③ヒラタケなどに集まる

キマダラケシキスイ●
①5〜7月
②4〜6mm
③樹液などに集まる

キマダラケシキスイ　5/17

オオキスイムシ科　体は細長くやや平たい。光沢があり, 上翅に4つの黄色紋がある。日本には1属3種, 北海道にはこのうち2種がいる。

コメツキモドキ科　多くは細長い円筒形で脚は長く, 光沢がある。最新の分類体系ではオオキノコムシ科に含まれる。

ミドリオオキスイ●　8/30

①8〜9月　②7〜8mm　③山地
＊前胸背板に特異な彫刻はない。
ヨツボシオオキスイはより大きい。

クロアシコメツキモドキ●　5/30

①5〜6月
②8〜11mm
③山地

オオキノコムシの仲間

コウチュウ目 133

オオキノコムシ科 体は卵形〜細長形。多くは光沢があり，黒とオレンジ色の彩色をしている。キノコを食べ，キノコに生息する。夜行性のものが多い。

→
上翅の前赤帯中に1黒点が孤立。

カタボシエグリオオキノコ○

①6〜8月
②12〜16mm
③カワラタケなどの多孔菌や樹皮下

歯突起

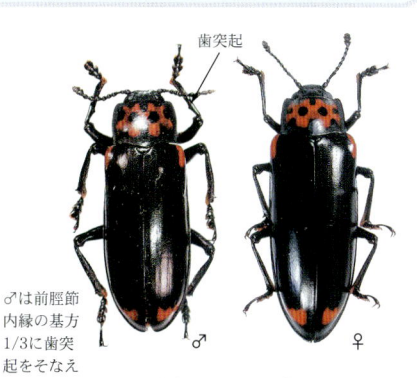

♂は前脛節内縁の基方1/3に歯突起をそなえる。

♂　♀

オオキノコムシ○

①6〜8月
②16〜36mm
③サルノコシカケなど多孔菌

←眼間距離は眼の横径の約2倍。背面は微細毛を疎生するが目立たない。

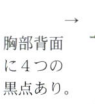

ミヤマオビオオキノコ

①6〜8月
②11〜15mm
③カワラタケなどの多孔菌や樹皮下

カワラタケ類  → **ミヤマオビオオキノコ** 5/25

→
胸部背面に4つの黒点あり。

ヨツボシオオキノコ

①6〜7月　②6mm前後
③ヒラタケ，ハナガサタケなど

ニレタケ(タモギタケ)  → **ヨツボシオオキノコ** 7/28

134 コウチュウ目　　テントウムシの仲間

> **テントウムシ科** 体は半球形で，背中に斑点がある。脚や触角は短い。一部は葉や菌類を食べるが多くは成虫，幼虫ともアブラムシ，カイガラムシ，ハダニ類を食べる。体の赤と黒の模様は警戒色で，攻撃されると関節から黄色い液を出して身を守る。

テントウムシの斑紋のいろいろ

紅色型

十九紋型　　十九紋型　　十九紋の消失型　　無紋型

上翅の紋 2-3-3-1

黒色型

四つ紋型　　四つ紋型　　四つ紋型　　四つ紋型

二つ紋型　　二つ紋型　　二つ紋型　　斑型

テントウムシ(ナミテントウ) 🔵●幼

①5〜9月　②6〜7mm　③平地〜山地
④成虫，幼虫ともアブラムシを食べる
＊斑紋と色彩は変化が多く，黄〜赤色の地色に黒の斑紋をもつものと黒地に黄色の斑紋をもつものがある。斑紋が全く消失した無紋型もときどき見られる。

(無紋型)

ルイステントウ○

①5〜6月
②4mm前後
③平地〜山地
④針葉樹につくカサアブラムシ

テントウムシの仲間　　コウチュウ目 135

テントウムシ　紅色型十九紋型　5/27

テントウムシ　黒色型二つ紋型　8/22

テントウムシ　黒色型二つ紋型　7/26

テントウムシ　黒色型四つ紋型　8/22

ウンモンテントウ　6/5

マクガタテントウ　8/26

136 コウチュウ目　　　　　　　　テントウムシの仲間

ナナホシテントウ 幼
①6〜9月
②5〜7mm
③平地〜山地
④アブラムシ

ウンモンテントウ
①5〜6月
②7mm前後
③山地

オオニジュウヤホシテントウ
①5〜8月
②6mm
③平地〜山地
④ミヤマニガウリ

エゾアザミテントウ
←左右の紋がつながる。
①5〜8月
②6〜7.5mm
③山地
④アザミ類

道南には近似の**ルイヨウマダラテントウ**↑と**ヤマトアザミテントウ**がいる。

ジュウサンホシテントウ○
①5〜6月
②5mm前後
③平地〜山地

トホシテントウ 幼
①6〜7月
②6mm
③山地
④ミヤマニガウリ

シロジュウシホシテントウ
上翅の紋 1-3-2-1
①5〜8月
②4.5〜5mm
③山地

シロジュウゴホシテントウ○
上翅の紋 1-2-2-1
前胸背の白色紋は2〜3個
①6〜9月
②5.5mm前後
③山地
④食菌性

シロホシテントウ○●
上翅の紋 1-2-2-1
①5〜9月
②3〜4.6mm
③山地　④植物の葉の表面につくウドンコ病菌を食べる

アカホシテントウ
①4〜9月
②6〜7mm
③山地　④タマカイガラムシ類

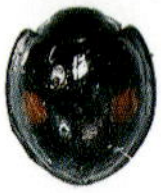

ヒメアカホシテントウ
①5〜9月
②3.5mm
③山地
④各種カイガラムシ

マクガタテントウ
①7〜8月
②3mm前後
③平地〜山地

コカメノコテントウ ●●
①6〜7月　②3.5mm前後　③平地〜山地
＊腿節に黒色部がある。
↑黒色部がないのが**ヒメカメノコテントウ**

←**カメノコテントウ** 幼
①5〜7月
②8〜11mm
③平地〜山地
④クルミハムシやミヤマヒラタハムシなどの幼虫を食べる

シロトホシテントウ
（右の生態写真参照）
①5〜10月
②5.5mm前後
③平地〜山地
④食菌性
＊上翅の紋2-2-1。

テントウムシの仲間　　　　　　　コウチュウ目 137

越冬後のナナホシテントウ　8/31

エゾアザミテントウ　5/22

トホシテントウ　7/28

シロジュウシホシテントウ　5/5

コカメノコテントウ　5/29

シロトホシテントウ　8/22

138 コウチュウ目　　　　　　　　ゴミムシダマシの仲間

ゴミムシダマシ科　体形はいろいろ。朽木やキノコなどに見られる。食性はいろいろであるが，多くは朽木を食べる。地上の多くの環境に適応し，海外では砂漠などにも見られる。

胸部背面側部は中央後方で側方にふくらみ後方で強くしぼむ。

カクスナゴミムシダマシ●
①6〜8月
②11〜12mm
③河原，海浜などの砂地

スナゴミムシダマシ
①6〜8月
②11〜12mm
③河原，海浜などの砂地

キマワリ幼
①6〜8月
②15〜18mm
③朽木や古木
④朽木

ホソクビキマワリ
①7〜8月
②17mm前後
③河岸の砂地付近の朽木　④朽木

コホネゴミムシダマシ
①4〜10月
②3.5mm前後
③海浜の砂地

クワガタゴミムシダマシ ○
①6〜7月
②10mm前後
③山地の朽木

オオモンキゴミムシダマシ ○
①6〜7月
②6.5〜7.5mm
③山地の朽木

モンキゴミムシダマシ ○
①6〜7月
②6〜7mm
③山地の朽木

ハマヒョウタンゴミムシダマシ △
①6〜7月
②5mm前後
③海浜の砂地

コホネゴミムシダマシ　4/25 　　ハマヒョウタンゴミムシダマシ 7/12 　　キマワリとスジクワガタ 8/21

ハムシダマシ, クチキムシ, クビナガムシ, キノコムシダマシ, アカハネムシの仲間　　コウチュウ目 139

ハムシダマシ科　触角や脚は細く長い。普通♂の触角末端節は長い。草上などで見られる。幼虫は朽木などにすむ。最新の分類体系ではゴミムシダマシ科に含まれる。

クチキムシ科　長卵形。朽木，花，葉上などに見られ幼虫は朽木，キノコ類などに見られる。最新の分類体系ではゴミムシダマシ科に含まれる。

クチキムシ科の一種
①7〜9月　②7mm前後
③樹葉上など

ハムシダマシ
①6〜9月　②6〜8mm
③平地〜山地

クロケブカハムシダマシ
①5〜6月　②9mm前後　③平地〜山地

クビナガムシ科　体は細長く，爪には大型の付属片がある。

キノコムシダマシ科　成虫，幼虫ともキノコ類を食べる。ナガクチキムシ科あるいはキノコムシ科に近縁。

←背面は灰黄色毛によるまだら状。頭部は背面から見えない。

クビカクシナガクチキムシ
①5〜6月　②7.5〜12mm
③山地の朽木など

モンキナガクチキムシ
①7〜9月　②12〜15mm
③カワラタケ類に多い

アカハネムシ科　長卵形〜細長形，頭胸部は狭い。触角はくし状。成虫は枯木，倒木，葉上に見られ，林内をよく飛ぶ。幼虫は枯木の樹皮下に生息する。

アカハネムシ
①5〜7月
②14mm前後
③山地

ヒメアカハネムシ
①5〜7月
②8mm前後
③山地

アカハネムシ　5/22

140 コウチュウ目　　　　　　　　　ナガクチキムシの仲間

ナガクチキムシ科　体は細長い筒状〜長卵形をしているものが多い。おもに山地の森林にすみ，朽木，枯枝，キノコなどを食べる。

←上翅には，5本の条溝がある。上翅は黒色で光沢がある。

ミゾバネナガクチキ●
①5〜6月
②8〜14mm
③山地の朽木など

キオビホソナガクチキ●
①6〜8月
②7.5〜15mm
③山地の朽木など

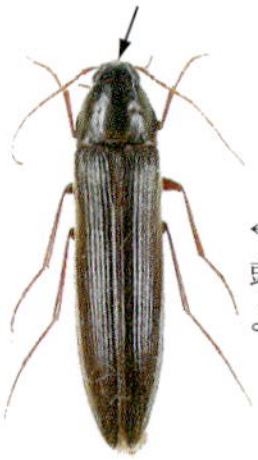

←眼間は頭幅の1/2より狭い。

キイロホソナガクチキ●
①7〜8月
②15〜18mm
③山地の朽木，樹皮下

アオバナガクチキ○
①6〜7月
②6〜15mm
③山地の朽木など

コモンホソナガクチキ○
①7〜8月
②9.5〜16mm
③山地の朽木など

←上翅は光沢のない黒色。

オオクロホソナガクチキ○●
①7〜8月
②12〜21mm
③山地の朽木など

キオビホソナガクチキ　6/18

キイロホソナガクチキ　8/26

コウチュウ目 141

ハナノミ科 頭は平たく，背中は丸く曲がり，腹部の先端は針のようにとがる。驚いた時には飛び跳ねて逃げる。幼虫，成虫とも植食性。

近似種のオオシラホシハナノミ(ブナ帯で採集され，圏内に生息するかは不明)はより大型(10～13mm)で上翅基縁紋を欠き，尾節板の先端が鋭くとがる点で区別できる。

シラホシハナノミ●
①5～7月 ②6.5～9.5mm
③山地の花，葉上

シラホシハナノミ 6/22

ツチハンミョウ科 体は軟らかく。顔面は平たく，複眼は比較的小さい。胸部の幅は頭部に比べ狭い。体液中にカンタリジンを含み鳥獣に嫌われる。このため，体色は警戒色的に目立つものが多い。幼虫は，ハナバチの巣や，バッタ類の卵塊などに寄生する。

←触角第3節は第4節よりわずかに長い。

ムラサキオオツチハンミョウ○●　♂
①5～6月 ②11～30mm
③山道上，山地の下草など
④幼虫はハナバチ類の巣に寄生。成虫は雑草を食べる　＊やや光沢ある暗青藍色。

メノコツチハンミョウ　♀　♂
①9～10月 ②8～21mm
③山道上など ④ハナバチ類の巣に寄生

アリモドキ科 頭部と胸部の連結部は細く露出していて，頭部を自由に動かすことができる。海岸，河原，樹葉上などで見られる。

クロモンイッカク
①5～8月
②4.5mm前後
③平地～山地

草を食べるメノコツチハンミョウ 10/14

142 コウチュウ目　　　　　　　カミキリモドキの仲間

カミキリモドキ科　カミキリムシに似ているが，胸部がやや小さく体は軟らかい。成虫はよく花を訪れ，蜜や花粉を食べると考えられる。幼虫はおもに針葉樹の朽木にすむ。体液中にカンタリジンと呼ばれる毒性の物質をもつものが多く，体液に触れると水ぶくれのような皮膚炎を起こす。

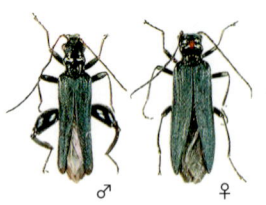

モモブトカミキリモドキ ●
①5〜6月　②5.5〜8mm　③花上に多い　④ススキの枯れた茎

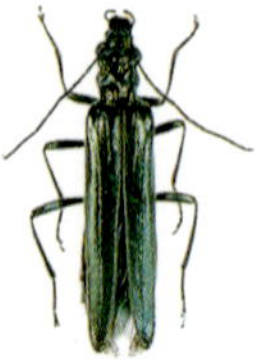

クロアオカミキリモドキ
①5〜6月　②9〜11mm　③花，葉上

マダラカミキリモドキ
①5〜6月　②10〜13mm　③山地の花，葉上

スジカミキリモドキ
①5〜6月　②6.5mm前後　③山地の花上

アオカミキリモドキ
①5〜6月　②11〜15mm　③平地〜山地

オオサワカミキリモドキ ○●
①7〜8月　②10〜15mm　③花，葉上

クロカミキリモドキ
①6〜8月　②7〜11mm　③山地の花上

ミヤマカミキリモドキ ○
①5〜6月　②15〜20mm　③山地　④トドマツの枯木

モモブトカミキリモドキ　5/13
スジカミキリモドキ　6/8 
ミヤマカミキリモドキ　7/18

カミキリムシの仲間　　　　　コウチュウ目 143

カミキリムシ科　体は細長く，特に♂の触角は長い。鋭い大顎をもち，産卵のために木をかじる。森林性の昆虫で，幼虫の多くは，弱った木や枯木を食べ，森林の世代交代の一役をになっている。成虫は，花粉，花蜜，葉，樹液などを食べる。

ノコギリカミキリ

①7〜8月　②27〜35mm
③灯火に飛来，伐採木や地上を歩行
④マツ科など

ノコギリカミキリ　8/3

札幌市南区薄別　　カミキリムシが集まる山地の土場

144 コウチュウ目　　　　　カミキリムシの仲間

ウスバカミキリ

①7〜8月
②32〜51mm
③立枯れ樹皮下，灯火
④ヤナギ科

ウスバカミキリ　8/16

ホソカミキリ

①7〜9月
②19〜30mm
③おもに夜間活動性でよく灯火に飛来
④各種の広葉樹

コバネカミキリ

①7〜8月
②20〜30mm
③立ち枯れ，倒木の樹皮下
④各種の広葉樹

オオクロカミキリ●

①7〜8月
②14〜28mm
③針葉樹の伐採木，枯木の樹皮下，灯火
④マツ科など

オオマルクビヒラタカミキリ●

①5〜8月
②10〜19mm
③針葉樹の伐採木，枯木の樹皮下
④マツ科など

トドマツカミキリ

①5〜8月
②9〜17mm
③針葉樹の伐採木
④マツ科

オオクロカミキリ　8/10

カミキリムシの仲間　　　　　　コウチュウ目 145

テツイロハナカミキリ○

①5〜6月
②7.5mm前後
③花, 葉上

ハイイロハナカミキリ

①5〜6月
②11〜17mm
③針葉樹の倒木
④マツ科

ハイイロハナカミキリ　5/28

カラフトトホシハナカミキリ△○★

①5〜6月
②9〜12mm
③タンポポ類の花など

トホシハナカミキリ△

①5〜6月
②10〜14.5mm
③フウロソウ科やタンポポの花など

トホシハナカミキリ　5/29

カラカネハナカミキリ

①6〜7月
②8〜15mm
③各種の花, 伐採木

フタコブルリハナカミキリ

①6〜7月
②19〜24mm
③各種の花

フタコブルリハナカミキリ　7/24

146 コウチュウ目　　　　カミキリムシの仲間

セスジヒメハナカミキリ

①6〜7月
②6〜9mm
③オニシモツケ，オオハナウドなどセリ科，ミズキなどの花

チビハナカミキリ

①6〜7月
②5.5〜7.5mm
③ショウマ類やカエデ類などの花

セスジヒメハナカミキリ　6/4

ホクチチビハナカミキリ

①7月
②6〜8mm
③ショウマ類やヤグルマソウなどの花

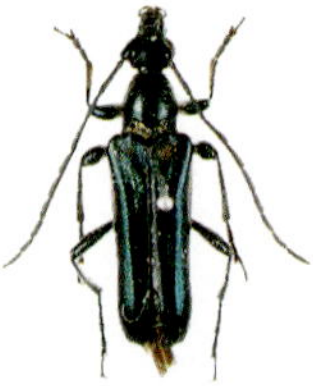

ルリハナカミキリ○

①6〜9月
②11〜15mm
③ノリウツギ，エゾニュウ，ショウマ類の花

ホクチチビハナカミキリ　6/1

ミヤマルリハナカミキリ

①5〜7月
②7〜8mm
③カエデ類の花など

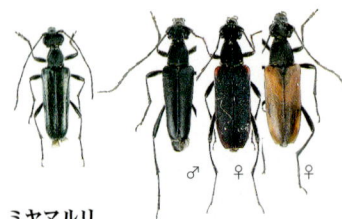

ツヤケシハナカミキリ

①6〜8月
②9〜12.5mm
③各種の花やマツ類の倒木
④マツ科

ツヤケシハナカミキリ　6/18

カミキリムシの仲間　コウチュウ目 147

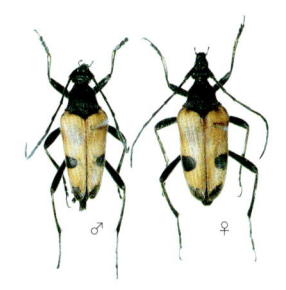

マルガタハナカミキリ

① 7〜8月
② 10〜16mm
③ 各種の花

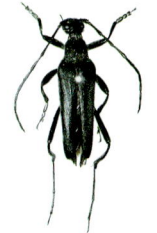

マルガタハナカミキリ　7/29

クロハナカミキリ 🔵🟠

① 7〜8月
② 12〜17mm
③ 各種の花

クロハナカミキリ　6/6

ヤツボシハナカミキリ

① 6〜8月
② 11.5〜17mm
③ 各種の花
④ 各種の広葉樹

ヤツボシハナカミキリ　7/15

148 コウチュウ目　　　　　　　　カミキリムシの仲間

前胸背は黄色の毛で密におおわれる。

前胸背は黒色の微毛が密に生える。

ヨツスジハナカミキリ ●

① 6〜8月
② 14〜21mm
③ 各種の花
④ 各種の広葉樹

オオヨツスジハナカミキリ ○

① 7〜8月
② 20〜30mm
③ 各種の花や伐採木　④ マツ科

ヨツスジハナカミキリ　8/8

アカハナカミキリ ●

① 7〜8月
② 13〜20mm
③ 各種の花や各種の伐採木
④ マツ科

プチヒゲハナカミキリ ○

① 7〜8月
② 14〜21mm
③ ノリウツギの花やマツ科の立ち枯れ
④ マツ科

←触角は白と黒のしま状。

オオハナカミキリ ○

① 7〜8月
② 15〜23mm
③ ノリウツギの花など

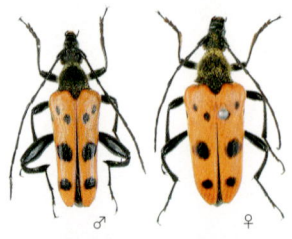

♂　♀

モモブトハナカミキリ ○

① 6〜7月
② 13〜17mm
③ ミズキ, ノリウツギなど各種の花

モモブトハナカミキリ♂　6/30

カミキリムシの仲間　コウチュウ目 149

クロサワヘリグロハナカミキリ○

①6〜7月
②12〜14mm
③オオハナウド，ミズキなどの花，薄暗いところを好む

カエデノヘリグロハナカミキリ○

①5〜6月
②13〜17mm
③カエデなどの花や立ち枯れ
④センノキ

フタスジハナカミキリ

①7〜8月
②12〜18mm
③各種の花
④各種の針葉樹

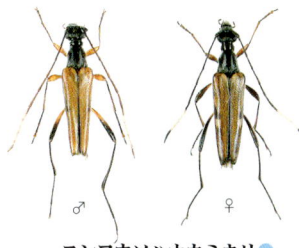

ニンフホソハナカミキリ

①7月
②9〜13mm
③ショウマ類など各種の花

ニンフホソハナカミキリ♀　7/7

ハネビロハナカミキリ○

①6〜7月
②16〜19mm
③ノリウツギなどの花や広葉樹の伐採木
④各種の広葉樹

カタキハナカミキリ○

①6〜7月
②11〜14mm
③各種の花

キヌツヤハナカミキリ○

①7〜8月
②11.5〜16mm
③ノリウツギなどの花
④ダケカンバ

150 コウチュウ目　　　　　カミキリムシの仲間

ホソコバネカミキリ○

①7～8月　②11～24mm　③カンバ類の薪や生木など　④ダケカンバ，ケヤマハンノキ，イタヤカエデ，ミズナラ

シラホシヒゲナガコバネカミキリ

①6～7月
②8～11mm
③針葉樹の倒木，セリ科の花など
④マツ科

シラホシヒゲナガコバネカミキリ　6/5

カエデヒゲナガコバネカミキリ●

①5～6月　②5～7mm
③ショウマ，シモツケなどの花　④マツ科

カエデヒゲナガコバネカミキリ　5/14

オオアオカミキリ○

①7～8月　②22～31mm
③オニグルミの衰弱木，伐採木など
④オニグルミ

ジャコウカミキリ○★

①7～8月　②26～30mm
③ヤナギ類の生木など
④ヤナギ類，ポプラ，ドロノキ，ヤマナラシの生木

ミドリカミキリ

①7月
②12～19mm
③ノリウツギなど各種の花
④マツ科

カミキリムシの仲間　　　　　　　　コウチュウ目 151

アカネカミキリ

①6〜7月
②6〜9mm
③ブドウ類の枯づるなど
④サルナシ，ヤマブドウ

ルリヒラタカミキリ○

①6〜7月
②9〜13mm
③各種針葉樹の薪の上
④マツ科

チャイロホソヒラタカミキリ

①6〜7月
②8〜15mm
③各種の広葉樹のやや乾燥した薪
④ミズナラ

シロオビチビヒラタカミキリ○

①5〜6月
②5〜8mm
③ブドウ類やサルナシの枯づるなど
④ブドウ，サルナシ

クロヒラタカミキリ○

①6〜7月
②10〜15mm
③広葉樹の伐採木

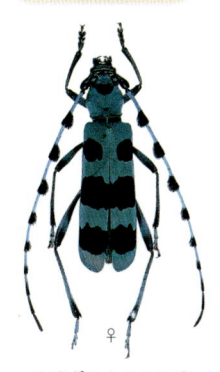

アカネカミキリ　6/27

ルリボシカミキリ○

①7〜9月　②18〜29mm
③広葉樹の伐採木や立ち枯れ　④ハルニレ科，カエデ科，ヤナギ科など

トラフカミキリ○

①7〜8月
②17〜26mm
③クワの木の幹や葉うら
④クワ生木

オオトラカミキリ◎

①7〜9月
②21〜27mm
③針葉樹の伐倒木
④トドマツ

152 コウチュウ目　　　　　　カミキリムシの仲間

ウスイロトラカミキリ
①7〜8月
②11〜18mm
③各種の伐採木
④各種の広葉樹

ツマキトラカミキリ○
①6〜8月
②9.5〜15mm
③カンバ類の伐採木など
④カバノキ科

ウスイロトラカミキリ　8/27

キンケトラカミキリ
①6〜7月
②9〜13mm
③ハルニレ，オヒョウなどの伐採木，カエデ，ミズキなどの花
④ハルニレ，オヒョウ，エゾエノキ

シラケトラカミキリ○
①6〜7月
②8〜12mm
③ブナ科の伐採木など
④クリ，カシワ

キンケトラカミキリ　6/18

キスジトラカミキリ
①5〜8月
②10〜18mm
③クリ，ノリウツギなどの花，広葉樹の伐採木
④各種の広葉樹

キスジトラカミキリ　8/2

カミキリムシの仲間　　　　コウチュウ目 153

**ヒメクロ
トラカミキリ**

①5〜6月
②4.5〜8mm
③カエデなど
の花や伐採木
④各種広葉樹

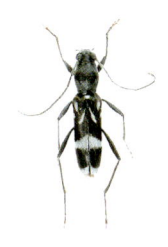

ホソトラカミキリ

①6〜8月
②6〜11mm
③ノリウツギなどの
花上や各種の伐採木
④マツ科

トゲヒゲトラカミキリ　6/1

トゲヒゲトラカミキリ○

①5〜7月
②8〜11mm
③カエデ類の花など

シロトラカミキリ●

①5〜6月
②10〜16mm
③各種の花
④各種の広葉樹

シロトラカミキリ　6/1

♂　♀

エグリトラカミキリ

①6〜8月　②9〜13mm　③各種の花や伐採木
④各種の広葉樹　＊エグリトラカミキリでは上
翅端外角は長いとげ状。近似種の**クロトラカミ
キリ**は，上翅外角は角ばるか短く突出する。

エグリトラカミキリ　7/5

154 コウチュウ目　　　カミキリムシの仲間

ハセガワトラカミキリ〇
①6〜8月
②7〜15mm
③ヤマブドウの枯づる
④ヤマブドウ

マツシタトラカミキリ
①5〜8月
②10〜13mm
③ミズキなどの花
④ミズナラ，クリの生木樹皮

シロヘリトラカミキリ　5/16

シロヘリトラカミキリ
①5〜8月
②10〜13mm
③シモツケの花，イヌエンジュの衰弱木など
④イヌエンジュ

ヘリグロベニカミキリ
①5〜7月
②13〜19mm
③カエデなどの花や飛翔中のもの
④イタヤカエデ

ヘリグロベニカミキリ　5/1

ゴマフカミキリ
①6〜7月
②9〜15mm
③伐採木や薪
④各種の広葉樹

ゴマフカミキリ　6/10

カミキリムシの仲間　　　　コウチュウ目 155

タテスジゴマフカミキリ　**ナガゴマフカミキリ**

①6〜7月
②9〜12mm
③広葉樹の枯枝,伐採木
④各種の広葉樹

①5〜9月
②12〜19mm
③広葉樹の枯枝や伐採木,灯火
④各種の広葉樹

タテスジゴマフカミキリ　6/18

ナガゴマフカミキリ♀　8/13

ナガゴマフカミキリ♂　8/2

エゾサビカミキリ　**シナノクロフカミキリ**

①6〜9月
②7〜10.5mm
③広葉樹の枯枝
④各種の広葉樹

①5〜8月
②7〜13mm
③各種の広葉樹
④各種の広葉樹
＊上翅の斑紋は個体変異に富む。

シナノクロフカミキリ　5/16

156 コウチュウ目　　　　　　　カミキリムシの仲間

アトジロサビカミキリ

①7〜8月
②7〜11mm
③各種の広葉樹
④各種の広葉樹

ケマダラカミキリ

①6〜8月
②14〜18mm　③ヨモギ，ハンゴンソウ，オオハナウドの葉，茎
④ハンゴンソウの生茎

ケマダラカミキリ　7/2

トガリシロオビサビカミキリ

①6〜9月
②12〜16mm
③各種の広葉樹の枯枝，灯火
④各種の広葉樹，特にフジ

ナカジロサビカミキリ

①6〜9月
②6.5〜10mm
③各種の枯枝
④各種の広葉樹

ナカジロサビカミキリ　5/29

アカガネカミキリ

①5〜6月，秋
②8〜12mm
③山道上，草上など

エゾカミキリ△○★

①6〜8月，秋
②24〜28mm
③平地〜山地
④ヤナギ類の生木

アカガネカミキリ　5/29

カミキリムシの仲間　　　　　コウチュウ目 157

イタヤカミキリ
①6〜8月　②18〜23mm
③ヤナギ類の生木
④ヤナギの生木

イタヤカミキリ 7/17

ヒメヒゲナガカミキリ
①7〜8月
②10〜14mm
③各種の伐採木や枯枝
④各種の広葉樹

ヒメヒゲナガカミキリ 7/29

ゴマダラカミキリ○
①7〜8月　②24〜32mm
③平地，食樹の樹皮をかじる
④ヤナギ類の生木

ゴマダラカミキリ 8/11

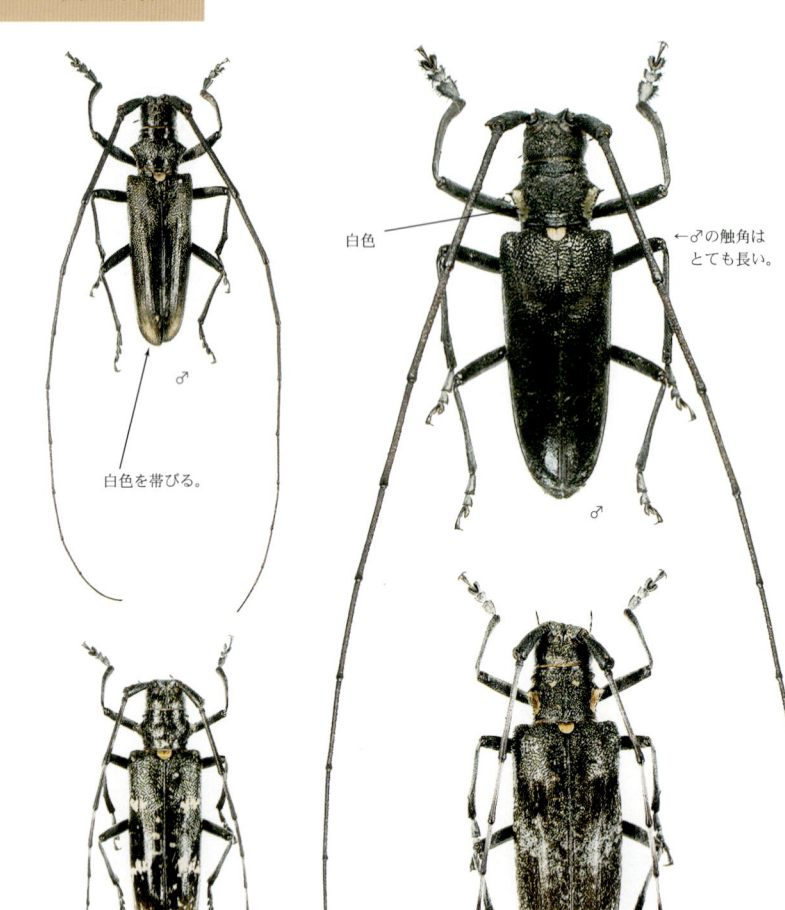

158 コウチュウ目　　　　　　　カミキリムシの仲間

白色

←♂の触角はとても長い。

白色を帯びる。

シラフヨツボシヒゲナガカミキリ★

①8月　②22〜33mm
③針葉樹の新しい伐採木
④エゾマツ，トドマツ，カラマツなどのマツ科

ヒゲナガカミキリ

①8月　②26〜45mm
③針葉樹の新しい伐採木
④エゾマツ，トドマツなどのマツ科

カミキリムシの仲間　　　　　　　コウチュウ目 159

ヒゲナガカミキリ♂　7/29

シラフヨツボシヒゲナガカミキリ♂　7/20

カミキリムシの仲間

センノカミキリ

- ①7〜9月
- ②32mm前後
- ③センノキの伐採木，灯火にも飛来
- ④センノキ

ビロウドカミキリ

- ①7〜8月
- ②20〜23mm
- ③各種の伐採木や枯枝
- ④各種の広葉樹

ビロウドカミキリ 8/18

ニセビロウドカミキリ 8/3

ヒゲナガゴマフカミキリ◎

- ①7〜8月
- ②13〜20mm
- ③各種の伐採木
- ④ブナ科，カバノキ科など各種の広葉樹

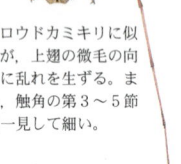

ニセビロウドカミキリ

ビロウドカミキリに似るが，上翅の微毛の向きに乱れを生ずる。また，触角の第3〜5節は一見して細い。

- ①7〜8月
- ②16〜18mm
- ③枯葉や伐採木
- ④各種の広葉樹

エゾナガヒゲカミキリ○

- ①6〜8月
- ②10〜14mm
- ③ニガキの衰弱木や伐採木
- ④ニガキ

チャボヒゲナガカミキリ○

- ①6〜8月
- ②9〜12mm
- ③各種の広葉樹の枯枝

カミキリムシの仲間　　　　コウチュウ目 161

**クモノスモン
サビカミキリ〇**

①5～9月
②6～9mm
③特にミズキの枯枝
④ミズキ

ドイカミキリ

①6～8月
②6～10mm
③各種の枯枝
④オニグルミ,
ヤチダモ

ドイカミキリ　8/26

**ヒトオビアラゲ
カミキリ**

①5～8月
②5.5～9mm
③各種の広葉樹
の枯枝
④各種の広葉樹

エゾトゲムネカミキリ

①6～8月
②9～10mm
③シナノキ,オオバ
ボダイジュの枯木
④オオバボダイジュ,
シナノキ

エゾトゲムネカミキリ　6/30

**スジマダラ
モモブトカミキリ🟠**

①7～8月
②9～14mm
③針葉樹の伐採木
④トドマツなどマ
ツ科

トゲバカミキリ

①7～9月
②8～15mm
③各種の伐採木
や枯枝
④各種の広葉樹

トゲバカミキリ　8/17

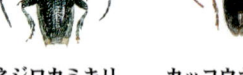

162 コウチュウ目　　　　　カミキリムシの仲間

ネジロカミキリ
- ①5～6月
- ②6～8mm
- ③タラノキの枯木
- ④タラノキ

カッコウカミキリ○
- ①6～9月
- ②3～6mm
- ③各種の枯枝
- ④ツルウメモドキ

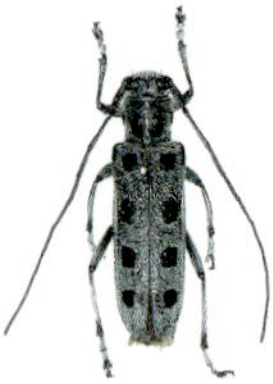

ニセヤツボシカミキリ○
- ①6～8月
- ②9～13mm
- ③ハルニレの生葉や新しい薪
- ④ハルニレ

ハンノキカミキリ○
- ①7～8月
- ②15～22mm
- ③ハンノキ類の葉など
- ④ハンノキ類

ヤツメカミキリ○
- ①5～8月
- ②12～18mm
- ③アズキナシ，サクラ類の樹幹や葉，灯火に飛来
- ④ソメイヨシノ，エゾヤマザクラ，アズキナシ

シナカミキリ
- ①6～8月
- ②13.5～20mm
- ③山間の土場，シナノキの葉
- ④シナノキ

ハンノキカミキリ　8/18

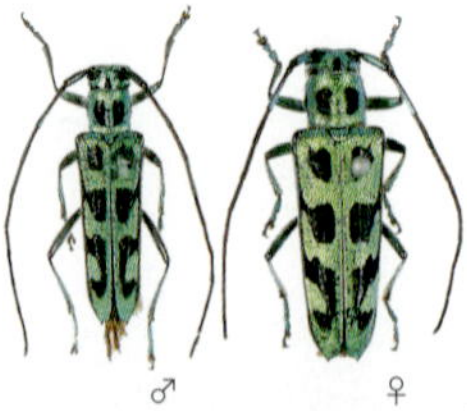

ハンノアオカミキリ ♂ ♀
- ①5～8月
- ②11～17mm
- ③オヒョウやシナノキの葉，各種の伐採木，灯火
- ④ヤナギ類，クルミ科など

キモンカミキリ○
- ①6～8月
- ②6～10mm
- ③オニグルミの葉やその伐採木
- ④オニグルミなど

ハンノアオカミキリ　6/28

カミキリムシの仲間　　　　　　　　コウチュウ目 163

ジュウニキボシカミキリ○
- ①6〜8月
- ②7〜12mm
- ③センノキの葉
- ④センノキ

オニグルミノキモンカミキリ○
- ①6〜8月
- ②6〜10mm
- ③オニグルミの葉, 枯枝
- ④オニグルミ

ヨツキボシカミキリ○
- ①5〜7月
- ②7〜11mm
- ③ヌルデの葉
- ④ヌルデ

カツラカミキリ
- ①5〜7月
- ②10〜14mm
- ③シナノキ，オヒョウなどの葉や広葉樹の伐採木
- ④シナノキ

シラホシカミキリ
- ①6〜8月
- ②6.5〜13mm
- ③サルナシなどの葉
- ④各種の広葉樹

シラホシカミキリ　7/29

キクスイカミキリ△○
- ①5〜6月
- ②6〜9.5mm
- ③オトコヨモギの茎上
- ④オトコヨモギ

クロニセリンゴカミキリ◎
- ①5〜7月
- ②8〜11mm
- ③広葉樹の枯枝

ムネグロリンゴカミキリ○
- ①5〜8月
- ②9〜13mm
- ③エゾゴマナの葉など

164 コウチュウ目　　　　　　　　　　ハムシの仲間

> **ハムシ科** 体の形はいろいろで，触角は糸状でつけねは頭部の前縁近くに位置する。脚にはとげがない。成虫，幼虫ともに植食性で，植物の葉，茎，根を食べる。

ヨモギハムシに比べ触角が太く短い。

ヨモギハムシ 幼
① 6〜9月
② 6.5〜9mm
③ 平地〜山地
④ ヨモギなど
＊前胸背は前方ほど狭まる。

ワタナベハムシ○★
① 6〜9月
② 6〜7mm
③ 平地〜山地
④ エゾゴマナ

オドリコソウハムシ○★
① 6〜9月
② 6.5〜8mm
③ 山地
④ オドリコソウ

東北・北海道に分布するオオヨモギハムシの仲間は，後翅が退化して飛ぶことができず，色彩などに地域変異が見られる。

オオヨモギハムシ△
① 6〜9月　② 7〜9.5mm
③ 平地〜山地　④ ヨブスマソウ，アキタブキ，エゾゴマナ，チシマアザミ，ハンゴンソウ，アキノキリンソウ，サラシナショウマなど

アイヌヨモギハムシ△★幼
① 6〜9月
② 6.5〜9mm
③ 平地〜山地
④ オオヨモギハムシと同じ

（空沼岳型△）

オオヨモギハムシの近似種ミヤマヨモギハムシは，石狩山地，日高山脈以東に生息する。ミヤマヨモギハムシの♂交尾器先端はいかり型である。

＜ヨモギハムシの仲間の見分け方＞

	体色	♀の腹部先端	後翅がある	♀の上翅	腹部腹面の色
ヨモギハムシ	藍，紫藍，金銅	強く盛り上がる	○	光沢がある	藍〜紫藍色を帯びる
ワタナベハムシ	前胸背は黒紫，上翅は紫銅◆	強く盛り上がる	退化して短い	光沢がある	藍色を帯びる
オドリコソウハムシ	黒藍	普通		光沢がある	藍色を帯びる
オオヨモギハムシ	藍，紫藍，緑藍◆	三角状の突起	退化して細長い◆	光沢がない	藍〜緑色を帯びる◆
アイヌヨモギハムシ	金銅色。空沼岳周辺では前胸背が青緑色，上翅は赤紫色◆	三角状の突起	退化して短い	光沢がある	緑色を帯びる◆

◆マークの項目は圏内（札幌・小樽）における特徴であり，圏外においては参考にならない。

ハムシの仲間　　　　　　　　　　　コウチュウ目 165

<♂交尾器の先端の形状>

(背面)　**ヨモギハムシ**
先端部はいかり状に広がる。

(背面)　**ワタナベハムシ**
先端部は短く太い。

(背面)　**オドリコソウハムシ**
先端部はふくらむ。

(背面)
(側面)　**オオヨモギハムシ**
側面から見て先端はS字状。◆

(背面)
(側面)　**アイヌヨモギハムシ**
側面から見て先端は直線的。

♀腹端部の突起

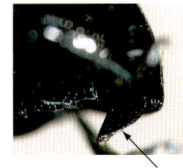

アイヌヨモギハムシやオオヨモギハムシの♀の腹部先端には三角状の突起があるが、ヨモギハムシ、ワタナベハムシ、オドリコソウハムシにはない。

♂　　♀
クロルリハムシ△

①6〜8月
②5〜8mm
③平地〜山地
④オトギリソウ類
＊上翅の点刻は不規則な2列1組。体の背面は黒色。

(緑色型)　(藍色型)
ルリハムシ

①7〜8月
②7〜8.5mm
③平地〜山地
④ハンノキ類　＊体色は光沢のある緑色の他、銅、藍、帯緑藍色がある。

コガタルリハムシ

①5月
②6mm前後
③山地
④ギシギシなど
＊体色は、暗青藍色。

ウズマキハムシ△◎★

①5〜6月
②8.5mm前後
③山地
④バッコヤナギなど

ハッカハムシ○

①7〜9月
②8〜11mm
③平地〜低山地の湿地　④シソ科

ハンノキハムシ㉑

①5〜9月
②6〜8mm
③平地〜山地
④ハンノキ、カンバ、ドロノキ、ヤナギ、サクラ類など
＊体色は、暗青藍〜暗紫藍色。

ハムシの仲間

ヤナギハムシ
- ①5〜6月
- ②7〜8mm
- ③低山地
- ④ヤナギ類

ドロノキハムシ●
- ①7〜8月
- ②9mm前後
- ③平地〜山地
- ④ドロノキ，ヤマナラシなど

イタドリハムシ●幼
- ①5〜9月
- ②7.5〜10mm
- ③平地〜山地
- ④オオイタドリ
- ＊斑紋に個体変異がある。

ヤナギホシハムシ
- ①6〜7月
- ②6〜7mm
- ③山地
- ＊斑紋は小さく消失したり，流れる傾向がある。

クロモンハムシ
- ①6月
- ②6〜7mm
- ③山地
- ④ヤナギ，ドロノキ類
- ＊胸部は黒色でヤナギホシハムシより触角が長い。斑紋には個体変異がある。

フジハムシ
- ①6〜7月
- ②4〜4.5mm
- ③平地〜山地
- ④フジなど

トホシハムシ○
- ①5〜6月
- ②7mm前後
- ③山地
- ④ケヤマハンノキ

ヤナギムジハムシ○★
- ①5〜6月
- ②5.5mm前後
- ③山地
- ④ヤナギ類

ルリクビボソハムシ◎●
- ①5〜6月
- ②6mm前後
- ③山地
- ④アザミ類

ジュウシホシクビナガハムシ
- ①5〜6月
- ②6〜7mm
- ③平地〜山地
- ④アスパラガス

ハムシの仲間　　　　　　コウチュウ目 167

ミヤマヒラタハムシ　6/15

トホシハムシ　6/27 　　幼虫を守るヤナギムジハムシ　5/29 　　フジハムシ　7/9

↓胸背の中央が黒い。

クルミハムシ

①6〜8月
②6〜7mm
③山地
④オニグルミ

ミヤマヒラタハムシ 幼

①5〜7月
②5〜7mm
③山地
④ケヤマハンノキ
＊体の色は，緑藍〜金緑，
〜銅色。体は平たい。

キクビアオハムシ

①5〜6月
②5.5〜6.5mm
③山地
④サルナシ，ノリウツギ
＊体に丸みがある。

168 コウチュウ目　　　　　　　　　　ハムシの仲間

頭の前後，胸背に3列，小楯板，肩に黒色紋がある。体表は毛が密。光沢は少ない。

カタクリハムシ
①5～6月
②5～7mm
③山地
④カタクリ，オオウバユリなど

アザミオオハムシ
①8～9月
②8.5mm前後
③山地
④アザミ類など

スグロアラメハムシ●
←体に光沢がある。
①6～9月
②5.5mm前後
③山地
④ヤナギ，ドロノキ類，ミズバショウ

ニレハムシ
①6～9月
②6mm前後
③山地
④ニレ類

イタヤハムシ
①6～9月
②8mm前後
③山地
④カエデなど

ネギオオアラメハムシ⚹
①6～7月
②10～12mm
③平地
④タチギボウシ

ジュンサイハムシ⚹
①6～7月
②5.5mm前後
③沼地や川岸など
④ジュンサイ，ヒシなど

ブチヒゲケブカハムシ
①7～8月
②8mm前後
③山地

↓体の光沢は強い。

ウリハムシモドキ●⚹
①6～9月
②5.5mm前後
③平地～山地
④ウリ類，マメ類，キク類，その他

アトボシハムシ●
①5～8月　②5mm前後　③山地の草原
④カラスウリ，アマチャズルなど

ワモンナガハムシ
①4～6月
②3mm前後
③山地
④マユミ，ニシキギ，クロヅル

スジカミナリハムシ●
上翅肩部外縁に沿って扁平で溝がある。
①5～11月
②5mm前後
③平地～山地
④ヤナギ類

←**ムナグロツヤハムシ**
①5～6月
②5mm前後
③山地
④ハンノキ，クワ，イタヤカエデなど

①5～7月
②4mm前後
③平地～山地
④バラ，テンサイなど
＊腹部は橙黄色。触角は第5節から広がる。

→ **ルリマルノミハムシ**●

ハムシの仲間　　　　　　　　コウチュウ目 169

キバラヒメハムシ
- ①5〜8月
- ②4〜5mm
- ③平地〜山地
- ④ノリウツギや ナラ類などの花

アカバナトビハムシ●
- ①5〜7月
- ②3.5mm前後
- ③平地〜山地
- ④オオマツヨイグサ、アカバナなど

ハギツツハムシ
- ①6〜7月
- ②4mm前後
- ③平地〜山地
- ④ハギ・ヤナギ類

キボシルリハムシ
- ①6〜7月
- ②6mm前後
- ③平地〜山地
- ④ヤナギ，カンバ，ハンノキ，ハギ

ムツボシツツハムシ
- ①6〜7月
- ②6mm前後
- ③低山地
- ④チョウセンヤマナラシ

セスジツツハムシ●
上翅の点刻は列状を呈する。
- ①5〜9月
- ②3.5〜4.8mm
- ③平地〜山地
- ④ハンノキ，シデ類，ポプラなど

ヤマナラシハムシ
- ①8〜10月
- ②4mm前後
- ③平地〜山地
- ④ヤマナラシ

ヤナギルリハムシ
- ①5〜7月
- ②4mm前後
- ③平地〜山地
- ④ヤナギ類

カタクリハムシ　5/12

スグロアラメハムシ　9/20

ウリハムシモドキ　7/17

アトボシハムシ　7/7

ワモンナガハムシ　5/25

スジカミナリハムシ　5/25

170 コウチュウ目　　　　　　　　　　ハムシの仲間

ミドリトビハムシ
①10月〜越冬〜6月
②2.5〜3.5mm
③平地〜山地
④ヤナギ類

ムネアカオオホソトビハムシ
①6〜8月
②3.2〜3.8mm
③平地〜山地

ヒゲナガウスバハムシ●
①7〜8月
②3.5〜4mm
③山地　④ハナヒリノキなど

ホタルハムシ
上翅は全面黒色のものもある。
①8〜10月
②4mm前後
③平地〜山地
④多食性

アカイロマルノミハムシ
①5〜6月
②3.5mm前後
③平地〜山地
④アザミ類など

オオキイロノミハムシ
①7〜8月
②5mm前後
③平地〜山地
④アザミ類

チャイロサルハムシ
①5〜6月
②5mm前後
③山地
④ハンノキ類

クワハムシ◯
①6〜7月　②6mm前後
③平地〜低山地
④クワ類，ヤマナラシなど

キヌツヤミズクサハムシ(スゲハムシ)●
①6〜7月　②7.5mm前後　④スゲ類
＊体の色は，青藍，緑銅，赤銅色などがある。近似種**シラハタミズクサハムシ**は，触角の第3節が第2節より明らかに長く，♀の尾節板先端は丸まり，前胸背の中央線の溝は浅く不明瞭。

オオミズクサハムシ（オオネクイハムシ）●
①6〜7月
②9mm前後
④スゲ類

ヒラタネクイハムシ●
①5〜7月
②9mm前後
④スゲ類

ブドウサルハムシ
①5〜7月
②4〜5.5mm
③山地
④ブドウなど

ヒメテントウノミハムシ◯
①5〜6月
②2.5mm前後
③山地

カバノキハムシ●
①5〜7月
②4〜7.5mm
③山地　④カンバ類，ブナ類

ジンガサハムシ
①5〜6月
②8mm前後
③平地
④ヒルガオ

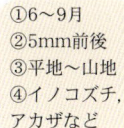

ハムシの仲間　　　　　　　コウチュウ目 171

ヒメカメノコハムシ
①6〜9月
②5mm前後
③平地〜山地
④イノコズチ, アカザなど

カメノコハムシ
①5〜8月
②5.5〜7mm
③平地〜山地
④アカザ類, テンサイ, ヒユ類など

ヒメジンガサハムシ
①5〜8月
②6mm前後
③平地〜山地
④ヨモギ　＊体腹面と脚は全体黒色。

アオカメノコハムシ
①5〜8月
②6.5〜8mm
③平地〜山地
④アザミ類
＊標本にすると緑色がぬける。

アオカメノコハムシの近似種**ミドリカメノコハムシ**は, 跗節の爪は基部に1対の角ばった突起を有し, 上翅基縁ののこぎり歯状突起は明瞭, 上翅中央の盛り上がりも強い。

ホタルハムシ　10/8
キヌツヤミズクサハムシ　7/9 
クワハムシ　6/1 

コフキサルハムシ（リンゴコフキハムシ）8/31
アカイロマルノミハムシ　5/23 
オオキイロノミハムシ　9/13 

ミドリトビハムシ　5/12
カメノコハムシ　5/12 
アオカメノコハムシ　6/6

ヒゲナガゾウムシ科
やや触角が長く(特に♂で長い)、頭部はゾウムシほど細長くはなく、先端は広がり丸いものが多い。成虫、幼虫とも枯木やキノコに見られる。

＊ヒゲナガゾウムシ科～ミツギリゾウムシ科のゾウムシ上科の体の大きさは、口吻部を除く体長とした。

←前胸中央に横に並んだ3個の毛房がある。♂の触角は翅端に達する。

←顔は白い。脛節は基方1/3と先方1/3に灰色の輪がある。

←♂の触角は第5節から肥大する。

シロヒゲナガゾウムシ○ ♀
①5～9月
②7.5～11.5mm
③山地

カオジロヒゲナガゾウムシ
①5～7月
②5.3～8.0mm
③山地

シリジロヒゲナガゾウムシ○
①6～7月
②6.3～8.5mm
③山地

ナガアシヒゲナガゾウムシ
①6～7月
②4.8～8.5mm
③山地

ナガアシヒゲナガゾウムシ　7/5

オトシブミ科
上翅は四角い形。♀は植物の葉を巻いてゆりかご(地面に落ちた昔の巻紙に書かれた手紙に似ていることから「落文」と呼ばれている)をつくり、その中に卵を産む。幼虫はその中で葉を食べて育つ。

オトシブミ ♂ ♀
①5～8月
②7～9mm
③山地
④ケヤマハンノキ、カンバなどの葉を巻く

ケヤマハンノキの葉を巻くオトシブミ　5/10

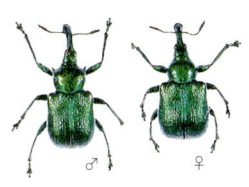

オトシブミの仲間　　　　　コウチュウ目 173

ドロハマキチョッキリ 🟠

①5〜10月
②5〜7.5mm
③山地
④オニシモツケ，ドロノキ，カエデ類，などの葉を巻く
＊♂は胸の両側前方に鋭いとげがある。

オニシモツケの葉を巻くドロハマキチョッキリ　5/22

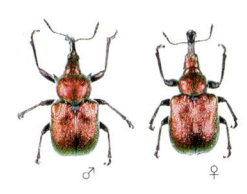

イタヤハマキチョッキリ

①5〜6月
②6.5〜7mm
③山地
④カエデ類の葉を巻く
＊♂は胸の両側前方に鋭いとげがある。

イタヤカエデの葉を巻くイタヤハマキチョッキリ　5/25

オオコブオトシブミ ★

①5〜7月
②6〜7mm
③山地
④オヒョウの葉を横J状に切る

交尾中のオオコブオトシブミ　5/17

174 コウチュウ目　　　　　　　　　オトシブミの仲間

ゴマダラオトシブミ○
①5〜6月
②7〜8mm
④ナラ類、クリなどの葉を巻く

ヒメゴマダラオトシブミ○
①5〜7月
②6mm前後
③山地　④クリ、ナラ類の葉を巻く

ヒメゴマダラオトシブミ　5/17

←吻は細長く♀は吻の基部に毛を密生。腹部は後方で幅広い。

シリブトチョッキリ●
①5〜6月
②3.5mm前後
③山地
④カエデ類の若枝を切って産卵する

セアカヒメオトシブミ△
①5〜6月
②4.5mm前後
③山地
④ノイチゴの葉を巻く

セアカヒメオトシブミ　5/22

イタドリの葉を切るルリオトシブミ　6/18

ルリオトシブミ●●
①5〜6月
②3.5mm前後
③山地
④イタドリ、カエデなど
＊近似種ナラルリオトシブミは眼が少し離れ、♂の腹部中央に長毛を欠き、中脛節端はほとんど張り出さない。

ヤドカリチョッキリ○
①5〜6月
②3.5mm前後
③山地
④ハマキチョッキリ類のゆりかご中に産卵する
＊複眼は強く前方に張り出す。♂の吻は短く、触角付着点の下に舌状突起がある。

ルリオトシブミのゆりかご

←♀の頭部と触角はこれほど長くない。♀はウスモンオトシブミやウスアカオトシブミに似るが頭部と触角はより長い。

エゾイクビチョッキリ●★
①5〜6月
②3〜3.9mm
③平地
④ハンノキなど
＊前頭の中央溝は複眼の中央を越えないか、溝を欠く。

ヒゲナガオトシブミ○●
①7〜8月
②13mm
③山地
④コブシの葉を巻く

ゾウムシの仲間　　　　　コウチュウ目 175

ゾウムシ科　体は硬く、頭部はゾウのように長いものが多い。口吻の先端に大顎と口がついていて、ものを食べたり、産卵するための穴をあける。幼虫・成虫とも、植物を食べる。

クロアナアキゾウムシ
①5〜6月
②10〜13mm前後
③山地
④オオイタドリなど

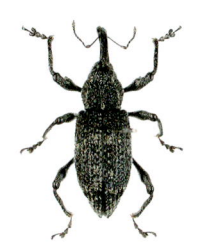

タマゴゾウムシ
①5〜9月
②12〜14mm
③アザミ類

オオゴボウゾウムシ
①5〜9月
②10mm前後
③山地
④ゴボウなど

オオクチカクシゾウムシ
①5〜7月
②11〜14mm
③山地、伐採木

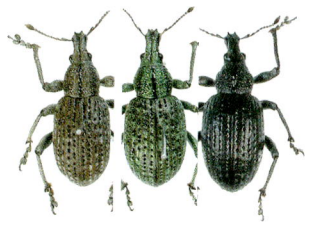

ハナウドゾウムシ
①5〜6月
②9〜13mm
③山地
④オオハナウドなど
＊触角の第2節と第3節の長さはほぼ同じ。前胸背に光沢ある中央隆起線をもつ。色彩は暗褐、暗緑、黒色。

ハイイロヒョウタンゾウムシ
①5〜7月
②8〜11mm
③山地　④フキなど
＊北海道では単為生殖。触角の第3節は第2節の長さの2倍弱。上翅の点刻は小さい。色彩は褐灰〜灰〜緑灰色。

ヤナギシリジロゾウムシ
①6〜7月
②8mm前後
③山地、伐採木
④ヤナギ、ポプラ類の生木樹幹

クロカレキゾウムシ
①7〜8月
②6mm前後
③山地、伐採木

ハナウドゾウムシ 5/26
ハイイロヒョウタンゾウムシ 5/26
ヤナギシリジロゾウムシ 7/29

176 コウチュウ目　　　　　　　　　ゾウムシの仲間

トドキボシゾウムシ
①6〜8月
②6.5mm前後
③山地, 伐採木
④トドマツ

コゲチャツツゾウムシ ●
①7〜8月
②9mm前後
③山地, 伐採木

クロコブゾウムシ
①7〜8月
②8〜10mm
③山地, マツ類の枯木樹皮下

ウスモントゲトゲゾウムシ
①6〜7月
②6mm前後
③山地, 伐採木
④オニグルミなどの枯木樹皮下

←上翅の奇数間室は強く隆起する。

クワヒョウタンゾウムシ ●
①5〜9月
②6mm前後
③平地〜山地の植物葉上
＊北海道では単為生殖。

シラフヒョウタンゾウムシ ●
①7〜8月
②8〜10mm
③海岸, 砂地

マルカククチゾウムシ
①5〜7月
②5.4〜6.6mm
③山地

スグリゾウムシ
①5〜7月
②5〜6mm
③平地
④スグリ, ミカン類, その他
＊単為生殖

カツオゾウムシ ●
①5〜6月
②10〜12mm
③山地
④タデ類など

アイノカツオゾウムシ
①6〜7月
②7〜12mm
③平地〜山地
④ヨモギなど

カシワクチブトゾウムシ
①5〜7月
②5mm前後
③平地〜山地
④カシワ, ナラ, ハンノキなど

←前胸後角は外後方へ突出する。

ムネビロイネゾウモドキ
①6〜7月
②6〜7.5mm
④ポプラの花など
＊♂の前胸は上翅よりも幅広い。

ゾウムシ，オサゾウムシ，ミツギリゾウムシの仲間　コウチュウ目 177

リンゴヒゲナガゾウムシ
①5〜7月
②6〜8mm
③山地
＊腹部末端節は中央が深くくぼみ，その前2節も多少ともくぼむ。

アオヒゲボソゾウムシ
①5〜7月
②6〜8mm
③山地
＊腹部末端節は中央が深くくぼみ，その前の節は平ら。

ミヤマヒゲボソゾウムシ
①7〜8月
②6〜8mm
③山地
＊後脛節先端はやや内側に曲がり先端内角はとがらない。腹部末端節は縦に浅くくぼむ。

コブヒゲボソゾウムシ
①5〜7月
②5〜6mm
③山地
＊会合部に沿って鱗片がないものが多い。

クロシギゾウムシ
①5〜9月　②5.5〜8mm
③山地
＊中胸側板と第2,3腹節両端は密に黄色毛がある。触角第7中間節は球桿部第1節より長い。

アイノシギゾウムシ
①5〜9月　②3.5〜4mm
③山地　④ハンノキなど
＊後腿節基部は脛節より幅がある。前胸背板は基部中央に不明瞭な三角紋がある。

コナラシギゾウムシ
①5〜9月　②6〜8mm
③山地　④ナラ類，カシワなどのドングリ
＊♂交尾器は先端の中央と両側の3カ所が突出する。

オサゾウムシ科　最新の分類体系ではゾウムシ科に含まれる。

ミツギリゾウムシ科

コナラシギゾウムシ 8/13

オオゾウムシ 7/29

オオゾウムシ
①7〜8月　②13〜24mm
③樹液や樹皮　④広葉樹や針葉樹の枯木

ムツモンミツギリゾウムシ
①6〜8月　②16mm前後
③山地

シリアゲムシ(長翅)目

小樽市桂岡　　　　　獲物を見つめるプライアシリアゲ　5/30

シリアゲムシの仲間　シリアゲムシ目 179

シリアゲムシ目　♂は，腹部先端にサソリのような上向きの生殖器をもつ。頭部は馬のように長く，その先に顎をもつ。完全変態をする昆虫の中では原始的なものの一つで，ハエやチョウなどの祖先と考えられている。

＊シリアゲムシ目では，乾燥すると腹部が縮んだり変形することが多いため，体の大きさは開長で示した。

シリアゲムシ科　頭部は馬のような形をしていて，弱った昆虫や死んだ昆虫の汁を吸う。翅は前後とも同じような形。卵は土中に産まれ幼虫はイモムシ型。

♂　　　　　♀

プライアシリアゲ●

①5～9月　②29～32mm(開長)
③やや湿った森林の林縁の葉上

腹部先端側面の形状

♂　　　♀

♂は口から分泌した液で玉をつくって♀に渡し，♀がこれを食べ始めると交尾する習性がある。

プライアシリアゲ　6/4 　　　プライアシリアゲの交尾　6/12

ハエ(双翅そうし)目もく

小樽市星野町星置川上流　樹間の日当たりでホバリングするヒラタアブ属の一種　8/2

ハエ目 1対(合計2枚)の翅がある。後翅は小さくなり、平均棍と呼ばれるこん棒状のバランスをとる器官になっている。**カ亜目(長角、糸角亜目)** と**ハエ亜目(短角亜目)** に分けられる。**カ亜目**は、ガガンボ科、カ科、ユスリカ科、ケバエ科など長い触角と細長い体をもつもの。**ハエ亜目**は短い触角をもち、羽化の際にさなぎの背中が縦に裂ける**直縫群**(コガシラアブ科、アブ科、ミズアブ科、クサアブ科、ムシヒキアブ科、オドリバエ科など)と終齢幼虫の皮膚が硬化した囲蛹殻の中でさなぎになり、羽化の際に囲蛹殻の先端が環状に裂ける**環縫群**(ミバエ科、ハナアブ科、ベッコウバエ科、フンバエ科、クロバエ科、ニクバエ科など)に分けられる。ハエ亜目では、成虫の複眼は♂では接し♀で離れる種が多く、幼虫はウジ虫状である。

＊ハエ目の体の大きさは、頭部先端から腹部先端までの長さ(体長)とした。

圏内のハエ目

　雪解け直後の4月、山地で最も早く咲くフキノトウの花には、エゾクロハナアブなどのクロハナアブ類が多い。ヤナギ類の花にはキタヨツモンホソヒラタアブなどのムツモンホソヒラタアブ属やホソヒラタアブ、クロハナアブ類が集まる。また、地上や草上には、アシブトハナアブ、シマハナアブなどのハナアブ類やクロバエ類、ニクバエ類、ヤドリバエ類などが多い。5月、山地ではオオオフタホシヒラタアブ、キベリヒラタアブなどのヒラタアブ類が出現し、渓流沿いの林道ではエゾアシブトケバエなどのケバエ類やブユが多い。新緑の深まる6月、平野部の花では、アシブトハナアブ、キベリアシブトハナアブ、シマハナアブなどのハナアブ類、水路や沼地ではユスリカの仲間がところによっては多い。山地ではナガハナアブ類、ヤドリバエ類などが花などを訪れ、ガガンボ類やヤブカ類も多い。7月、山地ではマルハナバチによく似たカオグロモモブトハナアブやフタガタハナアブなどが大きな羽音を立てて体の周囲を飛び回り、ハチと見間違うことが多い。また、スズメバチによく似たヨコジマナガハナアブやマツムラナガハナアブも花を訪れる。スズメバチの巣に寄生する大型のベッコウハナアブ類も現れ始める。シオヤアブ、チャイロオオイシアブなどのムシヒキアブ類は、草上で獲物の昆虫を待ち構えていたり、獲物を口にしている姿をよく見かける。ヤマトアブやホソヒゲキボシアブなどのアブ類の♀は人や動物の血を吸いに近寄ってくる。平野部ではアカイエカなどの蚊が現れ、♀は人間などの動物の血を吸う。8～9月上旬、平地～山地、山岳部の花には、各種のヒラタアブ類、ホソヒラタアブ類、クロハナアブ類、シマハナアブ類、アシブトハナアブ類、クロバエ類、ニクバエ類、イエバエ類、アブ類などが多く見られる時期である。10月、平野部の荒地や庭などにわずかに残った花をホソヒラタアブ、キタヒメヒラタアブ、ホソヒメヒラタアブなどのヒラタアブ類、クロバエ類やイエバエ類が訪れる。

ガガンボの仲間

ガガンボ科 カに似るが、より大形なものが多く、脚は長い。成虫は、短命なものが多く、森林や草地のやや湿った薄暗いところを好む。幼虫は土中、朽木、腐葉土、湿地の砂泥、河川、池などに生息し腐敗した動植物や根などを食べる。

マダラガンボ 6/30

6/12
オオキマダラヒメガガンボ

マダラガガンボ●

①5～9月 ②29～42mm(体長)
③平地～山地。幼虫は渓流の石の下に生息する ＊最も大型のガガンボの一種。

♂の触角は長く、腹部は生殖節が黒色。翅は全体が淡黄褐色を帯びる。♀の腹部は極めて長い。
↓

オオキマダラヒメガガンボ●

①6月
②10～13mm
③山地

ドウボソガガンボ★●

①6月
②18～30mm
③山地

ガガンボの仲間　　　　　　　　　　ハエ目 183

ダイミョウガガンボ 5/29
①5〜6月　②20〜23mm　③山地

モイワガガンボ 9/27
①8〜9月　②22mm前後　③山地

ウスナミガタガガンボ
①7〜10月
②11mm前後
③山地

ガガンボ属の一種 5/12
①5〜6月　②14〜18mm　③山地

ホソガガンボ属の一種 6/19

マダラヒメガガンボ
①5〜7月
②17mm前後
③山地

マダラヒメガガンボ 5/30

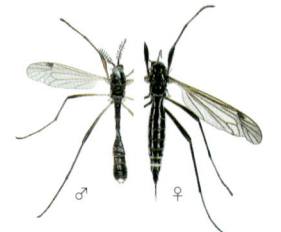

184 ハエ目　　　　　　　　　　　　ガガンボの仲間

ヒメクシヒゲガガンボ

①6〜7月
②13mm前後
③山地

ハラナガクシヒゲガガンボ●

①5〜7月
②24mm前後
③山地

シロアシクシヒゲガガンボ●★

①5〜6月
②18〜21mm
③山地

クリーム色

クシヒゲガガンボの仲間は，腹部に光沢があり，
♂の触角はくし状。

スネブトクシヒゲガガンボ●

①6〜7月
②17〜20mm
③山地

樹洞に産卵する
マルモンクシヒゲガガンボ 6/6

木の虫食い孔に産卵する
クシヒゲガガンボの一種 5/10

マルモンクシヒゲガガンボ●

①6〜7月
②17〜21mm
③山地

クチナガガガンボ 9/13

①8〜9月　②10mm前後
③平地〜山地
＊成虫は花に集まり蜜を吸う。

クモガタガガンボの一種 11/23

①11〜12，1月
②4〜6mm
③山地

カ，ユスリカの仲間

ハエ目 185

カ科 体は細長く背中が丸い。口器は細長い。多くの種の♀は動物や人の血を吸う。幼虫はボウフラで水中で生活し，腐食物か他のカの幼虫などを食べる。

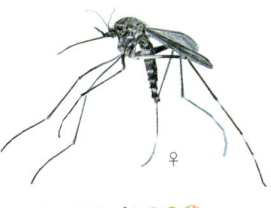

ヤマトヤブカ●●幼
①6〜8月 ②6mm前後
③山地に多い
＊♀は吸血性。

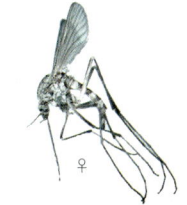

チシマヤブカ●●
①6〜8月 ②5〜6mm
③山地に多い
＊♀は吸血性。

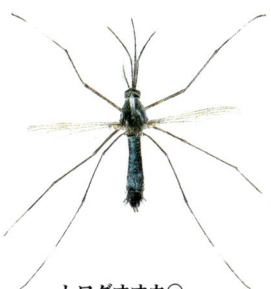

トワダオオカ○
①8月 ②10〜12mm ③山地
＊幼虫は樹洞の水たまりなどに発生し他種のボウフラを捕食する。成虫は♂♀とも花の蜜を吸い，吸血はしない。

アカンヤブカ△●★
①6〜8月 ②7mm前後
③本圏では平野の一部
＊♀は吸血性。

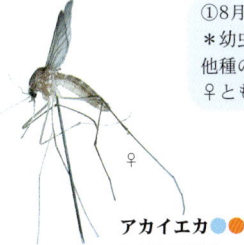

アカイエカ●●
①6〜8月 ②5.5mm前後
③下水，溝，貯水槽など人家近くに多い ＊♀は吸血性。

血を吸うヤブカの一種 6/30

ユスリカ科 カに似るが，体はより細く背中は丸く盛り上がる。♂の触角は羽毛状。口器は退化し，刺すことはない。卵は一般に数十から数百のかたまりで産みつけられる。幼虫はおもに水生で一般に有機物を食べ，アカムシとして魚の餌にも使われる他，魚類の有力な餌資源となる。成虫は1日〜1週間くらいしか生きられず，♂は群飛して蚊柱をつくり，特定の音波に反応した♀を誘い込んで交尾する。

クロバヌマユスリカ●
①4〜5月 ②5mm前後
③山地の湿地，池沼

キソガワフユスリカ ●　4/10

キミドリユスリカ ●　6/11

ブユ，ケバエの仲間

ブユ科 背中が丸く，翅の幅は広い。吸血性の種が多い。卵は流水に産まれる。幼虫は水中で生活する。

キタオオブユ 🔵🔴
① 5〜6月
② 3.5mm前後
③ 山地の渓流
＊♀は人畜を激しく襲う。

血を吸うキタオオブユ 5/17

ケバエ科 体には目立たない短い毛が生えている。♂の頭部は大きく，♀では小さい。成虫は春，空地に大群をなして飛ぶ。♀は土の中を掘り進んで卵をかたまりで産みつける。幼虫は群生して土中の腐植物質や雑草の根などを食べる。

ハグロケバエ
♂ ♀
① 5〜6月
② 10〜13mm
③ 平地〜山地

メスアカケバエ
♂ ♀
① 5〜6月
② 9〜12mm
③ 平地〜山地

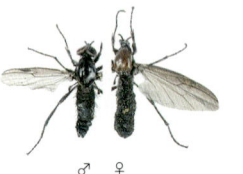

ケバエの一種
Bibio matsumurai
♀
① 5〜6月
② 7〜10mm
③ 平地〜山地

ケバエの一種
Bibio omani 🔴
♂ ♀
① 5〜6月
② 5〜6mm
③ 山地

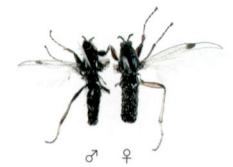

キスネアシボソケバエ 🔴
♂ ♀
① 5〜6月
② 5〜6mm
③ 平地〜山地

ケバエの一種
Bibio adjunctus 🔴
♀
① 7〜8月
② 7mm前後
③ 山地

ケバエ，コガシラアブの仲間　　　　　　　　　　　ハエ目 187

アシブトケバエ
①10〜11月
②5〜7mm
③平地〜山地

エゾアシブトケバエ
①5月
②6〜7mm
③平地〜山地

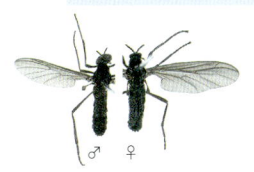

クロトゲナシケバエ
①6〜7月
②5〜7mm
③平地〜山地

ヒメセアカケバエ
①5〜6月　②10mm前後
③平地

ハグロケバエ♂♀　6/4

Bibio matsumurai♀　5/27

Bibio omani♂♀　5/27

エゾアシブトケバエ♂　5/6

エゾアシブトケバエ♀　5/6

コガシラアブ科　頭部は小さく，複眼がそのほとんどを占める。胸部背面は盛り上がる。孵化した幼虫は若いクモを探し，寄生する。クモの体内に入るとクモが最後の脱皮をするまで成長しない。

（側面）

セダカコガシラアブ
①5〜7月
②7mm前後
③山地
＊成虫はアザミなどの花の蜜を吸う。

セダカコガシラアブ　6/22

188 ハエ目　　　　　　　　　　　アブの仲間

アブ科　複眼は大きく、腹部は幅が広い。♀の口器はとがっていて皮膚を突き刺し、血を吸う。♂は花粉や蜜を食べる。幼虫は湿地や湿った腐食質土、朽木の中などにすむ。

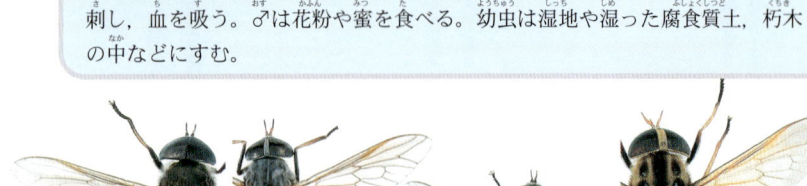

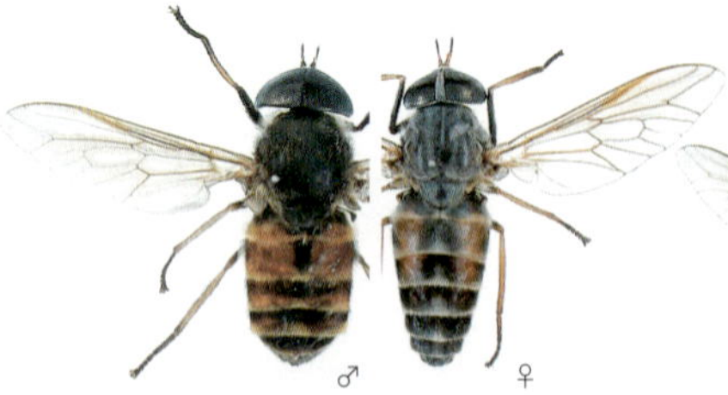

ヤマトアブ 幼
①7〜8月
②17〜20mm
③山地

キバラアブ○●
①7〜8月
②15〜16mm
③山地

アカウシアブ●
①7〜8月
②24〜26mm
③山地

ホソヒゲキボシアブ●●
①7〜8月
②13〜16mm
③平地〜山地

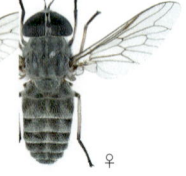

ニッポンシロフアブ△●
①7〜8月
②14〜17mm
③湿地

フタスジアブ○
①7〜8月
②13mm前後
③山地

ゴマフアブ●
①7〜8月
②8.5〜11mm
③平地〜山地

(当別町産)
ヨスジキンメアブ●
①7月
②9mm前後
③平地　＊著者は圏内では未確認。

クロキンメアブ○●
①6〜7月
②10mm前後
③山地

キンメアブ○●
①7〜8月
②9.5〜11mm
③海岸部〜山地

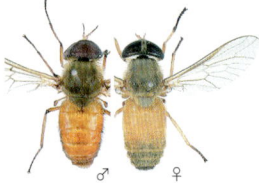

キンイロアブ○
①7〜8月
②10〜12mm
③山地、♂は山地のセリ科の花に来る

ハエ目 189

ミズアブ科　幼虫は便池，畜舎，渓流付近の湿地，池などにすむ。

コウカアブ
①7〜8月　②13〜14mm
③平地〜山地の湿地，便池

ルリミズアブ
①9〜10月　②12〜16mm
③平地〜山地の湿地

ヒメルリミズアブ○
①6〜7月　②8.5mm前後
③山地の湿地

キイロコウカアブ
①7〜8月　②15〜19mm
③平地〜山地の湿地，便池

ネグロミズアブ
①5〜8月　②5mm前後
③渓流沿いの湿地の葉上

ハラビロミズアブ△○
①7月　②12mm前後
③低山地の山頂部など
④アリの巣に寄生

コガタノミズアブ○
①6〜8月　②13mm前後
③川，沼の水面の水草上

ミズアブの一種○
①6〜7月　②7.5mm前後
③山地

ネグロミズアブ　6/7

クサアブ科　幼虫は朽木や土中にすむ。

ネグロクサアブ○
①6〜8月
②17〜21mm
③山地

190 ハエ目　　　　　　　　　　　　　　ムシヒキアブの仲間

ムシヒキアブ科　脚は長く，顔面には長い毛の束がある。昆虫をとらえ，口吻で刺して麻酔した後，体液を吸う。幼虫は土中にすみ，捕食性か雑食性。

シオヤアブ●幼
♂　♀
①7〜8月
②22〜26mm
③平地〜山地

チャイロオオイシアブ
♂　♀
①7〜8月
②15〜25mm
③山地

クロスジイシアブ●
♂
←胸部中央に縦の毛のない部分があり，黒いすじに見える。
①7〜8月
②12mm前後
③山地

オオイシアブの一種
♂　♀
①6〜8月
②20〜25mm
③山地

コムライシアブ●●
♂　♀
①6〜8月
②11〜17mm
③山地

カタナクチイシアブ●
♂　♀
口器の先端は刀状に狭まる。
①7〜8月
②13〜18mm
③山地

ヒメキンイシアブ●
♂　♀
①7〜9月
②12〜16mm
③山地

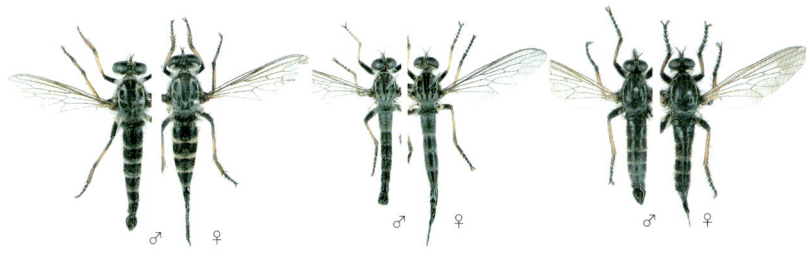

ムシヒキアブの仲間 ハエ目 191

トラフムシヒキ
①7〜9月 ②20〜25mm
③平地

マガリケムシヒキ🟠
①6〜7月 ②14〜23mm
③平地〜山地

カラフトムシヒキ🟠
①8〜9月 ②18〜21mm
③山地

チャイロムシヒキ🟠
①8〜9月 ②19〜21mm
③平地

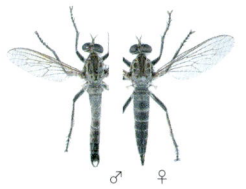

シロズヒメムシヒキ🟠
①7〜8月 ②14〜17mm
③平地

メスグロヒゲボソムシヒキ🟠
①6〜7月 ②12〜14mm
③山地

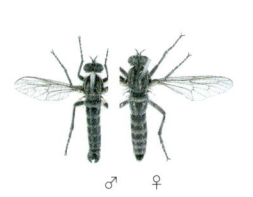

アカイシヒラズムシヒキ
①5〜6月 ②8.5〜12mm
③平地〜山地

サッポロアシナガムシヒキ
①7〜8月 ②15〜17mm
③平地〜山地

ホソムシヒキの一種
①8〜9月 ②13mm前後
③山地

コムライシアブ 5/20

トラフムシヒキ 7/18

シロズヒメムシヒキ 9/5

192 ハエ目　　　　　　　　　　　ツルギアブ，ツリアブの仲間

> **ツルギアブ科**　幼虫は土中や腐植中にすむ節足動物，ミミズ，甲虫の幼虫，その他を捕食する。

←近似種にクロバネツルギアブがいる。

ツルギアブ●
①6〜7月　②10〜15mm
③平地〜山地

サッポロツルギアブ●
①6〜7月　②14〜17mm
③山地

ナギサツルギアブ●
①6〜7月　②9〜10mm
③平地

＊ナギサツルギアブによく似た**タシマツルギアブ**(前額下方部両側部に0〜2本の毛がある)と**シロツルギアブ**(前額下方と顔の側部に白く長い毛がある)も圏内に生息する。

> **ツリアブ科**　口吻は長く，脚は細く，体は毛深い。空中で静止して飛び，花の蜜や地面の水分を吸う。幼虫はハナバチ類の巣の中の幼虫，バッタの卵鞘，甲虫の幼虫，ウスバカゲロウの幼虫など昆虫の幼虫か卵に寄生する。

ビロウドツリアブ●
①4〜6月
②7.5〜11mm
③山地
④ハナバチ類に寄生

スキバツリアブ
①7〜9月
②9〜16mm
③平地〜山地

ニトベハラボソツリアブ
①9月
②14mm前後
③平地〜山地

ホシツリアブ○
①7〜8月
②9mm前後
③山地

ツマアキツリアブ
①7〜8月
②7〜11mm
③山地

ビロウドツリアブ　4/26
ホバリングしながらフキノトウの蜜を吸う。

オドリバエ，アシナガバエ，メバエ，マルズヤセバエ，ミバエの仲間　　　　ハエ目 193

オドリバエ科　♂は小昆虫をとらえて♀に渡して交尾する。幼虫も捕食性で土中や腐植土などにすむ。

アシナガバエ科　アブラムシなどの小昆虫をとらえて食べる。一般に湿気のあるところに多い。

オドリバエ科の一種

♂は♀に小型のハエ類を与えて飛びながら交尾する。

①5〜7月　②10mm前後　③山地

アシナガバエ科の一種　8/10

①7〜9月　②5mm前後
③平地〜山地

メバエ科　頭部は大きく，こん棒状の細い腹部をもつ。ハチ，ハエ，バッタなど種々の昆虫の体の表面に卵を産む。幼虫はその中に入って体液を吸う。ある種の幼虫は，寄主に土に穴を掘らせるという。

マルズヤセバエ(チビヒゲアシナガヤセバエ)科　幼虫は朽木や植物の根などを食べる。

ジョウザンメバエ　　オオマエグロメバエ

①6〜8月　②11mm前後
③山地

①7〜8月　②13mm前後
③山地

キアシアシナガヤセバエ

①6〜8月　②6mm前後
③山地の林縁

ミバエ科　翅に独特の斑紋がある。♀には長い産卵管がある。幼虫は軟らかい果実や花のつぼみなどを食べる。葉の中にもぐるものや虫こぶをつくる種もいる。

ハルササハマダラミバエ　　ナツササハマダラミバエ

①4〜6月
②6〜8mm
③山地のササ上など

①6〜8月
②8mm前後
③山地のササ上など

ハルササハマダラミバエ　4/26

ハナアブ科 黄色いしま，斑点をもつものが多い。花に集まり蜜や花粉を食べるものが多いのでこの名がある。花上，草間，樹木の近くでよくホバリング(停止飛行)するので他のハエ類と区別できる。また，つかまえると胸部を振動させて音を立てる。幼虫はアブラムシ，カイガラムシ，小型のイモムシなどを食べるヒラタアブ亜科，腐敗植物，樹木，液体汚物などを食べるナミハナアブ亜科(本亜科のベッコウハナアブ属はスズメバチの巣に寄生)，アリの巣に寄生するアリノスアブ亜科がある。

オオフタホシヒラタアブ 幼
①5～9月 ②9～13.5mm
③平地～山地

マガイヒラタアブ
①5～9月 ②8.5～12.5mm
③平地～山地

ケヒラタアブ
①5～9月 ②9.5～13.5mm
③平地～山地

キイロナミホシヒラタアブ
①6～9月 ②8～11mm
③平地～山地

ナミホシヒラタアブ
①6～9月 ②8.5～12mm
③平地～山地，木陰でよくホバリングする

フタホシヒラタアブ
①4～10月 ②8～10mm
③平地～山地 ＊♂の交尾器は体の割に大きい。

<上記6種の違い>

	オオフタホシ	マガイ	ケ	キイロナミホシ	ナミホシ	フタホシ
♂♀の複眼の毛	ほぼなし	ほぼなし	あり	なし	なし	なし
顔の短い黒色中条	なし	なし	なし	なし	あり	あり
♂後脛節の色	ほぼ黄色だが中ほどに暗色の輪がある	先端過半が黒色	先端過半が暗色，あるいはほぼ黄色で中間に暗色の輪がある	先端過半が暗色，あるいはほぼ黄色で中間に暗色の輪がある	ほぼ黄色あるいは中間に薄い黒色の輪がある	ほぼ黄
♀後腿節の色	ほぼ黄色基部のみ黒色	基部3/4～4/5が黒色	基部3/4～4/5が黒色	基部2/3～4/5が黒色	基部0～4/5が黒色	ほぼ黄色
翅の第2基室の微毛	全体が微毛でおおわれる	前縁は狭く無毛域がある	全体が微毛でおおわれる	広い範囲で無毛	広い範囲で無毛	広い範囲で無毛
顔面の毛の色	黄色	ほぼ黄色	一般に黒色	黄色	黄色	黄色
その他の特徴	額は半月の直後が黒色	触角のつけねの黒色紋と額の黒色紋が融合	半月は触角に接する部分のみが細く黒色	一般に小型。♀脛節はほぼ黄色か先端過半が薄く暗色	胸部背面の光沢は強い	小型。胸部光沢は強い。斑紋独立

ハナアブの仲間

ツヤテンヒラタアブ○★
①7〜8月 ②10〜11.5mm
③山地 ＊オオフタホシヒラタアブに似るが、半月上端部に3つの明瞭な黒点がある。後腿節の中央よりやや先端側に暗色の輪をそなえる。

マガタマモンヒラタアブ★
①5〜6月
②8.5mm前後
③山地 ＊複眼は無毛かまばらに毛。顔に黒色中条はない。口の周りは黒色。

ラップホシヒラタアブ●★
①6〜10月
②9.5〜12.5mm
③山地 ＊複眼に毛がない。翅のR4+5脈はやや強く下方にふくれる。

イイジマホシヒラタアブ◎●★
①8〜9月
②11.5mm前後
③山地
＊翅は広い範囲で無毛。複眼は無毛で、上部2/3で個眼が大きい。

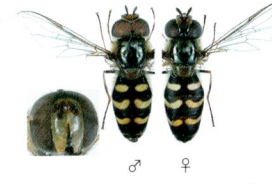

コマバムツボシヒラタアブ△
①7〜8月 ②11.5〜14.5mm
③山岳部
＊夏季、山岳部のササ原では時に多い。複眼の毛は長く密。顔の毛はほぼ黒い。腹背の黄色紋は側縁を越える。

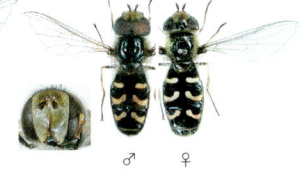

ワタリムツボシヒラタアブ◎
①4〜7月 ②13.5mm前後
③山地
＊額は強くふくれ毛深い。腹背の黄色紋は側縁に達せず、中央寄りの方が側縁より前方に位置する。

フタスジヒラタアブ⑭
①5〜9月 ②10〜15mm
③山地
＊腹部背面の黄色紋は、下側が一部えぐられた形。顔の黒色中条は幅広く触角直下に達する。

キヒゲムツモンヒラタアブ●★
①5〜6月
②8〜10mm
③山地
＊触角は黄色。顔の黒色中条はよく発達する場合とこれを欠く場合がある。

クナシリムツモンヒラタアブ●★
①5〜6月 ②8〜10.5mm
③山地
＊触角は黒色。顔の黒色中条は幅広い。胸背前部1/3に1対の縦帯がある。顔面および黄色紋は生きている時レモンイエロー。

196 ハエ目　　　　　　　　　　　　　ハナアブの仲間

胸部側面は黄色

キベリヒラタアブ 🔵

①5〜9月
②8.5〜12.5mm
③平地〜山地
＊胸部側縁は目立つ黄色。小楯板は後縁のみ黄色。

ヒロオビヒラタアブ ○

①5〜6月
②9〜11.5mm
③山地

オビヒラタアブ属の一種 △★

①4〜5月　②9.5〜11mm
③平地
＊複眼に毛がある。腹部背面にはつやがある。翅の第2基室は全面有毛。小楯板の毛は黄色。

アイノオビヒラタアブ ○●

①6〜9月
②10〜12mm
③平地〜山地
＊額は黄色。後腿節は黄色。胸背に縦帯がある。翅の第1，2基室はほとんど無毛。

オオショクガバエ ○●

①6〜9月　②13mm前後
③平地〜山地　＊触角，額，前・中・後腿節の基部は黒色。胸背に縦帯がある。他種よりやや大きく腹部の黒色黄帯は幅広い。

ウスグロオビヒラタアブ △●

①8〜9月
②12.5mm前後
③平地〜山地
＊複眼にほとんど毛がない。翅の第2基室は全面有毛。小楯板の毛は大部分が黒色。

ササヤマオビヒラタアブ ▲

①6〜9月　②12.5mm前後
③山地
＊触角，後腿節は黒色。顔面に幅広い黒色条。胸背に縦帯はない。翅の第2基室は広い範囲で無毛。

シバカワオビヒラタアブ ○

①6〜9月
②10.5〜13mm
③山地　＊触角のつけねがわずかに黒い。翅は全体が微毛でおおわれる。胸背に縦帯がある。

ツヤムネオビヒラタアブ

①5〜9月
②9.5〜12mm
③平地〜山地
＊額は幅広く黒色。胸背に縦帯なし。第2基室は広い範囲で無毛。

ハナアブの仲間

オオオビヒラタアブ○
♂ ♀
♀の黄色紋は生きているとき青みを帯びる。

①6〜8月
②12.5〜13.5mm
③山地
＊額は光沢のある黒色。複眼に毛がある。後胸の気門の下方は無毛。

ヨコジマオオヒラタアブ
♂ ♀

①5〜10月
②14〜16mm
③平地〜山地
＊複眼に毛がある。

キベリヒラタアブ　6/5
ヒロオビヒラタアブ　6/16 
ツヤムネオビヒラタアブ　5/31 

札幌市手稲区手稲山　マガイヒラタアブなど　7/20

ハエ目 197

198 ハエ目　　　ハナアブの仲間

クロヒラタアブ🟠
①6〜8月　②10〜12mm
③平地〜山地
＊近似種ニッポンクロヒラタアブは小楯板の基部に多少とも淡色毛の混在が認められる。交尾器の確認が必要。

オオヨコモンヒラタアブ
①8〜9月
②11〜13mm
③山地
＊腹部第2節の斑紋は，基部に達する。黒色中条なし。

ヨコモンヒラタアブ○
①8〜9月
②9〜11.5mm
③山地
＊黒色中条がある。

ニッコウヒラタアブ△
①6〜8月
②11〜12mm
③山岳部

マルヒラタアブ
①6〜10月　②9.5〜11mm
③平地〜山地
＊ヘリヒラタアブより小型。黄色紋は生きている時青色光沢を帯びる。前・中腿節は基方半分以上が黒色。

ヘリヒラタアブ
①8〜9月
②11〜15mm
③山地
＊黄色紋は生きている時青色光沢を帯びる。前・中腿節は基方1/3が黒色。

ヨツボシヒラタアブ
①5〜9月　②9〜12mm
③山地
＊顔は黒い。

ツマグロハナアブ○
①6〜8月
②11mm前後
③山地

ケブカヒラタアブ△◎
①7〜8月　②16〜18mm
③山岳部
＊体は長毛でおおわれる。

ヨコモンヒラタアブ　7/5
ニッコウヒラタアブ　7/23 
ヘリヒラタアブ　8/18

ハナアブの仲間

朝里岳山頂から見た余市岳

夏の晴れた日の稜線には，ヒラタアブ亜科のハナアブが多い。山頂付近のハイマツ上にはホバリングするウスグロオビヒラタアブが多い。その他，余市岳と朝里岳の稜線ではケブカヒラタアブ，ニッコウヒラタアブ，ツマグロハナアブ，オオフタホシヒラタアブ，ツヤテンヒラタアブ，キイロナミホシヒラタアブ，キヒゲムツモンヒラタアブ，クナシリムツモンヒラタアブ，モンキモモブトハナアブ，キガオハラナガハナアブなどが採集されている。

余市岳山頂から見た朝里岳

夏，朝里岳のゴンドラ駅側(通称飛行場＝写真の台地状平坦地)の山道脇のササ原にはコマバムツボシヒラタアブ，フタスジヒラタアブ，ヨツボシヒラタアブ，ケヒラタアブ，マガイヒラタアブが比較的多い。

200 ハエ目　　　　　　　　　　　　　　　ハナアブの仲間

クチグロヒラタアブ♂♀●
①5〜6月
②7〜8.5mm
③山地

ツヤムネクチグロヒラタアブ○●★
①5〜6月
②9.5mm前後
③山地

チャバネクチグロヒラタアブ○●★
①7〜9月
②7.5〜9mm
③山地

コモンクチグロヒラタアブ○★
①5月
②6〜7mm
③山地

ムツボシクチグロヒラタアブ○●★
①5月
②9mm前後
③山地

黄色紋は半円形

タカネクチグロヒラタアブ○●★
①7〜8月
②7〜8mm
③山地

キアシクチグロヒラタアブ○★
①5月
②6〜7mm
③山地

<クチグロヒラタアブ属上記7種の特徴>

クチグロヒラタアブ属は口の周りが黒く縁どられる。

	クチグロ	ツヤムネ	チャバネ	コモン	ムツボシ	タカネ	キアシ
複眼の毛	まばらかなし	ほぼなし	ほぼなし	**あり**	**あり**	ほぼなし	ほぼなし
顔の黒色中条	発達，時に触角基部に達する	**弱いかなし**	幅狭い	**弱いかなし**	発達して触角基部に達する	**幅広く中央隆起をおおう**	発達して触角基部に達する
胸部背面の色	銀灰色で光沢は鈍い。前縁に暗色縦条あり	光沢のある銅黒色	金灰色で光沢は鈍い。前縁に暗色縦条あり	光沢のない黒色	光沢のある銅黒色	金色	金灰色で光沢は鈍い
♂♀後脛節の色	ほぼ黒色か基部1/6程度が暗黄色。♀は時に基部1/4〜1/2が暗黄色	基部の1/3〜半分近くが暗黄色	ほぼ黒色か基部1/7が暗黄色	黒色。前・中脚もほぼ黒色	ほぼ黒色か基部1/7が暗黄色	黒色。前・中脛節は♂で基部2/5程度，♀で3/5程度が黄色	基部の1/3〜2/5が黄色。♂の前・中跗節は黄色
触角第3節の色	下面は赤褐〜黄褐色	下面は赤褐色	**黒色**	**黒色**	**黒色**	黒色か暗褐褐色	暗赤褐色で基部ほど明るい
その他の特徴	♂の腹部背板第3節の黄色紋は左右に分離するか中央が強くくびれる	口縁は通常広く黒色	前・中脛節は黄色で多少とも中央に暗色の輪をそなえる	♂の腹部背板第2節は斑紋を欠くか痕跡的。小楯板周りは黒い縁どり	腹部背面は半円形の黄色紋をそなえる	♂の腹部背板第2節の黄色帯のくびれはごく弱い	♀の後脛節は黄色で中央先端より多少とも暗色の輪がある

ハナアブの仲間　　　　　　　　　　　　　　　　ハエ目 201

ホソヒラタアブ 🔵 幼

①4〜10月　②7〜12mm
③平地〜山地　④アブラムシ
＊色彩に個体変異がある。

フデヒメヒラタアブ ◎★

①7〜9月　②11.5mm前後　③平地〜山地
＊腹部は明らかに翅より長く後腿節後面の
先端3/4に短い頑強な剛毛を装う。

オビホソヒラタアブ

①7〜9月
②7〜11.5mm
③山地

ミナミヒメヒラタアブ 🔵🟠

①5〜10月
②7〜9.5mm
③平地〜山地

＊これまで日本でキタヒメヒラタ
アブとされていたものは、その後
の研究で異なる種のミナミヒメヒ
ラタアブであることがわかった。

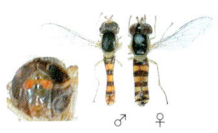

ホソヒメヒラタアブ 🔵●

①5〜10月
②5〜6mm
③平地〜山地

キアシクチグロヒラタアブ 6/22

ホソヒラタアブ 6/30

産卵中のホソヒラタアブ 6/8

オビホソヒラタアブ♀ 8/22

オビホソヒラタアブ♂ 8/3

キタヒメヒラタアブ 7/28

キタヨツモンホソヒラタアブ 4/24

タカネムツモンホソヒラタアブ 5/5

カオビロホソヒラタアブ 5/5

ハナアブの仲間

キタヨツモンホソヒラタアブ 🔵★
①4〜5月
②5〜9mm ③平地〜山地のヤナギの花など

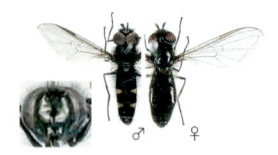

ヨツモンホソヒラタアブ ▲★
①4〜5月
②8〜9.5mm ③山地のヤナギの花など

タカネムツモンホソヒラタアブ
①6〜10月
②8〜11mm ③平地〜山地のキク科の花など

ムツモンホソヒラタアブ
①4〜5月
②7〜10mm ③平地〜山地のヤナギの花など

カオビロホソヒラタアブ ★
①4〜5月
②8〜10mm ③平地〜山地のヤナギの花など

キタムツモンホソヒラタアブ ◎
①5〜6月
②9mm前後
③山地のヤナギの花など

<ムツモンホソヒラアアブ属上記10種の特徴>(実体顕微鏡による観察が必要)

	キタヨツモンホソ	ヨツモンホソ	タカネムツモンホソ	ムツモンホソ	カオビロホソ
複眼の毛	**あり**	**あり**	**あり**	**あり**	**あり**
顔の黒色中条	**顔面は全て黒色**	**顔面は全て黒色**	顔面の幅の約1/5の幅。触角下部に達する	顔面の幅の約1/3〜1/5の幅。触角下部に達する	発達して触角下部に達する。時に発達せず下部に達しない
腹部背面の黄色紋	第3,4節は細い四角形の黄色紋,時に第2節にも小さな紋をそなえる	第3,4節は発達の弱い三角形の黄色紋。♀は全面光沢のある黒色	第2節は大きい半楕円形の黄色紋をそなえる	第3,4節の黄色紋は側縁に達しない	**♂の第2節は小さく丸い黄色紋。♀では各節の黄色紋は側縁を広く越える**
脚の色	脚は全て黒色	脚は全て黒色	**中脛節に暗色の輪がある**	中脛節は先端1/2近くが黒色	中脛節はほぼ黄色か先端半分近くが暗色
小楯板	**黒い縁どりがあり淡色と黒色毛が混じる。時に黒色毛のみ**	**黒い縁どりがありほぼ黒色毛をそなえる**	**黒い縁どりはなく周辺は淡色毛をそなえる**	**黒い縁どりあり黒色毛と周辺に淡色毛をそなえる**	**黒い縁どりあり,♂は後半部に黒色毛を含む**
半月	黒色ないし一部が黄色	黒色	黒色ないし一部が黄色	黄色	黄〜褐色
他の特徴	中胸背板はほぼ淡色毛,胸側部は黒色と淡色毛が混じる	中胸背板は淡色毛,胸側部は黒色毛におおわれる			顔面の白粉は発達する

ハナアブの仲間　　　ハエ目 203

**チシマムツモン
ホソヒラタアブ△★**

①7〜8月
②8〜9mm　③山地〜
山岳部のキク科の花など

**ハラボソムツモン
ホソヒラタアブ○**

①6〜9月
②8〜11mm
③山地

ヒメホソヒラタアブ●★

①5〜6月
②6〜7.5mm　③山地の
やや湿った下草や花

**モトドマリハラボソ
ヒラタアブ◎★**

①6〜9月
②7.5mm前後
③山地

手稲山山麓
ホソヒラタアブ類が集まる早春のヤナギの花　4/29

| キタムツ
モンホソ | チシマ
ムツモンホソ | ハラボソ
ムツモンホソ | ヒメホソ | モトドマリ
ハラボソ |
|---|---|---|---|---|
| あり | なし | なし | なし | なし |
| 発達して触角
基部に達する | 広く，通常♂
で顔幅の1/3程
度，♀はやや
狭く1/3〜1/5 | 通常狭く，触
角下部に達す
る | ♂の顔は光沢
のある黒色。
♀は触角下が
暗化する | ♀の顔は広くほ
とんど狭まらず
触角基部に達す
る。♂は比較的
狭く顔幅の1/3
を越えない |
| ♂の第2節は
小さく三角
形の黄色紋
をそなえる | 通常♀の第3,
4節の黄色紋は
各節の側縁を
わずかに越え
る。越える幅は紋
の幅の1/3以下 | 通常各節の側
縁に達しない | ♀の黄色紋は
細く，通常発
達は弱い | 通常各節の側
縁を広く越え
る |
| 前・中脛節は黄
色で時にわずか
に暗化した輪
をそなえる | 前・中脛節は
少なくとも先
端半分が黒色 | 前・中脛節は
基部2/5程度
が黄色 | ♂の前・中脛
節に弱い暗色
の輪。♀の前・
中脚は黄色 | 前・中脛節は
少なくとも先
端半分が黒色 |
| 黒い縁どりあ
り淡色毛をそ
なえる | 黒い縁どりは
なく大部分が
黒色毛を装う | 黒い縁どりは
なくほぼ淡色
毛をそなえる | 黒色で中央部
付近は半透明 | 黒い縁どりは
なくほぼ淡色
毛をそなえる |
| 褐色 | 黒色 | 黒色 | 黒色 | 黒色 |
| 顔面の白粉
は発達する | | | 腹部は細長い | 中胸背板の側部
および胸側部は
は黄色毛を装う |

♂の腹部腹板第2節の長さは幅の2〜3倍。
♀の腹部腹板第4節の幅は長さの1.2〜1.3倍。

♂の腹部腹板第2節の長さは幅の1.6倍以下。
♀の腹部腹板第4節の幅は長さの1.5〜2倍。

腹部第3節の黄色紋は縦に長く、長さは幅の2倍程度。通常、後腿節先端よりに暗色の輪がある。

ホシツヤヒラタアブ 🔵
① 5〜9月
② 7〜8.5mm
③ 平地〜山地

腹部背板3〜4節の黄色紋の後縁は丸みを帯びる。黄色→紋は横長で中央で融合する場合がある。後腿節は基部と先端を除き暗化する。

ナガツヤヒラタアブ
① 5〜9月
② 6.5〜8mm
③ 平地〜山地

←腹部背板3〜4節の黄色紋は、後方で斜めに切られ、その長さは腹節の長さの1/2より短い。

腹部背板第2節の黄色紋は比較的小さく側縁を越えない。近似種**ツヤヒラタアブ**は側縁を通常、大きく越え後腿節はほぼ黄色。

ホソツヤヒラタアブ 🟠
① 5〜9月
② 6〜7.5mm
③ 平地〜山地

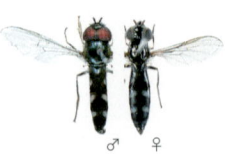

クロツヤヒラアシヒラタアブ
① 5〜9月
② 7〜10mm
③ 平地〜山地
＊前脛節は先端部で強く広がり、前跗節第1節は広く後縁で最も広い。

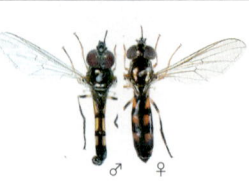

ハナダカヒラアシヒラタアブ ○
① 6〜9月
② 10〜11mm
③ 山地
＊顔は前方に大きく突出する。大型。

ホソヒラアシヒラタアブ △○🟠★
① 5〜6月
② 6.5〜7mm
③ 平地
＊♀は翅の第2基室が多少とも無毛。

ムモンマキゲヒラアシヒラタアブ ○
① 5〜6月
② 6.5mm前後
③ 山地
＊前脚腿節先端に先の曲がった毛がある。腹部は無紋。

ナミヒラアシヒラタアブ
① 5〜8月
② 8〜9mm
③ 平地〜山地

トゲヒラアシヒラタアブ 🟠
① 5〜9月
② 7〜9mm
③ 山地
＊♂の中脚の基節には棒状の突起がある。

ハナアブの仲間　　　　　　　　　　　　　　　ハエ目 205

オオヒゲナガハナアブ○
①6〜8月
②15〜18mm
③山地

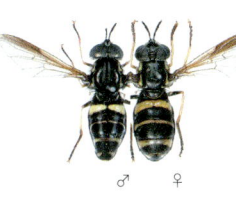

フタホシヒゲナガハナアブ
①6〜7月
②9〜12mm
③山地

チョウセンヒゲナガハナアブ◎★
黄色部は生きている時緑色光沢を帯びる。
①8月
②12〜16mm
③山地

キアシマメヒラタアブ
①5〜10月
②5mm前後
③平地〜山地

サッポロヒゲナガハナアブ
①6〜9月
②11〜15mm
③平地〜山地
＊翅の前縁端に褐色の斑紋をそなえる。

ヒゲナガハナアブ
①6〜9月
②9.5〜14.5mm
③平地〜山地
＊腹部背板の側縁は大部分が黄色。

ムチンシママメヒラタアブ○🟠
各腿節の基部は黒色
①6〜10月
②5.5〜6.5mm
③平地〜山地

ツマグロコシボソハナアブ○🟠
①7月
②10.5mm前後
③山地

マダラコシボソハナアブ
①5〜6月
②9.5〜11mm
③山地

ホシツヤヒラタアブ　5/19

オオヒゲナガハナアブ　7/22

6/19　フタホシヒゲナガハナアブ

206 ハエ目　　　　　　　　　　　　　　　ハナアブの仲間

夏には多くの花が咲きハナアブ類が多い手稲山9合目付近

初夏〜晩夏にかけて多くのハナアブ類やハナバチ類が花を訪れる。圏内では少ないラップホシヒラタアブ，ワタリムツボシヒラタアブ，ニッコウヒラタアブ，ヨコジマオオヒラタアブ，ハナダカハナアブ，ツマグロハナアブ，ムツボシハチモドキハナアブなどが採集されている。

ヨツモンコヒラタアブ○
①5〜6月
②6.5mm前後
③山地

コクロヒラタアブの一種A▲○
①7月
②9〜10.5mm
③平地

コクロヒラタアブの一種B○●
①5〜7月
②6.5mm前後
③山地

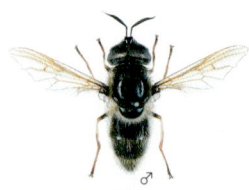

ツノヒゲハナアブ
①5〜8月
②11.5〜14mm
③平地〜山地

ハナダカハナアブ
①6〜7月
②7〜10mm
③山地

チビクロコヒラタハナアブ○●
①5〜6月
②5.5mm前後
③山地

スズキフタモンハナアブ

①5〜9月　②9〜13mm
③山地　＊体毛は黄色みを帯びる。一般に額と脚の大部分が黄色。小楯板の短い毛は黒色主体。

ニセスズキフタモンハナアブ○

①5〜10月
②10.5〜11.5mm
③平地〜山地　＊体毛は短く淡色。額は一般に黒い。小楯板の短い毛は淡色主体。

モトドマリクロハナアブ●

①5〜7月　②10.5〜13.5mm
③山地
＊体は毛深い。触角第3節は黒色。

エゾクロハナアブ●●

①4〜5月　②10.5〜15mm
③平地〜山地　＊体毛は淡色毛主体。胸背と小楯板に黒色毛が多い。次種より一般に複眼の毛は長く，顔面は微毛におおわれる。眼縁帯は幅広く，その幅は触角第3節の幅と同程度。♂は腹部第3節背面の後縁に黒色毛を交えるものが多い。

ニッポンクロハナアブ●●

①4〜7月　②8.5〜14mm
③平地〜山地　＊体毛は一般に黄色みを帯び，胸背と小楯板には黒色毛が少ないか，ない。前・中跗節は先端のみ黒色で他は黄色。一般に顔面の幅はやや狭く微毛が少なく光沢がある。近似種**キスネクロハナアブ**は7月以降に現れる。

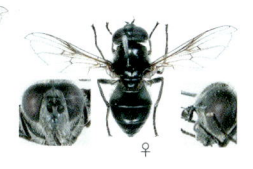

ミヤマケクロハナアブ△○

①7月
②9〜10mm
③山岳部
＊翅の色や体型はモトドマリクロハナアブに似るが小型で毛は短い。額の鱗粉は少なく，額の毛は黒色。

セリ科の花を訪れるモトドマリクロハナアブ　7/10

エゾクロハナアブ　4/14

ニッポンクロハナアブ　6/15

208 ハエ目　　　　　　　　　　　　　　ハナアブの仲間

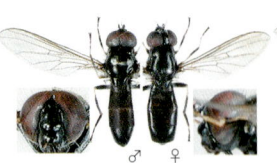

アオキクロハナアブ ●

①6〜8月　②9〜10mm
③平地〜山地
＊複眼は無毛。♂は額全体に白粉。♀は額の前方で白粉がつながる。胸部背面の毛は淡色。触角刺毛に毛がある。

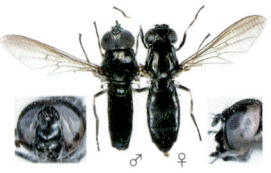

ニセジョウザンケイクロハナアブ

①6〜7月　②9〜11mm
③平地〜山地
＊複眼は無毛。触角第3節は暗褐〜黒色。翅の前縁は暗色。♂の額に白粉がない。触角刺毛に毛がない。

ジョウザンケイクロハナアブ ○

①6〜7月　②8〜11.5mm
③山地
＊複眼は無毛。中胸背板の毛は黒〜暗色。♂の額は複眼の縁に白粉あり。♀の白粉は中央で分離する。触角刺毛に毛がある。

マツムラクロハナアブ ●

①6〜9月　②6〜9mm
③山地
＊複眼は無毛。腿節は黄色,時に暗色部をそなえる。触角刺毛に毛がある。

ヒロカオクロハナアブ ○ ●

①4〜6月　②7.5〜9.5mm
③山地
＊複眼は無毛。額は光沢があり、鱗粉がない。小楯板の後縁に黒色の剛毛がない。

アトキクロハナアブ ○

①7〜9月　②6mm前後
③山地
＊小型。複眼は無毛。肩瘤および小楯板が黄色。

ツヤオビクロハナアブ ● ●

①5〜6月　②6.5〜10mm
③山地
＊複眼は無毛。腿節の大部分が黒色。♂の腹背は,マツムラクロハナアブ同様,帯が見える。

イイダヒゲクロハナアブ ○ ●

①5〜6月　②8.5mm前後
③平地〜山地
＊複眼は有毛。翅の先端が暗色。顔面に毛が多い。触角刺毛は羽毛状。

ニッコウクロハナアブ

①7〜9月　②9.5〜11mm
③山地
＊複眼は有毛。触角は有毛。特に♂の翅は細長い。顔は突出。♀の脚は後跗節を除き黄色。

ハナアブの仲間   ハエ目 209

アラハダクロハナアブ○●

①6〜8月 ②6〜9mm
③山地
＊複眼は有毛。脚全体が黒色。前脚の基節外側がとげ状に突き出る。

ハネナガクロハナアブ●

①5〜8月 ②12〜14mm
③山地 ＊複眼は有毛。翅は長い。顔は突出。前・中脚の脛節は黄色で黒色の輪をそなえる。♂の中胸背板縁辺および後脛節は黒色の毛を交える。

ヒメシロスジベッコウハナアブ ▲○

①7〜8月 ②13mm前後
③湿地
＊腹部第2節と3節の比は4：3。♀の複眼も有毛。

ニトベベッコウハナアブ○●

①7〜8月 ②15〜19mm
③山地 ④スズメバチの巣に寄生

シロスジベッコウハナアブ

①7〜9月 ②14.5〜19mm
③山地 ④スズメバチの巣に寄生

ベッコウハナアブ○

①6〜7月 ②15.5〜17.5mm
③山地 ④スズメバチの巣に寄生

カルマイツヤタマヒラタアブ△○

①6月
②6mm前後
③平地

イトウアナアキハナアブ○

①7月
②5mm前後
③山地

8/26 ニトベベッコウハナアブ

7/14 シロスジベッコウハナアブ

ベッコウハナアブ 6/27

210 ハエ目　　　　　　　　　　　ハナアブの仲間

クロハラハナダカチビハナアブ●
①5〜8月　②6〜8mm
③山地　＊近似種**クロケハナダカチビハナアブ**♂の胸部背面の毛は黒色。

アシマダラハナダカチビハナアブ●
←胸部下面が粉でおおわれる。
①6〜7月
②7.5mm前後
③山地

フレイハナダカチビハナアブ○●
←胸部下面は粉でおおわれず光沢がある。
①6〜7月
②8mm前後
③山地

シベリアハナダカチビハナアブ△○●★
①7月
②8mm前後
③山地

マドヒラタアブ●
♂の後脚蹠節は白色。
①7〜9月
②6〜8.5mm
③山地

オオシマハナアブ
①6〜8月
②13.5〜18.5mm
③平地〜山地

モンキモモブトハナアブ○
①8〜9月
②13〜16mm
③山地

スイセンハナアブ
①6月　②12〜13mm
③平地
＊毛色は個体変異がある。

ナガモモブトハナアブ△○
①7月
②10〜12mm
③山地

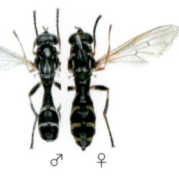

ムツボシハチモドキハナアブ○●
①6〜7月
②9〜14mm
③山地

スイセンハナアブ　6/10

モモブトコハナアブ●
①6月
②7〜11mm
③平地

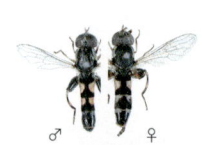

モモブトチビハナアブ●
①6〜10月
②7〜9mm
③平地〜山地

ハナアブの仲間　　　　　　　　　　　　　　　　　　　　　　　　　　ハエ目 211

北区福移　　　　**花にはシマハナアブ類が多い**

シマクロハナアブ，シマハナアブ，カオスジコモンシマハナアブなどのシマハナアブ属やキベリアシブトハナアブなどのアシブトハナアブ属，モモブトコハナアブ，モモブトチビハナアブなどが多い。その他，フタホシヒラタアブ，マルヒラタアブ，クロコヒラタアブ属の一種，キカオアシブトハナアブ，スルスミシマハナアブ，ホシメハナアブ，ドウガネホシメハナアブ，タテジマクロハナアブ，カルマイタマヒラタアブなど山地では見られない種類も多い。

キベリアシブトハナアブ 6/17

カオスジコモンシマハナアブ♂♀ 6/17

キカオアシブトハナアブ 6/17

ムツボシハチモドキハナアブ 7/14

ハナアブ(ナミハナアブ) 8/16

マガリモンハナアブ 6/17

212 ハエ目　　　　　　　　　　　ハナアブの仲間

オオハナアブ○
① 7〜10月
② 11〜14.5mm
③ 平地〜山地

ハナアブ（ナミハナアブ）●
① 6〜10月
② 11〜15mm
③ 平地〜山地　＊顔の黒色中条は幅広い。

シマハナアブ●
① 5〜10月
② 10〜13mm
③ 平地〜山地　＊顔に黒色中条はごく細く不明瞭。胸部背面に黒い毛の横帯がある。

カオスジコモンシマハナアブ
① 6〜10月
② 10.5〜13.5mm
③ 平地
＊顔に黒色中条がある。胸部に黒い毛の帯がない。

シマクロハナアブ△
① 5〜10月
② 9.5〜11mm
③ 平地。山地では少ない　＊やや小型。顔の黒色中条はほとんどないかあっても短い。

キョウコシマハナアブ◎
① 6月
② 13mm前後
③ 山地
＊前脛節下面の毛はやや短くまばら。♂の腹部第2節の斑紋は台形をなす。

スルスミシマハナアブ○
① 5〜7月
② 10.5〜14.5mm
③ 平地〜山地
＊顔に明瞭な黒色中条がある。後腿節の基部は黄色。胸部背面に黒い毛の横帯がある。小楯板の毛は前半が黒色。

カトウハナアブ△○
① 7〜8月
② 12〜14mm　③ 山地
＊顔に黒色中条がある。翅の中央に明瞭な黒色紋がある。小楯板の毛は全体に黄色。

キタシマハナアブ△○
① 7〜8月
② 15.5mm前後
③ 山地
＊やや大型。額の毛は全体に黒い。

ハナアブの仲間　　　　　　　　　　　ハエ目 213

ホシメハナアブ○
①6〜9月
②9.5〜11.5mm
③平地〜山地
＊複眼に斑点がある。♂の腹部の斑紋は不明瞭。

ドウガネホシメハナアブ○
①9〜10月
②10.5mm前後
③平地
＊複眼に斑点がある。複眼の下面は無毛。

タテジマクロハナアブ△○
①6〜7月
②8〜9mm
③平地
＊複眼に斑点がある。複眼は全体に有毛。♂は離眼的。

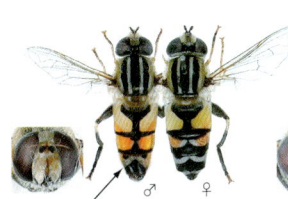

白色紋はW型。
キカオアシブトハナアブ△○
①6月
②14〜17mm
③平地
＊大型。顔に暗色の中条がある。♂は離眼的。

キベリアシブトハナアブ
①6〜8月
②10〜13.5mm
③平地〜山地
＊顔に明瞭な黒色中条がある。♂は離眼的。

アシブトハナアブ🔵
①4〜10月
②10.5〜14.5mm
③平地〜山地
＊♂は離眼的。

シマアシブトハナアブ○
①6〜7月
②10〜13mm
③平地
＊顔に黒色中条はない。後脚は脛節の基部以外は全て黒色。♂は離眼的。

キヒゲアシブトハナアブ△○🟠
①6〜7月
②9mm前後
③湿地
＊♂は離眼的。触角は黄色。胸部の縦条は幅広い。個体変異がいちじるしい。

マガリモンハナアブ🟠
①5〜7月
②8〜11mm
③平地〜山地

214 ハエ目　　ハナアブの仲間

オオモモブトハナアブ○

①7〜8月
②20mm前後
③山地　＊♂の腿節はいちじるしく太い。

カオグロオオモモブトハナアブ

①7〜8月
②16.5〜20mm
③山地
＊顔面は前種より突出。

ヒメハラブトハナアブ△○

①6〜7月
②11.5mm前後
③山地　＊♂も複眼は離れる。

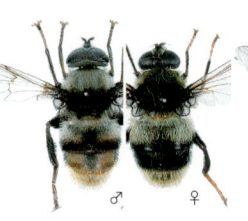

ニッポンミケハラブトハナアブ○

①6〜7月
②17〜18.5mm
③山地

フタガタハラブトハナアブ○

①7〜8月
②16〜18mm
③山地
＊♂の腹部第2節後半と胸背中央に黒色毛による横帯がある。

トゲミケハラブトハナアブ○

①6〜7月　②15〜17mm
③平地〜山地
＊♂は複眼が無毛で後腿節がいちじるしく太く，後転節には毛の密集したとげ状突起がある。

タカオハナアブの一種

①6月
②15〜19mm
③山岳部

ツマキモモブトハナアブ○

①5〜7月
②10〜15mm
③山地

モモブトハナアブ属の一種A△○

①6〜8月
②13.5mm前後
③山岳部

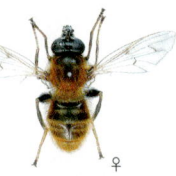

モモブトハナアブ属の一種B○

①6〜7月
②13〜15mm
③山地

マルハナバチに擬態するハナアブの仲間

オオモモブトハナアブ，ハラブトハナアブ，モモブトハナアブ，ムナキハナアブなどの仲間は，マルハナバチによく似ていて見間違うことが多い。

エゾトラマルハナバチ働きバチ	オオモモブトハナアブ	カオグロオオモモブトハナアブ
エゾオオマルハナバチ働きバチ	フタガタハラブトハナアブ♂	タカオハナアブの一種
エゾコマルハナバチ♂	フタガタハラブトハナアブ♀	タカオハナアブの一種
アカマルハナバチ働きバチ	ムナキハナアブ♂	アイヌヒメマルハナバチ働きバチ

216 ハエ目　　　　　　　　　　　　　　　　ハナアブの仲間

マツムラナガハナアブ
① 7〜9月
② 18〜23mm
③ 平地〜山地

スズキナガハナアブ〇
胸部背面後半にハの字型の黄色紋がある。
① 7〜9月
② 16〜20.5mm
③ 平地〜山地

ジョウザンナガハナアブ〇
① 6月
② 18〜22mm
③ 山地

ヨコジマナガハナアブ
① 7月
② 13〜22mm
③ 山地

ヒメヨコジマナガハナアブ
① 6〜7月
② 12.5〜17mm
③ 山地

シロスジナガハナアブ〇
① 6〜8月
② 21mm前後
③ 山地

ニトベナガハナアブ●
① 8月　② 9.5〜15mm
③ 平地〜山地

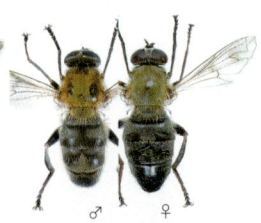

ムナキハナアブ
① 7〜8月　② 12.5〜15mm
③ 山地
＊翅のR4+5脈が強く曲がる。

ハナアブの仲間　　　　　　　　ハエ目 217

スズメバチに擬態するハナアブの仲間

ナガハナアブの仲間は，スズメバチによく似ていて，スズメバチと見間違うことが多い。

| モンスズメバチ女王 |  マツムラナガハナアブ |  モンスズメバチ働きバチ |

| キイロスズメバチ働きバチ（ケブカスズメバチ） |  ヨコジマナガハナアブ |  キオビホオナガスズメバチ女王 |

| キオビホオナガスズメバチ働きバチ | キオビクロスズメバチ女王  | ヨコジマナガハナアブ
前脚を触角に似せて止まる。 |

| シダクロスズメバチ働きバチ |  ヒメヨコジマナガハナアブ |  ニトベナガハナアブ |

218 ハエ目　　　　　　　　　　　　ハナアブの仲間

ヨコモンハナアブ○
①5〜8月　②9.5〜13.5mm
③山地

ナルミハナアブ○
①5〜7月　②10.5〜13.5mm
③山地

オオフタモンハナアブ◎
①6〜10月　②9mm前後
③山地

ハナブトハナアブの一種○●
①6〜7月　②7〜8mm
③山地

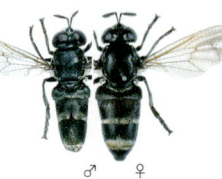

フタオビアリノスアブ○
①6〜7月　②11〜14mm
③山地

ヒゲナガアリノスアブ○
①6〜7月　②12mm前後
③山地

＊アリノスアブ類は，アリの巣に寄生する。

ヒメルリイロアリノスアブ
①7月　②6〜7mm
③山地

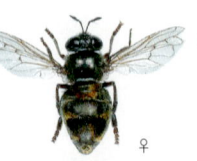

（日高町産）
コマチアリノスアブ◎
①6〜7月　②12.5mm前後
③山地　＊圏内に生息する。

ニシキアリノスアブ
①6〜7月　②11〜14mm
③山地

ヒゲナガアリノスアブ　6/27

ヒメルリイロアリノスアブ　7/15

ニシキアリノスアブ　7/13

ハナアブの仲間　　　　　　　　　　　　　ハエ目 219

キガオハラナガハナアブ◎🟠
①7～8月　②15mm前後
③山地

カバアシハラナガハナアブ○
①7～8月　②10～12mm
③山地　＊前・中脚は暗褐色～黒色。

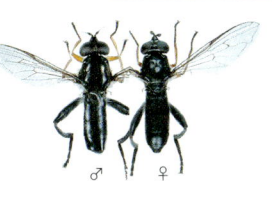

キアシハラナガハナアブ
①6～7月　②9.5～12.5mm
③平地～山地
＊前・中脛節は黄色。

クロハラナガハナアブ○🟠
①6～7月　②12～19mm
③平地～山地　＊翅の先端に境界の明瞭な暗色部がある。後脛節先端のとげは極めて長い。

モモアカハラナガハナアブ○
①8～9月　②16mm前後
③山地

ヨツモンハラナガハナアブ○
①6～8月
②7～10mm
③平地～山地

ナミルリイロハラナガハナアブ🟠

①6～9月　②8～10.5mm
③平地～山地
＊後脛節の基部腹面に黒色の短剛毛列がある。近似種ミヤマルリイロハラナガハナアブとは胸背の縦条が不明瞭、♂の後転節のとげは長い、♀の額は全面は白粉でおおわれる点で区別できる。この他に**後脛節の基部腹面に黒色の短剛毛列がない仲間や後脛節の基部腹面に短い黒毛がある仲間**など近似種は多い。

クロハラナガハナアブ　6/22

キバラナガハナアブ◎
①8～9月
②20mm前後
③山地

220　ハエ目　　ベッコウバエ、ヤチバエ、トゲハネバエ、ヒロクチバエ、シラミバエ、フンバエの仲間

ベッコウバエ科

ベッコウバエ
①9〜10月　②12mm前後
③平地〜山地の樹幹、腐肉、糞、樹液などに集まる

ヤチバエ科
幼虫は水生および陸生の貝やカタツムリ類を食べる。

→成虫は死んで間もない貝、ミミズや動物の糞尿などを吸う。

ヤチバエの一種●　6/30
①8〜11月　②8〜9mm
③山地の湿地の草上

トゲハネバエ科
幼虫は腐食質を食べる。

トゲハネバエ科の一種●
①5〜12月
②9mm前後
③山地

トゲハネバエ科の一種　5/21

ヒロクチバエ科
幼虫は植物質や動物質を食べる。

ミスジヒメヒロクチバエ　6/28

シラミバエ科
コウモリ以外の哺乳類と鳥に外部寄生する。幼虫は♀の体内で分泌物を与えられて育ち、さなぎになる直前に産み出される。

フンバエ科
成虫は他の昆虫を捕食する。幼虫は糞、腐敗物を食べるものが多い。その他、植物の茎などにもぐったりする種や捕食性の種もある。

アオバトシラミバエ●
（ハトシラミバエ）
①7〜8月　②5mm前後
③山地

ヒメフンバエ
♂　♀
①5〜9月　②7〜9mm
③平地〜山地

キアシフンバエ
①5〜9月　②7mm前後
③山地

ヤドリバエの仲間

ヤドリバエ科 クロバエに似るが，腹部には後ろ向きの剛毛が目立つものが多い。成虫は花の蜜などをなめ，幼虫は昆虫の幼虫などに寄生する。林業上の益虫でもある。種数は多い。

ヨコジマオオハリバエの一種
①4〜9月 ②10〜16mm
③平地〜山地

クロツヤナガハリバエ
①6〜8月 ②10mm前後
③平地〜山地 ＊翅は暗色で基部は黄色を帯びる。

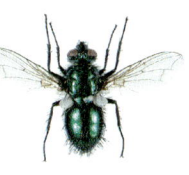

ルリハリバエ属の一種
①5〜7月 ②11mm前後
③平地〜山地
＊腹部先端に剛毛が多い。

ダイミョウヒラタヤドリバエ
①5〜7月 ②8〜12mm
③山地 ④カメムシ類に寄生 ＊個体変異は大きい。

カイコノウジバエ
①5〜6月 ②12mm前後
③山地 ④カイコその他の鱗翅目の幼虫に寄生

ブランコヤドリバエ
①6〜10月 ②12mm前後
③平地〜山地

シナヒラタヤドリバエ 7/7
①6〜10月 ②7〜11mm
④カメムシ類に寄生

ビロウドハリバエの一種 5/5
①5〜6月 ②10〜14mm ③山地

セスジハリバエの一種
①4〜9月 ②9〜13mm
③平地〜山地

クチナガハリバエ 8/15
①7〜9月 ②10mm前後
③平地〜山地

アカアシナガハリバエ 8/22
①5〜9月 ②10mm前後
③山地

アカヒョウタンハリバエ
①6〜9月 ②11〜13mm
③平地

222 ハエ目　　　　　　　　　　　　　クロバエの仲間

クロバエ科 体は太りぎみで，金属光沢のあるものが多い。成虫は，花，植物，生ゴミ，腐肉上などに見られる。卵は，腐肉，生肉，糞などに産まれ，幼虫(ウジ虫)はそれらを食べる。直接幼虫を産む種もいる。

ミヤマキンバエ

①5〜10月　②8〜10mm
③平地〜山地
＊やや大型。腹部背板後縁に明瞭な黒横帯がある。

ミドリキンバエ

①5〜10月　②6〜9mm
③平地〜山地
＊♂の複眼はやや離れ，鱗弁が白色を帯びる。

キンバエ

①5〜10月　②6〜10mm
③平地〜山地
＊♂第2生殖節が大きく丸く金属光沢。色は黄緑，黄赤，青藍。近似種は多い。

ケブカクロバエ

①4〜10月　②8〜11mm
③平地〜山地
＊前翅内剛毛が欠如。

ルリキンバエ

①4〜10月　②9.5mm前後
③山地　＊瑠璃色で腹部は平たい。第2胸弁の縁が黒い。♂の複眼は離れる。

コガネキンバエ

①4〜10月　②7〜8mm
③山地
＊♂の生殖節は普通の大きさで金属光沢はない。

オオクロバエ

①4〜10月　②9〜13mm
③平地〜山地，人家にも多い　＊下顎三角部の毛が黒い。前気門は橙色。

ミヤマクロバエ

①4〜10月　②8〜12mm
③平地〜山地
＊下顎三角部の毛が橙黄色。前気門は暗褐色。

ホホアカクロバエ

①5〜11月　②7〜11mm
③平地〜山地
＊顔面の下部が赤い。

6/28 キンバエとミドリキンバエ

マルヤマトリキンバエ

①4〜10月　②9mm前後
③山地　④鳥の巣で幼鳥から吸血する

ウズキイエバエモドキ

①4〜10月　②7〜8mm
③平地〜山地

ニクバエ，イエバエの仲間　　　　　　　　　　　　　　　ハエ目 223

ニクバエ科　体はやや細長く，灰色で，胸部には縦のすじがある。ニクバエの名は，動物の肉部に食い入る種が多いことによる。多くの種は幼虫を産む。幼虫はウジで，腐肉を食べるものと，昆虫や動物に寄生するものがいる。

ナミニクバエ
①4～9月　②12mm前後
③平地～山地，人家付近
④幼虫は人畜の糞，動物死体などに発生する
＊近似種は多い。

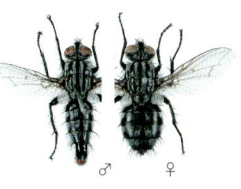

キタシリアカニクバエ
①5～9月　②9～12mm
③平地～山地
＊♂の第1,2生殖背板と♀の第6節以下が赤色を呈する。

ナミニクバエ 4/27

イエバエ科　多くは地味な色をしている。成虫の口器は一般にスポンジ状で，花蜜，排泄物，腐敗物，家畜の汗や血などをなめる。吸血性のものは，針状の刺す口を有する。幼虫はウジで，おおよそ1週間程でさなぎになる。

オオイエバエ
①4～10月　②9mm前後
③平地～山地　④人畜の糞，動物死体など
＊脛節は褐色を帯びる。

セアカクロバエ
①4～9月　②8mm前後
③山地　④腐肉など　＊小顎肢は黒色。オオセアカクロバエとクロオオイエバエの小顎肢は橙色。

オオクロイエバエ
①5～9月　②11mm前後
③山地の花　＊翅脈m1+2は直線状で前胸腹板に小剛毛がある。

キタミドリイエバエ
①5～9月　②8.5mm前後
③平地～山地　④獣糞など

セスジミドリイエバエ
①5～9月　②9mm前後
③山地

キバネクロバエ
①6～10月　②10～12mm
③山地　④クマの糞

トビケラ(毛翅 もうしもく)目

札幌市南区百松沢　　　　　　　　　　ムラサキトビケラ　7/18

トビケラ目 チョウやガに体の基本的な構造がよく似ていて、チョウ目と共通祖先から分かれた仲間と考えられている。チョウでは体が鱗粉でおおわれているのに対し、トビケラでは体や翅が小毛でおおわれている。屋根形に止まり、ガによく似ている。成虫は、多少の水分をとるか、何も食べないものが多いと考えられている。幼虫はイモムシ形、水生で、口から糸を出して石の下に巣網（シマトビケラ上科）をつくったり、小石や植物片でミノムシのような筒巣（エグリトビケラ上科）をつくったり、巣をつくらない種（ナガレトビケラ科）などがある。河川の上流〜下流、湖沼などに広く生息し、藻類、有機物のくず、小さな生き物などを食べる。幼虫期は一般に5齢で完全変態をする。

＊トビケラ目の体の大きさは、頭部先端から腹部先端までの体長で示した。

トビケラ科 翅に褐色〜灰色の紋をもち、時にはまだら状。幼虫は流れのゆるやかな川、沼、池などにすむ。幼虫は、植物片を張り合わせて円筒形の巣をつくる。

ムラサキトビケラ

①6〜9月 ②20〜26mm
③平地〜山地の池沼、川のよどみ周辺
④幼虫はおもに肉食
＊幼虫は落葉を長方形に切り、円筒らせん状の巣をつくる。

ウンモントビケラ属の一種●

ムラサキトビケラの巣と幼虫

①6〜9月 ②14mm前後
③山地の川辺

226 トビケラ目　　エグリトビケラの仲間

エグリトビケラ科 翅は淡い褐色～黄色で光沢を帯びる。幼虫は，河川や湖沼など広く分布する。砂粒や植物質で筒巣をつくる。

スジトビケラ属の一種●

①7～9月　②19～22mm
③平地～山地の池沼，川辺
④水生植物
＊幼虫は草木片をつづって円筒形の巣をつくる。

ジョウザンエグリトビケラ

①8～9月　②14～17mm
③山地の渓流
＊幼虫は草木片をつづって円筒形の巣をつくる。

トビモンエグリトビケラ●

①5～6月
②11～15mm
③山地の川

トビモンエグリトビケラ　5/16

トビモンエグリトビケラの巣と幼虫

ヒゲナガカワトビケラ科 トビケラ科に似るが，触角がより長い。幼虫は清流やゆるやかな流れの石下や砂底にすみ，巣網を張り，流れてくる有機物のくずや藻類，小さな生物などを食べる。

ヒゲナガカワトビケラの巣 6/10

幼虫 6/12

ヒゲナガカワトビケラ●
①4〜10月 ②14〜20mm
③平地〜山地の流れのある川付近
④珪藻や小動物

流水の礫間に砂粒や小礫を用いて粗末な巣をつくり，絹糸で捕獲網を張る。

成虫 6/20

シマトビケラ科 翅は半透明かくすんだ色をしている。幼虫は石などの間にじょうご形の網を張って近くにすみ，小さな生き物，藻類，細かい有機物をとらえて食べる。発電所の送水管の内壁に多数巣をつけて，流速を低下させるため，発電害虫としても知られる。

シマトビケラ科の一種●
①6〜9月 ②9mm前後
③山地の清流付近
④珪藻や小動物

6/12

ウルマーシマトビケラの幼虫

幼虫は清流にすみ，砂粒や植物辺で巣をつくる。巣の入口から上方に糸でじょうご形の網を張る。

チョウ(鱗翅)目
りんしもく

札幌市手稲区星置　　キアゲハ　7/28

チョウ目 229

チョウ目 体は，毛の変化した鱗粉でおおわれ，大きな翅をもつ。ほとんどは水や蜜を吸うためのストローのような口をもつ。ガの仲間では口が退化して，成虫では何も食べない種類もある。学問上，チョウとガは特に区別されるものではない。チョウとガという言葉の概念は，古くから日本に受けつがれてきたもので，日中活動する一群をチョウ，日中も活動するがおもに夜間活動する一群をガと区別したと考えられる。チョウ，ガともに日中活発に活動する種はあざやかで目立つものが多い。外国ではチョウとガを区別しなかったり，ガという言葉のない国もある。コバネガ亜目，スイコバネガ亜目，コウモリガ亜目，単門亜目，二門亜目の5亜目に分けられ，チョウを含む大部分の科は二門亜目に含まれる。日本ではいわゆるチョウは約240種，ガは5000種(2000年時点)以上が知られている。

＊チョウ目の体の大きさは，翅を開いた時の左右の翅の両端間の長さ(開長)とした。

圏内のチョウ目

雪解け直後の4月，低山地では，成虫で長い冬を越えたクジャクチョウやエルタテハなどが現れる。平地では，モンシロチョウの仲間やアゲハチョウが飛び始め，春の到来を告げる。晴れ間の続く5月下旬～6月上旬には，林道上の水たまりで，ミヤマカラスアゲハやサカハチチョウが吸水する姿をよく見かける。ミヤマカラスアゲハは，稀に100頭以上の大集団で吸水する姿を目にすることもある。山地の岩場には，ジョウザンシジミが発生する。夜，山地の外灯には，エゾヨツメが現れる。6月中旬，各地の林道上では，しばしば吸水するオオイチモンジの姿を見かける。山地の灯火採集では，この時期，多くのオオミズアオの姿を目にすることもある。6月下旬～7月中旬には，ミドリシジミの仲間が樹上を飛び交う。ミドリシジミの仲間は，山地では，時間と場所にもよるが一般にジョウザンミドリシジミが多い。海岸部のカシワ林では，ウラジロミドリシジミ，ハヤシミドリシジミが多く，キタアカシジミ，ウラミスジシジミなども産する。海岸部の草原では，草原性のチョウで平野部では少なくなったギンイチモンジセセリ，続いてカバイロシジミが現れる。八剣山では，オオムラサキがエゾエノキの樹上を飛び交う。藻岩山や円山では，1980年代までは多く見られたが，近年では少ない。同じ場所に生息するゴマダラチョウは，近年姿を消し絶滅した可能性が高い。7月下旬～8月，林道上では，ミヤマカラスアゲハの夏型が吸水し，コムラサキ，キバネセセリなどが獣糞に集まる。山地の花には，コヒョウモンやミドリヒョウモンなどのヒョウモン類，ベニヒカゲなどのジャノメチョウ類，セセリチョウ類，シロチョウ類，アゲハ類が吸蜜に集まる。8～9月，山地の外灯にはクスサンが多く，しばしばベニシタバなどの後翅の美しいシタバガの仲間も見ることができる。9～10月，夜が冷え込み始めるとクロウスタビガが出現する。ウスタビガは圏内では比較的少ない。

230 チョウ目　　　コウモリガ, ヒゲナガガ, ミノガの仲間

コウモリガ亜目コウモリガ科　体のつくりは原始的。口器は退化し, 触角は短い。日暮れ時にとても速く飛ぶ。幼虫は, 草木の茎, 幹や根に食い入り, 入口に糞を出してふたをする。広食性で, 草木の害虫とされる。

キンスジコウモリ

①6〜7月　②30mm前後　③山地
④ヨーロッパではワラビの根

キンスジコウモリ　6/23

単門亜目ヒゲナガガ科　小型。特に♂の触角が長い。昼間, 花に止まることが多い。口吻は, 長く発達している。

ヒゲナガガの一種♀　6/12
ヒゲナガガの一種🔵🟠

①5〜7月　②18〜20mm　③山地
＊♀の触角は♂より短い。

ヒゲナガガの一種♂　6/14

二門亜目ミノガ科　小型。♂は翅があって飛ぶことができるが, ♀は, 翅があるものから, 翅も脚もないウジ状のものまである。翅のない♀は一生ミノの中で過ごす。本書において**本科以下のチョウ目は, 全て二門亜目に属す。**

キタクロミノガ♂🔴幼

①5〜6月　②17〜19mm
③平地〜山地

♀は, 翅がなく,
脚もほとんど退化
している。

キタクロミノガの幼虫　5/10

ハマキガ，ホソハマキモドキガの仲間　　チョウ目 231

ハマキガ科　おもに小型。前翅にまだら模様の紋がある。後翅は前翅と同幅かやや幅広で台形に近い。口吻は発達する。止まる姿はベル状。幼虫は，葉を巻いたりつづり合わせて，その中で葉を食べることが多い。

キボシエグリハマキ
①8〜9月　②22mm前後
③山地

キオビヒメハマキ
①6〜7月　②14mm前後
③山地

ウスアオハマキ
①9〜10月，越冬
②20mm前後
③平地

キオビヒメハマキ 6/25

モンギンスジヒメハマキ 6/14

ウスアミメキハマキ 7/5

ギンムジハマキ 6/30

プライヤヒメハマキ

ギンボシトビハマキ

①6〜7月　②22mm前後
③平地〜山地　④イネ科など

①6〜9月　②19〜21mm
④フキ，ヨブスマソウなど

①6〜9月　②15mm前後
④カシワなど

ホソハマキモドキガ科

オオアトキハマキ 幼
①6〜9月　②20〜31mm
③平地〜山地　④多食性

オオアトキハマキ 7/20

シロオビホソハマキモドキ 6/14

232 チョウ目　　　スカシバガ, ニセマイコガ, イラガの仲間

スカシバガ科　小〜中型。翅に比べて体が大きく, 翅が透明なためハチのように見える。触角はこん棒状。昼行性。幼虫は樹木の幹の中で生活し, 普通, 成虫になるのに2年かかる。

ミチノクスカシバ●
①5〜6月　②30mm前後
③山地　④ブドウ, エビヅル

モモブトスカシバ●
①7〜8月
②23mm前後
③山地

キタスカシバ○●　8/2
①7〜8月　②43mm前後
③山地　④ポプラなど

ニセマイコガ科　小型。幼虫は植食の他, 捕食性のものもある。

セグロベニトゲアシガ
①7〜8月　②15mm前後
③平地〜山地　④クマザサ上のワタアブラムシ類

ベニボタルに擬態する
セグロベニトゲアシガ　7/10

イラガ科　小〜中型。体は太く短く毛深い。翅は短く丸みをもつ。幼虫は平たく肉状突起に毒針をもつものが多い。これに触れるとズキンと痛み, その後かゆくなる。さなぎは鳥の卵のようなまゆをつくる。

クロシタアオイラガ●
①6〜8月　②21〜29mm
③平地〜山地　④クリ, サクラ, ウメなど

イラガ 幼
①6〜8月
②30mm前後
③平地〜山地
④多食性で種々の植物

イラガ　6/15

チョウ目 233

マダラガの仲間

マダラガ科 小〜大型。体の形や触角の形はいろいろ。口吻は一般に発達しているが退化しているものもある。昼行性のものが多い。幼虫，成虫とも捕食動物が嫌う臭いや分泌物を出すものが少なくない。

ブドウスカシクロバ 幼
①6〜7月 ②27mm前後
③山地の花 ④ブドウ

オオスカシクロバ ●
①3〜5月 ②21mm
前後 ③平地〜山地の花

キスジホソマダラ
①7〜8月 ②21mm前後
③平地〜山地の花

シロシタホタルガ △● 幼
①7〜8月 ②49〜54mm
③平地 ④サワフタギ

ミノウスバ ●
①9〜10月 ②20〜25mm
③山地 ④ニシキギ，マユミ
などニシキギ科

ブドウスカシクロバ 7/7

シロシタホタルガ 7/22

234 チョウ目　　　マダラガ，マドガ，メイガの仲間

オオスカシクロバ 4/27

キスジホソマダラ 7/7

マドガ科　多くは小型。幼虫は葉を巻くものが多い。

アカジママドガ

①6〜7月　②22mm前後
③平地〜山地

メイガ科　小〜中型。止まる時に屋根状になるものが多い。体と脚は細く，口吻の発達するものが多い。種類は多く，作物の害虫となるものも多い。

シロオビノメイガ

①9〜10月　②22mm前後
③平地〜山地　④種々の植物

クロフトメイガ

①8〜9月　②25mm前後
③山地

マメノメイガ

①9月　②25mm前後
③平地〜山地　④アズキなど

マエアカスカシノメイガ 8/22

①8〜9月　②30mm前後
③平地〜山地　④イボタノキなど

トビイロシマメイガ 8/10

①7〜9月　②15〜20mm
前後　③平地〜山地

ヨツメクロノメイガ 6/30

①7月　②24〜27mm
③山地の湿った林道

メイガ，トリバガ，イカリモンガの仲間　　　　チョウ目 235

マダラミズメイガ●
①8月　②31mm前後　③平地の沼，川付近　④スイレン属，ヒメコウホネ，ジュンサイ，ヒシ

キイロフチグロノメイガ
①8〜9月　②30mm前後　③山地

ヨツボシノメイガ
①7〜8月　②32mm前後　③平地〜山地

> **トリバガ科**　小型。前翅は2〜4，後翅は3つの羽状翅に分かれるものが多い。脚には，長いとげがある

チョウセントリバ△
①7〜8月　②23mm前後　③平地　④ハマナス

チョウセントリバ　7/28

トリバガ科の一種　8/6

> **イカリモンガ科**　小型。胴体は細く一見チョウのようである。口吻は発達している。昼間，林の中を飛ぶ。日本では2種類のみ。

イカリモンガ

赤い紋がイカリのように見える。

①4〜9月，越冬　②30mm前後　③山地　④イノデ(オシダ科)

イカリモンガ　8/19

チョウ目　　セセリチョウの仲間

セセリチョウ科 体は太く，触角はこん棒状で，先端は曲がりとがっている。他のチョウとはちがった進化の過程をたどったと考えられている。飛び方はとてもすばやく，各種の花や湿った地面，糞などに集まり，自分の排出物を吸い戻す習性がある。

♂　♀　♂うら

コキマダラセセリ●

①7月　②26〜32mm　③平地〜山地の林間の草原，道沿い（平地に多い）　④ススキ，イワノガリヤス，スゲ類など

♂　♂うら

北海道では個体数は少ない。北海道では札幌〜上川支庁以南の道央〜西南部に生息する。

ヘリグロチャバネセセリ△○●

①6〜7月　②29mm前後　③平地〜低山地の林間草原　④スゲ類

コキマダラセセリ♂　8/2　　オオチャバネセセリ　7/15

セセリチョウの仲間   チョウ目 237

♂   ♀   ♂うら

コチャバネセセリ

①6〜8月 ②26〜31mm ③平地〜山地の林縁，林道沿い（山地に普通）
④クマイザサ，チシマザサなど

♂   ♀   ♂うら

オオチャバネセセリ

①7〜8月 ②31〜36mm ③平地〜山地の林間草原，林道沿い（山地に普通）
④クマイザサ，ミヤコザサ，スズタケなど

♂   ♂うら

日本全土で採集されているが，越冬定着地は本州関東以西にあるものと考えられている。北海道では，夏以降に現れる。

イチモンジセセリ○

①8〜9月 ②32mm前後 ③平地〜低山地の草原
④イネ科各種，カヤツリグサ科

キマダラセセリ 7/28   ミヤマセセリ 6/16

238 チョウ目　　　　　　　　　　セセリチョウの仲間

♂　　　　　　　♀　　　　　　♂うら

キマダラセセリ△○

①6〜7月　②29mm前後　③平地〜低山地の林間草原　④ススキ，ササ類の一部などのイネ科

個体数は少ない。北海道では札幌以南の南西部に生息する。

♂　　　　　♂うら

後翅に銀色の帯が1本入ることから，この名がついた。圏内での生息地は限られる。

ギンイチモンジセセリ△○

①6〜7月　②29mm前後　③平地〜低山地の草原　④ススキなど

ギンイチモンジセセリ　6/26

セセリチョウの仲間　　　　　　　チョウ目 239

ミヤマセセリ△○

①5〜6月　②30〜35mm　③平地〜山地の林道沿い
④ミズナラ, コナラ, カシワ

キバネセセリ●

①7〜8月　②36〜41mm　③平地〜山地の林道沿いなど(山地に多い)　④ハリギリ(センノキ)

キバネセセリ　7/31

240 チョウ目　　　　　　　　　　アゲハチョウの仲間

アゲハチョウ科　大形。後翅に尾状突起をもつものが多い。幼虫は触ると臭い角を出す。翅や脚のつくりから，チョウ類の中でも原始的なグループとされている。

中室に黒いすじがある。

♂　　　　　　　　　　♂うら

アゲハ(ナミアゲハ) 幼

①5～9月　②60～80mm　③人家近くの林の周り，庭先
④サンショウなどのミカン科の木，ヨーロッパ原産のハーブとして売られているルー(ミカン科)も食べる

黒いすじがない。

♀　　　　　　　　　　♀うら

キアゲハ 幼

①6～9月　②60～86mm　③平地～高山の道沿いや草原，庭先　④セリ科のエゾニュウ，オオバセンキュウ，アマニュウ，ハクサンボウフウ，ニンジンなど

幼虫は見つけやすく，飼いやすいので生態観察や飼育に適している。

アゲハの卵・幼虫・さなぎ

卵と1齢幼虫　　4齢幼虫　　終齢(5齢)幼虫　　さなぎ(緑色型)　　さなぎ(褐色型)

キアゲハの卵・幼虫・さなぎ

卵　　3齢幼虫　　脱皮直前の4齢幼虫　　終齢(5齢)幼虫　　さなぎ(緑色型)

幼虫は5回脱皮してさなぎになる。小さな幼虫のころは、鳥の糞に似せて、敵から身を守っている。**終齢幼虫**[*]は、体の地色が緑色に変化し、触ると首から臭いのするオレンジ色の角を出す。さなぎは、茶色型と緑色型があり、その色はさなぎになる時の周りの環境に左右されるという。

[*]**終齢幼虫**：さなぎになる前の幼虫のこと。アゲハの仲間では、5齢が終齢に当る。1齢は卵から出てきたばかりの幼虫、2齢は1回目の脱皮を終えた幼虫のこと。

庭先などのミカン科の木にアゲハが、セリ科の植物にはキアゲハが、よく飛んできて卵を産みつける。成虫は、春、夏、夏遅くの3回発生する。夏型は、春型より大型になる。

エゾニュウの葉に産卵するキアゲハ

242 チョウ目　　　　　　　　　　アゲハチョウの仲間

ミヤマカラスアゲハ　春型♂　　♂は性標がある。　　　春型♀

ミヤマカラスアゲハ　夏型♂　　　　春型♂うら

ミヤマカラスアゲハ●

①5～9月(春と夏の年2回発生)　②72～107mm
③林道沿いの花や水たまり　④キハダ

アゲハチョウの仲間　　　　　　　　チョウ目 243

カラスアゲハ　春型♂　　　　♂は性標がある。　　　　春型♂うら

カラスアゲハ

①5〜9月(春と夏の年2回発生)　②80〜100mm
③林道沿いの花や水たまり　④キハダ，サンショウ，ツルシキミ

ミヤマカラスアゲハやカラスアゲハは，林道の湿地で集団で吸水するが，ほとんどが♂で♀は少ない。吸水中は，お尻から水を放出する"ポンピング行動"がよく見られる。

ミヤマカラスアゲハとカラスアゲハのちがい

ミヤマカラスアゲハでは，後翅(後ろ翅)のうら面に白い帯があり，カラスアゲハでは白い帯はない。ただし，ミヤマカラスアゲハの夏型では，時にうら面の白い帯が消えかける個体も見られる。

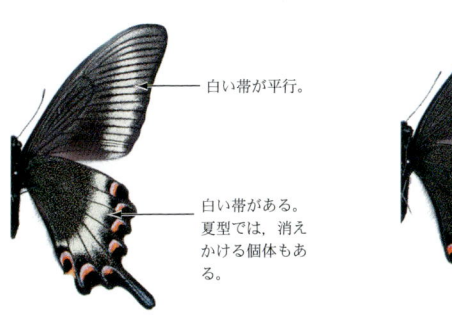

白い帯が平行。

白い帯がある。夏型では，消えかける個体もある。

白い帯が逆三角形。

白い帯がない。後翅の形がやや縦に長い。

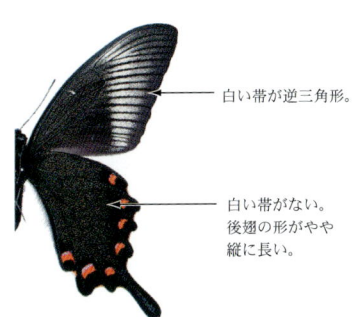

ミヤマカラスアゲハのうら　　　　　**カラスアゲハのうら**

244 チョウ目　　　　　　　アゲハチョウの仲間

ミヤマカラスアゲハ♂　8/3

カラスアゲハ♀　6/23

ミヤマカラスアゲハ♂　8/3

ミヤマカラスアゲハ♂　8/3

ミヤマカラスアゲハの集団吸水　8/3

アゲハチョウの仲間　　　　チョウ目 245

♂　　　　　　　　　　　♂うら

オナガアゲハ

①5～6, 8月　②75～85mm
③山地の林道沿い　④ツルシキミ

春と夏の年2回発生するが, 夏は少ない。

オナガアゲハ　6/4

オナガアゲハ　6/4

ミヤマカラスアゲハ　5/29

カラスアゲハ♂　6/4

246 チョウ目　　　　　　　　　　　　　アゲハチョウの仲間

(恵庭市産) ♂　　　　(恵庭市産) ♀

ウスパシロチョウ◎

①6月　②55〜57mm　③平地〜山地の明るい林内，林間の草原
④エゾエンゴサク，ムラサキケマン　＊札幌市内では，一時的に発生が見られることがあるが稀。小樽市には生息しない。

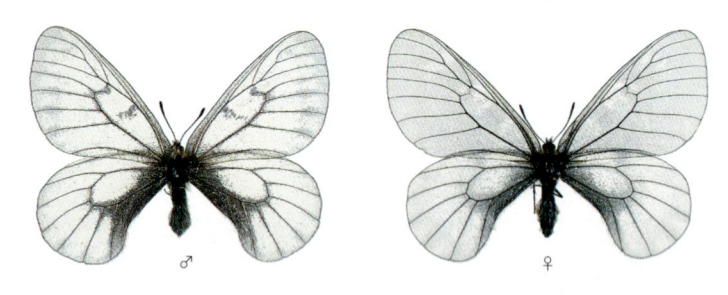

♂　　　　♀

ヒメウスパシロチョウ△★

①6月　②52〜57mm　③山地の林間の草原，林縁
④エゾエンゴサク

かつては，山麓の疎林でよく見られたが，近年では，民家が山麓までせまり，山麓の生息地はなくなり，山中の林縁の草原に点在するだけとなった。圏内に生息するヒメウスパシロチョウの♀の翅は黒化する個体が多い。

ヒメウスパシロチョウとウスパシロチョウのちがい

ウスパシロチョウは，胸部側面と下腹部側面の毛が黄色で翅もやや黄色みを帯びる。ヒメウスパシロチョウでは灰色みを帯びる。

ウスパシロチョウ　　　　　　　**ヒメウスパシロチョウ**

♂の腹部 　　♀の腹部　　　　　　♂の腹部 　　♀の腹部
　　　　　　　交尾板　　　　　　　　　　　　交尾板

氷河期の生き残り

日本に生息するウスバシロチョウの仲間は，**ウスバキチョウ**(大雪山)，**ウスバシロチョウ**(北海道，本州，四国)，**ヒメウスバシロチョウ**(北海道)の3種類である。いずれも体は毛深く，翅はいくぶん透き通っている。ユーラシア大陸ではウスバシロチョウの仲間は，高い山の上に生息している種類が多く，日本にすむウスバシロチョウの仲間は，氷河時代に大陸から渡って来たと考えられている。シロチョウの仲間に見えるが，実はアゲハチョウの仲間である。ウスバシロチョウの仲間では，交尾した♀は，腹の先に硬い交尾板(左ページ下の図)をつけている。これは♂が交尾した♀が他の♂と交尾できないようにするために，自分の粘液でつくった殻を♀の下腹部につけるもので，同じアゲハチョウ科のギフチョウやヒメギフチョウにも見られる。

ヒメウスバシロチョウ 6/9

248 チョウ目　　　　　　　　　　シロチョウの仲間

シロチョウ科　中型で，白や黄色でやさしい感じのチョウ。家の周りなどでよく見られる。アブラナ科やマメ科を食べるものが多く，キャベツやダイコンなどの害虫となる。

夏型♂　　　　　　　　　　　　　夏型♀

モンキチョウ🔵

①5〜10月（年3〜4回発生）　②44〜53mm
③平地〜山地の草原，牧草地
④シロツメクサ，アカツメクサ，クサフジ，シナガワハギ，ムラサキウマゴヤシなどマメ科
＊♂は黄色，♀は一般に白色だが，時に黄色の♀も見られる。

♂

エゾシロチョウ（幼）

①6〜7月　②64〜68mm　③市街地〜山地
④サクラなどバラ科の樹木
＊卵はかためてたくさん産みつけられ，幼虫は集団で発生・生活する。単独で飼育すると発育が遅れることが確認されている。

6/23
集団で吸水するエゾシロチョウ

幼虫

シロチョウの仲間　　　　　　　　　チョウ目 249

春型  ♂　　　　　　　　　　　　　春型 ♀

モンシロチョウ 幼

①5〜9月　②41〜49mm　③人家の庭先や畑の周辺
④キャベツ，ダイコンなどアブラナ科の栽培種

夏型  ♂　　　　　　　　　　　　　夏型 ♀

オオモンシロチョウ 幼

①5〜9月　②52〜60mm　③平地〜山地の林道沿い，人家の庭先や
畑の周辺　④キャベツ，ダイコン，セイヨウワサビなどアブラナ科

モンシロチョウとオオモンシロチョウのちがい
オオモンシロチョウは，モンシロチョウに比べて大型で，前翅の先端部の黒色部が弓なりに長く続く（上の図の矢印部）。

日本には生息していなかったオオモンシロチョウ
オオモンシロチョウは，もともとヨーロッパから中央アジアに生息していた。日本では1995年に北海道京極町で初めて採集され，その後1996年には青森県，1998年には長崎県対馬でも採集されるなど，急速に生息範囲を広げている。モンシロチョウは，1個ずつ卵を産みつけるのに対し，オオモンシロチョウは一度にたくさんの卵を産む。

モンシロチョウの卵，幼虫　　　　　　オオモンシロチョウの卵，幼虫

250 チョウ目　　　　　　　　　　　シロチョウの仲間

春型♂　　春型♀　　春型♂うら　　春型♀うら

スジグロシロチョウ 幼

①5〜8月　②41〜55mm　③平地〜山地　④コンロンソウ他各種のアブラナ科(栽培種を含む)

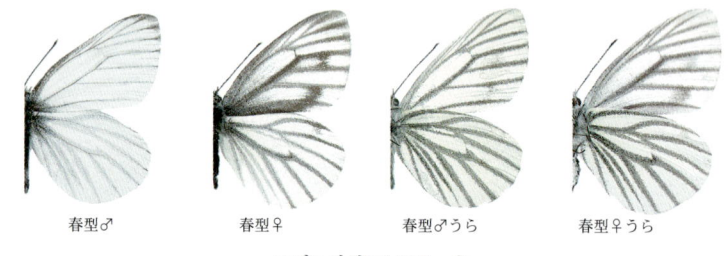

春型♂　　春型♀　　春型♂うら　　春型♀うら

エゾスジグロシロチョウ

①4〜9月　②40〜50mm　③平地〜山地　④コンロンソウ他各種のアブラナ科(おもに野生種)

春型のスジグロシロチョウとエゾスジグロシロチョウのちがい(北海道産の場合)

春型♂のちがい(うら)

春型♂うら スジグロシロチョウ
- 中室の基方は灰色を帯びる。
- 黒色紋が現れる。
- 全体的に翅脈の黒色線が細い。
- うら面の前翅の先端と後翅が黄色みを帯びる。

春型♂うら エゾスジグロシロチョウ
- 中室の基方はほぼ白色。
- 黒色紋はほとんど現れない。
- 全体的に翅脈の黒色線が太い。
- 翅は、白色がかすかにレモン色を帯びる。

春型♀のちがい(うら)

春型♀うら スジグロシロチョウ
- 中室の基方は灰色を帯びる。
- 黒色紋は明瞭。
- 全体的に翅脈の黒色線が細い。
- うら面の前翅の先端と後翅が黄色みを帯びる。

春型♀うら エゾスジグロシロチョウ
- 中室の基方は少し灰色を帯びる。
- 黒色紋はやや不明瞭。
- 全体的に翅脈の黒色線が太い。
- 翅は、かすかにレモン色を帯びる。

シロチョウの仲間　　　　　　　　チョウ目 251

先端は広く黒色。

夏型♂　　夏型♀　　夏型♂うら　　夏型♀うら

スジグロシロチョウ

夏型♂　　夏型♀　　夏型♂うら　　夏型♀うら

エゾスジグロシロチョウ

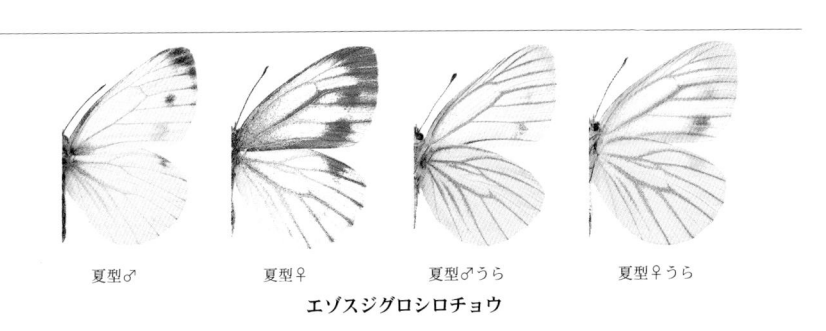

夏型のスジグロシロチョウとエゾスジグロシロチョウのちがい（北海道産の場合）

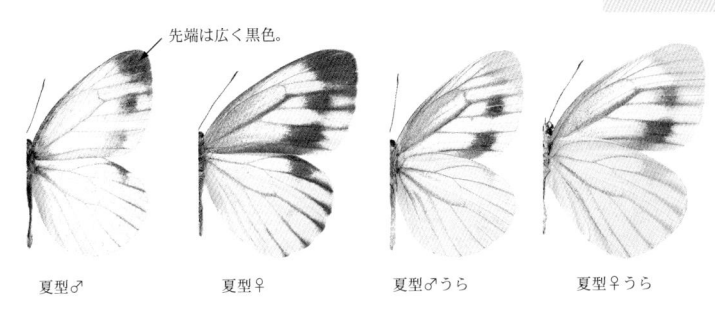

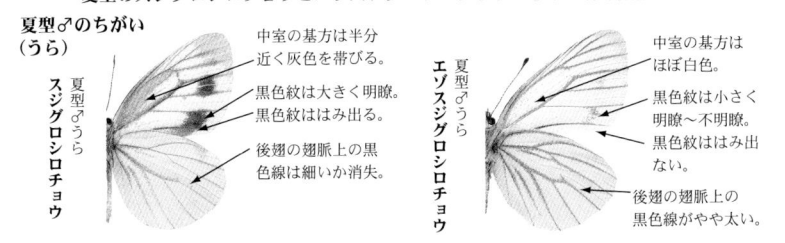

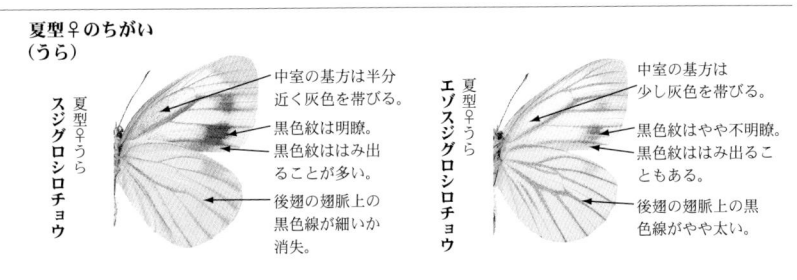

夏型♂のちがい（うら）

夏型♂うら スジグロシロチョウ
- 中室の基方は半分近く灰色を帯びる。
- 黒色紋は大きく明瞭。
- 黒色紋ははみ出る。
- 後翅の翅脈上の黒色線は細いか消失。

夏型♂うら エゾスジグロシロチョウ
- 中室の基方はほぼ白色。
- 黒色紋は小さく明瞭〜不明瞭。
- 黒色紋ははみ出ない。
- 後翅の翅脈上の黒色線がやや太い。

夏型♀のちがい（うら）

夏型♀うら スジグロシロチョウ
- 中室の基方は半分近く灰色を帯びる。
- 黒色紋は明瞭。
- 黒色紋ははみ出ることが多い。
- 後翅の翅脈上の黒色線が細いか消失。

夏型♀うら エゾスジグロシロチョウ
- 中室の基方は少し灰色を帯びる。
- 黒色紋はやや不明瞭。
- 黒色紋ははみ出ることもある。
- 後翅の翅脈上の黒色線がやや太い。

252 チョウ目　　　　　　　　　　シロチョウの仲間

♂　　　　　　　　　♀　　　　　　　♀うら

ツマキチョウ◎

①5〜6月　②35〜40mm　③山麓や低山地の日当たりのよい林道や草原　④コンロンソウ，ハタザオ，タネツケバナなどのアブラナ科
＊かつては各所に見られたが，近年では稀である。

夏型♂　　　　　　　　　　　　夏型♀

エゾヒメシロチョウ△◯

①5〜9月　②39〜43mm　③海岸〜低山地の草原　④クサフジなどマメ科
＊エゾヒメシロチョウの生息地は少なくなり，圏内では数カ所で見られるだけとなった。

ヒメシロチョウとエゾヒメシロチョウのちがい

近似種ヒメシロチョウは，現在では圏内には生息していないが，エゾヒメシロチョウとは以下の点で異なる。

エゾヒメシロチョウはこの部分が，やや丸みを帯び，ヒメシロチョウは直線的かややえぐられた形となる。

エゾヒメシロチョウは，後翅のうら側に2本の横縞があり，ヒメシロチョウでは1本である。エゾヒメシロチョウの場合，春型では比較的はっきりと見えるが，夏型ではやや不鮮明になる。しかし，ヒメシロチョウの夏型では比較的明瞭な線となるので区別できる。

春型♂うら
エゾヒメシロチョウ

シロチョウの仲間　　チョウ目 253

吸蜜するスジグロシロチョウ夏型　8/18

吸蜜するスジグロシロチョウ春型　5/21

エゾスジグロシロチョウ春型　5/25

吸蜜するツマキチョウ　5/30

産卵中のエゾヒメシロチョウ夏型　8/18

254 チョウ目　　　　　シジミチョウの仲間

> **シジミチョウ科**　小型。触角の節の間と複眼の周りが白い。多くの幼虫は，アリの好きな分泌物を出し，代わりに外敵から守ってもらう。アリの巣で養われるものもいる。

夏型♂ 　　　　　夏型♀ 　　　　　春型♂うら　斑点は離れる。

ルリシジミ●

①5〜9月(春と夏の2回発生)　②24〜29mm　③平地〜山地に普通
④エゾヤマハギ，クサフジ，ニセアカシア，ミズキ，キハダ，ホザキナナカマド，オオイタドリなどマメ科，ミカン科，バラ科，タデ科など

♂　　　　　♀　外縁の黒色帯はほぼ同じ幅。　♀うら　斑点がつながる。

スギタニルリシジミ

①4〜5月　②22〜26mm　③山地の沢沿いの林道　④ミズキ，キハダ，(トチノキ)　＊発生時期は春に限られる。

ルリシジミとスギタニルリシジミのちがい
スギタニルリシジミは，表面とうら面の地色がルリシジミに比べてやや暗く，黒色の斑点は大きい。後翅うら面の下の斑点が連続して"く"の字(上図の矢印部)になる。♀では，表面外縁の黒い縁どりがほぼ同じ幅である。

ルリシジミ　5/9 　　　　　スギタニルリシジミ　5/9

シジミチョウの仲間　　　　　　　　チョウ目 255

ツバメシジミ

①5〜8月　②18〜26mm　③平地の草地，河原　④シロツメクサ，ツルフジバカマなどマメ科の多くの種　＊山地よりも平地の河原や明るい草地などに見られる。

ヒメシジミ△

①6〜8月　②22〜28mm　③山地，山麓の草原　④エゾヨモギ，ナンテンハギなど　＊かつては，山麓でも見られたが，近年では山中のみ。

ツバメシジミ　8/1

ヒメシジミの交尾　7/15

ヒメシジミ♂　7/7

ヒメシジミ♀　7/14

256 チョウ目　　　　　　　　　シジミチョウの仲間

♂　　　　　　　　　　♀　　　　　　　　　♀うら

コツバメ

①4～5月　②23～27mm　③山地の林縁，林道沿いなど
④ホザキシモツケ，エゾノシロバナシモツケ，ヤマブキショウマ，ヤマツツジなどバラ科，ツツジ科，スイカズラ科など　＊春一番に現れる。

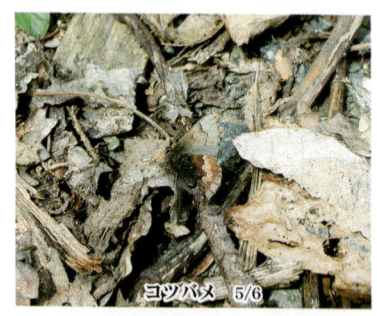

コツバメ　5/6

↑枯葉によく似た色をしているので飛び立たなければ気がつかない。

キリンソウに産卵しているところ。→
食草のキリンソウの盗掘などにより，人間の近づける場所では，個体数は減少している。

ジョウザンシジミ　6/13

春型♂ 　　　　　　　春型♀ 　　　　　　春型♀うら

ジョウザンシジミ△★

①5～6，8月　②21～25mm　③平地～山地の岩場（銭函天狗山，手稲山周辺，定山渓など）
④エゾノキリンソウなど
＊定山渓で最初に発見されたためこの名がついた。

シジミチョウの仲間

(札幌市産) ♂　(札幌市産) ♀　♀うら

ゴマシジミ▲

①7～8月　②29～40mm　③平地～低山地の湿原，草原など
④ナガボノシロワレモコウ
＊幼虫は3齢まで花やつぼみを食べ，以後クシケアリによってアリの巣に運ばれ，アリの幼虫を食べて成長するといわれる。個体変異が多い種類で地域変異も見られる。圏内での産地は極めて限られる。

♂　♀　♀うら

カバイロシジミ▲○

①6～7月　②26～31mm　③平地～低山地の草原
④クサフジ，ツルフジバカマ，ヒロハクサフジ
＊草原性のチョウで，都市化により数はとても少なくなった。

6/28 ヒロハクサフジの花に止まるカバイロシジミ

8/11 ナガボノシロワレモコウに止まるゴマシジミ

258 チョウ目　　　　　　　　　シジミチョウの仲間

春型 　　　　　夏型

ベニシジミ 🔵

①5〜9月　②23〜27mm　③平地の草地，庭先に普通　④スイバ，エゾノギシギシ

年3回程度発生する。春型と夏型があり，夏型は黒っぽい。秋の個体は，春型と夏型の中間的なものが多い。2つの型は，幼虫の時の日長により決定するとされ，13時間以下で春型，14時間以上で夏型になるという。

♀　　　　　春型♀うら 　　　　　夏型♂うら

トラフシジミ

①5〜8月　②28〜34mm　③平地〜山地の渓流沿い
④キハダ，ミズキ，トチノキ，シナノキなど多くの植物

春型と夏型がある。

♂　　　　　♀うら

ゴイシシジミ

①7〜8月　②29mm前後　③平地〜山地のササやぶ
④タケツノアブラムシ

ササに寄生するタケツノアブラムシを食べる純食肉性の種類。成虫は，タケツノアブラムシが分泌する蜜を吸い，花を訪れることはない。年により発生量が異なる。

トラフシジミ春型　5/14

ゴイシシジミ　8/23

シジミチョウの仲間　　チョウ目 259

リンゴシジミ▲★

①6〜7月　②27〜30mm　③民家周辺や河畔の食草付近　④エゾノウワミズザクラ，スモモ，ウメ

1990年代から札幌で見られるようになった。日本では，北海道道央〜道東のみに分布。

カラスシジミ 幼

①7〜8月　②29mm前後　③平地〜山地の林道沿い　④ハルニレ，オヒョウなど

おもての面は，模様もなくカラスのように黒い。カラスシジミの仲間には♂の前翅に薄い色の斑点(性標)がある。リンゴシジミも同様。

ウラキンシジミ△ 幼

①7〜8月　②31〜34mm　③平地〜山地の林道沿い，林縁　④アオダモ

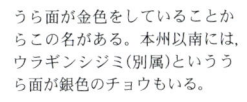

うら面が金色をしていることからこの名がある。本州以南には，ウラギンシジミ(別属)といううら面が銀色のチョウもいる。

カラスシジミ　7/7

ウラキンシジミ　7/13

260 チョウ目　　　　　　　　シジミチョウの仲間

ミズイロオナガシジミ

①7月　②23〜28mm　③平地〜山地の広葉樹林　④コナラ，ミズナラ，カシワ

ミズイロオナガシジミ　7/12

ウスイロオナガシジミ

①7〜8月　②26〜31mm　③平地〜山地の広葉樹林　④ミズナラ，カシワ，コナラ

ウスイロオナガシジミ　7/14

オナガシジミ

①7〜8月　②27mm前後　③平地〜山地の渓谷沿い　④オニグルミ

オナガシジミ　8/5

ムモンアカシジミ　8/18

クロクサアリにつきそわれて移動するムモンアカシジミの幼虫　6/24

シジミチョウの仲間　　　　　　　　チョウ目 261

色が濃い。

♂　　　　　　♀　　　　　♂うら

アカシジミ

①7月　②26〜35mm　③平地〜山地の広葉樹林　④ミズナラ, コナラ

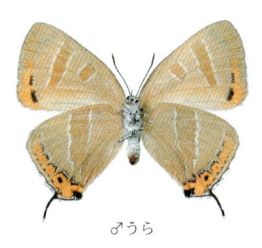

♂　　　　　　♀　　　　　♂うら

キタアカシジミ△○

①7月　②34〜35mm　③平地のカシワ林（銭函, 石狩浜）　④カシワ

アカシジミとキタアカシジミのちがい

圏内では, 一般にアカシジミの方がやや小さめでうら面の白色条内の橙色(矢印)が濃くコントラストがはっきりしている。圏内では, 海岸沿いのカシワ林にキタアカシジミ, 山地のミズナラ林にはアカシジミが生息している。圏内では, 一般にキタアカシジミが大きいが, 大きさや色彩は個体差があり, 産地によっては交尾器を調べる必要がある。

♂　　　　　　♀　　　　　♀うら

ムモンアカシジミ○

①7〜9月　②35〜40mm　③平地〜山地の広葉樹林
④ミズナラなどの葉, アブラムシ, カイガラムシ　＊幼虫はアリと共生。

ウラナミアカシジミ ▲○

①7〜9月　②35〜37mm　③平地〜低山地のコナラ林（圏内では札幌南部の丘陵地のみ）　④コナラ

♂うら(f. *quercivora*)　♂うら(f. *signata*)

ウラミスジシジミ ○ 幼

①7〜8月　②27〜33mm　③平地〜低山地の広葉樹林，海岸のカシワ林　④ミズナラ，カシワ，コナラ
＊うら面は，白色条に乱れがない型(f. *quercivora*)と乱れがある型(f. *signata*)があり，北海道では後者が多い。

ウラゴマダラシジミ

①7月　②30〜41mm
③平地〜山地の林縁
④イボタノキ，ハシドイなど

ウラナミアカシジミ　8/6 　　ウラミスジシジミ　7/23

シジミチョウの仲間　　　　　　　　チョウ目 263

キタアカシジミ　7/20
アカシジミ　7/18 
ウラゴマダラシジミ　8/22 
ハヤシミドリシジミ♀　7/13 
ミドリシジミ　8/11 
ミドリシジミ♀　8/11

264 チョウ目　　シジミチョウの仲間

メスアカミドリシジミ♂　7/26

メスアカミドリシジミ　7/18

メスアカミドリシジミ♀　7/20

アイノミドリシジミ♂　7/26

アイノミドリシジミ♂　7/26

シジミチョウの仲間　　チョウ目 265

ジョウザンミドリシジミ♂ 7/19

ハヤシミドリシジミ♀ 7/17

ハヤシミドリシジミ♂ 7/17

ウラジロミドリシジミ♂ 7/17

ウラジロミドリシジミ♂ 7/17

266 チョウ目　　　　　　　　　　シジミチョウの仲間

♂　　　　　　　　　　　　　　　　　　　　　　　　　♂うら
ミドリシジミ

①7月　②31mm前後
③平地〜山地の渓流沿い　④ハンノキ類
＊山地でも見られるが，低地の湿地帯でより多い。

♂　　　　　　　　　　　♀　　　　　　　　　　　　♂うら
アイノミドリシジミ 幼

①7月　②31mm前後　③平地〜山地の広葉樹林
④ミズナラ，コナラ，時にカシワ
＊♂の緑色は他の種よりも輝きが強く美しい。

♂　　　　　　　　　　　♀　　　　　　　　　　　　♂うら
メスアカミドリシジミ○ 幼

①7月　②33mm前後　③平地〜山地の広葉樹林　④エゾノウワミズザクラなどサクラ類
＊♀のオレンジ色の斑紋が美しい。

♂　　　　　　　　　　　♀　　　　　　　　　　　　♂うら
オオミドリシジミ○

①7月　②30mm前後　③平地〜山地の広葉樹林　④ミズナラ，コナラ，稀にカシワ
＊各所に生息するが個体数は少ない。

シジミチョウの仲間　　　　　　チョウ目 267

ジョウザンミドリシジミ 幼

①7月　②31mm前後　③平地～山地の広葉樹林　④ミズナラ，コナラ，カシワ　＊山地ではミドリシジミ類で最も普通。

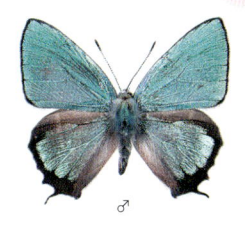

ハヤシミドリシジミ 幼

①7～8月　②32mm前後　③平地～山地のカシワ林　④カシワ，稀にミズナラ　＊海岸のカシワ林に生息。

エゾミドリシジミ 幼

①7月　②32mm前後　③平地～山地の広葉樹林　④ミズナラ，稀にカシワ，コナラ　＊ジョウザンミドリシジミに似るが，活動時間がやや遅く午後に活動。

ウラジロミドリシジミ 幼

①7月　②28mm前後　③平地～山地の広葉樹林　④カシワ，時にミズナラ，コナラ　＊海岸のカシワ林に生息。

268 チョウ目　　　　　　　　　　　　シジミチョウの仲間

よく似たミドリシジミの仲間7種類の区別のしかた

ミドリシジミ，アイノミドリシジミ，メスアカミドリシジミのちがい

この3種の♂の翅のおもては，次ページの4種に比べると，やや黄味を帯びた緑色をしている。また，前翅の外縁黒帯の幅が広いため区別できる。

♂のおもて　　　　　　　　　　♂のうら

おもては緑色。

外縁黒帯の幅は広い。翅はやや丸みを帯びる。

ミドリシジミ♂

うらの地色は茶褐色。

斑紋は不明瞭。

白帯の形が次種と異なる。

橙色斑はb，c，d。

おもてはやや黄色みを帯びた緑色。

外縁黒帯の幅は広い。

アイノミドリシジミ♂

うらの地色は茶褐色。

斑紋はやや明瞭。

白帯は次種より狭い。

橙色斑はd。

おもてはやや黄色みを帯びた緑色，前種より黄色みがやや強い。

外縁黒帯の幅は広い。

メスアカミドリシジミ♂

うらの地色は白色を帯びた薄い茶褐色。

斑紋は明瞭。

白帯は前種より広い。

橙色斑はd。

後翅うら面の橙色斑の型

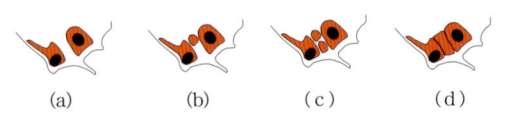

(a)　　(b)　　(c)　　(d)

シジミチョウの仲間　　　　　　　　チョウ目 269

オオミドリシジミ，ジョウザンミドリシジミ，ハヤシミドリシジミ，エゾミドリシジミのちがい
この4種の♂の翅のおもては，前ページの3種に比べると，やや青みを帯びた緑色をしている。
また，前翅の外縁黒帯の幅は狭い。

♂のおもて

オオミドリシジミ　♂

やや青色を帯びた緑色
わずかに黄色を帯びる。

外縁黒帯の幅はとても狭い。
細い紫色の線が入ることが多い(♀も)。

ジョウザンミドリシジミ　♂

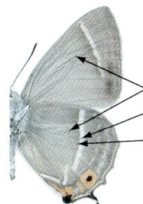

やや青色を帯びた緑色で，わずかに黄色を帯びる。
外縁黒帯の幅は狭い。

尾状突起は他種よりやや長い。

ハヤシミドリシジミ　♂

青色を帯びた緑色。

外縁黒帯の幅は
この部分がやや狭い。
この部分が広い。

エゾミドリシジミ　♂

青色を帯びた緑色。

外縁黒帯の幅は全体的に広い。

尾状突起は，やや短い。

♀のうら

オオミドリシジミ

うら面の地色灰色。

斑紋はやや明瞭。
白帯はやや細い。
白帯内側の縁取りはやや明瞭。
燈色斑はaがほとんどでbもある。

ジョウザンミドリシジミ

うら面の地色は薄い褐色を帯びた灰色。
斑紋は不明瞭。
白帯はやや細い。
白帯内側の縁取りはやや明瞭。
燈色斑はbが多くa，cもある。

ハヤシミドリシジミ

うら面の地色は灰色。

斑紋は不明瞭
白帯は太い。
白帯内側の縁取りは不明瞭。
燈色斑はa，b，c，d。

エゾミドリシジミ

うら面の地色は灰色。

斑紋はやや明瞭。
白帯は太い。
白帯内側の縁取りは明瞭。
燈色斑はdが多く，cもある。

　　　ミドリシジミ類各種の♀のうら面は♂よりも茶色を帯びる。
　　　♀の区別のしかたは，♂のうら面と同じ。

270 チョウ目　　　　　　　　　　タテハチョウの仲間

タテハチョウ科　前脚が退化して歩行に使われないため、脚が4本しかないように見える。タテハチョウ亜科の中で越冬する種類では、翅のおもてはあざやかな色をしているが、うら面は枯葉や土の色によく似た保護色をしていて、雪解け後に現れ交尾を行う。コムラサキ亜科、タテハチョウ亜科、イチモンジチョウ亜科、ヒョウモンチョウ亜科、ジャノメチョウ亜科、マダラチョウ亜科などを含む。

（コムラサキ亜科）

オオムラサキ△○ 幼

①7月
②75〜88mm　③低山地の山麓、山頂付近（銭函、円山、藻岩山、八剣山など）
④エゾエノキ

オオムラサキ

日本の国蝶。以前は、藻岩山や円山のエゾエノキ付近に普通に見られたが、近年は少なくなった。圏内では、この他八剣山など数箇所に生息している。

樹液を吸うオオムラサキ　7/15

幼虫

タテハチョウの仲間　　　　　　　　　　　　チョウ目 271

♂　　　　　　　　　　　　　　　♂うら

ゴマダラチョウ▲◎

①7月　②59mm前後　③低山地の山麓，山頂　④エゾエノキ

かつては藻岩山，円山で見られたが，近年は見られなくなった。

♂　　　　　　　　　　　　　　　♀

コムラサキ

①7〜8月　②58〜65mm
③平地〜山地の川沿い　④ヤナギ類

吸水するコムラサキ♂　8/2

コムラサキ

♂の翅のおもては，見る方向によって紫色に光りとても美しい。夏の晴れた日には，低山地の渓流沿いの林道上の水たまりや動物の糞の上などで集団で吸水する姿が見られる。

272 チョウ目　　　　　　　　　　　タテハチョウの仲間

（タテハチョウ亜科）

サカハチチョウ春型♂ 　　　春型♀ 　　　春型♂うら

サカハチチョウ夏型♂ 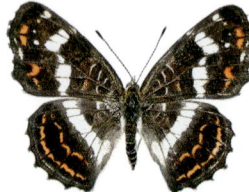　　　夏型♀ 　　　夏型♂うら

サカハチチョウ🔵

①5〜9月　②34〜42mm　③平地〜山地の林道，林間の空地　④イラクサ類

春型と夏型がある。

アカマダラ春型♂ 　　　春型♀ 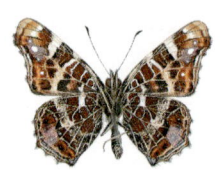　　　春型♂うら

アカマダラ夏型♂ 　　　夏型♀ 　　　夏型♂うら

アカマダラ〇★

①5〜9月　②29〜41mm　③平地〜山地の林道，林間の空地　④エゾイラクサ，ホソバイラクサ

春型と夏型がある。本種は，日本では，北海道だけに生息。

タテハチョウの仲間　　　　　　　　　　チョウ目 273

サカハチチョウとアカマダラのちがい

サカハチチョウ　　　── この白帯が垂直(上下方向)を示す。

アカマダラ　　　── この白帯が上の白帯とほぼ平行に走る。

サカハチチョウ春型♂　5/17

サカハチチョウ夏型♀　8/2

アカマダラ春型♂　5/28

アカマダラ夏型♂　7/18

274 チョウ目　　　　　　　　　タテハチョウの仲間

個体数は，あまり多くないが，ところによっては普通に見られる。

うら

アカタテハ

①5月～越冬　②53～59mm　③平地～山地の林道沿い　④アカソ，エゾイラクサ

越冬できるのは関東以南とされる。北海道の個体は，本州から北上して来たものと考えられる。通常9月ころから普通に見られるが，4月下旬に見かけたこともある。

うら

ヒメアカタテハ🔵

①4～10月(年2化)　②48～56mm　③平地～山地の道沿いや草原　④エゾヨモギ，ゴボウなど

アカタテハ　10/14

ヒメアカタテハ　8/29

タテハチョウの仲間　　　　　　　　　　チョウ目 275

圏内では，朝里峠〜定山渓方面に局地的に産するが，それ以外では少ない。

ヒオドシチョウ△

①7月〜越冬　②57mm前後　③山地の岩場のある林道など(おもに朝里峠〜定山渓)　④ヤナギ類，ハルニレ

本州では，高山にのみ生息する。北海道では平地でも見られ，個体数は少なくない。黄色とオレンジ色のコントラストが美しい。

コヒオドシ

①7月〜越冬　②41〜49mm　③山地の草原，樹林周辺，林道沿い　④ホソバイラクサ，エゾイラクサ

ヒオドシチョウ　7/19 　　　コヒオドシ　7/17

276 チョウ目　　　　　　　　　　タテハチョウの仲間

春，雪解け後林道上で越冬した個体がよく見られる。うら面の白い斑紋が，"L(エル)"の字の形をしている。

うら

エルタテハ

①7月〜越冬　②58mm前後　③平地〜山地の林間，林道　④ウダイカンバ，シラカンバ，ハルニレ

春，雪解け後林道上で越冬個体が普通に見られる。夏〜秋には，平地でも普通に見られる。

うら

クジャクチョウ 幼

①7月〜越冬　②52〜56mm　③平地〜山地の草原，林道
④イラクサ類，カラハナソウなど

エルタテハ　8/2 　　　**クジャクチョウ　4/19**

タテハチョウの仲間　　　　　　　　チョウ目 277

秋型　　　　　　　　　　秋型うら

夏と秋の年2回発生する。うら面の白い斑紋が、"C(シー)"の字の形をしている。

シータテハ 幼

①7, 9月〜越冬　②46〜56mm　③平地〜山地の林道, 空地　④ハルニレ, オヒョウ

うら

山地の林道で時々見られるが個体数は，多くない。翅の青いラインが特徴的で動きはすばやい。熱帯地方まで生息している。

ルリタテハ○

①7月〜越冬　②54〜57mm　③平地〜山地の林間, 林道　④ユリ科

シータテハ　9/19　　　　ルリタテハ　5/15

278 チョウ目　　　　　　　　　　タテハチョウの仲間

キベリタテハ

①7月〜越冬　②66mm前後　③低山地〜山地の林道，林縁　④シラカンバ，ヤナギ類

うら

越冬した個体は，よく見ることができる。夏に現れる新鮮な個体は，警戒心が強い。

(イチモンジチョウ亜科)

イチモンジチョウ幼

①6〜8月　②47〜53mm　③平地〜山地の林縁，林道　④ヒョウタンボク，タニウツギ

うら

低木の白い花などを訪れることが多い。

キベリタテハ　5/9

コミスジ　8/2

タテハチョウの仲間　　　チョウ目 279

ミスジチョウ

渓流や林道沿いをゆっくりと飛ぶ。

①6〜8月　②56〜66mm
③平地〜山地の渓流沿い，林間
④ヤマモミジ，イタヤカエデ，ハウチワカエデ

オオミスジ▲

①6〜8月　②64mm前後
③市街地〜低山地
④スモモ，ウメ

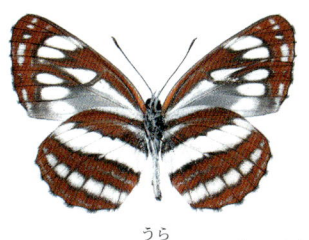

コミスジ○

うら

広範囲に生息するが個体数は少ない。

①5，7月　②41〜48mm　③平地〜低山地の林縁，林間　④ニセアカシア，エゾヤマハギ，ナンテンハギ

フタスジチョウ

うら

個体数は比較的少ない。小樽方面では少ない。

①6〜7月　②43〜46mm　③平地〜低山地の空地，湿性草原　④ユキヤナギ，シモツケ類

280 チョウ目　　　　タテハチョウの仲間

オオイチモンジ　6/30

♂　　　　　　　　　　♀

オオイチモンジ

①6〜7月　②63〜73mm　③低山地〜山地の渓流沿いの林間，林道　④ドロノキ，ヤマナラシ

本州では，中部山岳地帯だけに生息する。♀は，林間や樹上の高いところを飛び，人目に触れることは少ない。

タテハチョウの仲間　　　　　　　　　チョウ目 281

(ヒョウモンチョウ亜科)

♂　　　　　　　♀　　　　　　　♀うら

ギンボシヒョウモン

①7～8月　②54～65mm　③平地～山地の草原，林道沿い　④スミレ類

♂　　　　　　　♀　　　　　　　♂うら

ウラギンヒョウモン

①7～8月　②55mm前後　③平地～山地の草原，林道沿い　④スミレ類

ギンボシヒョウモンとウラギンヒョウモンのちがい

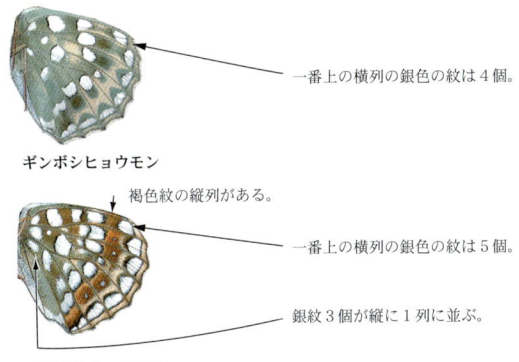

ギンボシヒョウモン
― 一番上の横列の銀色の紋は4個。

ウラギンヒョウモン
褐色紋の縦列がある。
― 一番上の横列の銀色の紋は5個。
― 銀紋3個が縦に1列に並ぶ。

282 チョウ目　　　　　　　　　　タテハチョウの仲間

♂　　　　　　♀　　　　　♂うら

コヒョウモン 🔵幼

①7〜8月　②45〜52mm　③平地〜山地の渓流沿いの小草原　④オニシモツケ

♀　　　　　　♀うら

ヒョウモンチョウ(ナミヒョウモン)▲○

①7〜8月　②45〜52mm　③平地の湿地
④ナガボノシロワレモコウ

圏内では，産地は限られ個体数は少ない。ゴマシジミの生息地で見られることが多い。

ヒョウモンチョウとコヒョウモンのちがい

コヒョウモンの黒色紋は，全体的に大きい。

コヒョウモンは地色の赤みが強い。
ヒョウモンチョウでは，赤みが薄い。

コヒョウモンは，これら2つの紋が接合する。ヒョウモンチョウでは離れる。

ヒョウモンチョウ　　　コヒョウモン
(ナミヒョウモン)

タテハチョウの仲間　　　　　　　チョウ目 283

ウラギンスジヒョウモン○

①7～8月　②55mm前後　③平地～山地の林間や草原　④スミレ類

オオウラギンスジヒョウモン

①7～8月　②52～62mm　③平地～山地の林間や草原　④スミレ類

ウラギンスジヒョウモンとオオウラギンスジヒョウモンのちがい

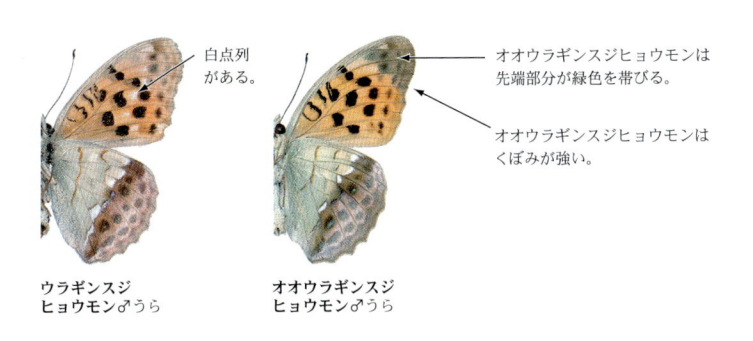

白点列がある。

オオウラギンスジヒョウモンは先端部分が緑色を帯びる。

オオウラギンスジヒョウモンはくぼみが強い。

ウラギンスジヒョウモン♂うら

オオウラギンスジヒョウモン♂うら

284 チョウ目　　　　　　　　　タテハチョウの仲間

♂　　　　　　　　　　　♀　　　　　　　　♂うら

ミドリヒョウモン●幼

①7～8月　②58～65mm　③平地～山地の林内の空地，林縁，林道沿い　④スミレ類

夏以降は，林縁で最も普通。

♂　　　　　　　　　　　♀　　　　　　　　♂うら

メスグロヒョウモン○幼

①7～8月　②63mm前後　③山地の森林内の空地，林間　④ミヤマスミレ

♀が上空をゆっくりと滑空する姿は，一見オオイチモンジのように見える。

メスグロヒョウモン♀　8/8 　　　メスグロヒョウモン♂　8/8

タテハチョウの仲間　　　　チョウ目 285

コヒョウモン♂　6/22

コヒョウモン　7/12

ミドリヒョウモン♂　7/12

ミドリヒョウモン♀　7/27

ギンボシヒョウモン♂　7/7

ギンボシヒョウモンの交尾　6/27

(ジャノメチョウ亜科)

オオヒカゲ△

①7〜8月　②68mm前後　③平地〜低山地の湿原，川沿いの小湿地　④カサスゲなどカヤツリグサ科

シロオビヒメヒカゲ▲○★

①6〜7月　②30〜34mm　③平地〜山地の林間草原，崖　④ヒカゲスゲ，ヒメノガリヤスなどイネ科

シロオビヒメヒカゲ

道央(千歳以西)から道東に局所的ながら広く分布しているが，それ以西では定山渓付近の数箇所に限られる。定山渓のものは，限られた範囲の崖に生息し，個体数も少ない。定山渓産は，後翅うら面の白帯の幅が道東産よりも狭く別亜種とされていて，世界でも定山渓付近だけに生息する貴重なものである。しかし，近年，日高山脈起源の集団が，道路の法面の芝を食べて繁殖しながら移動し，千歳付近まで分布域を拡大しており，圏内へ侵入した場合，定山渓亜種の純血性が失われる心配が指摘されている。

タテハチョウの仲間　　　　　　　　チョウ目 287

本州では，高山帯にのみ生息しているが，北海道では，低山地でも見ることができる。地理的変異や個体変異の大きい種類である。

ベニヒカゲ

①7～8月　②39～43mm　③低平地～山地の渓流沿いや草原
④イワノガリヤス，ヒメノガリヤスなど

ベニヒカゲの個体変異(札幌市手稲山産♂)

オレンジ色の紋の大きさや黒色紋の大きさなどが異なる。

夏，山野では普通に見られる種類。個体ごとに斑紋の大きさや地色が異なり個体変異がある。下の写真のように，斑紋の数が異なることがある。

ヒメウラナミジャノメ

①6～8月　②34～37mm　③平地～山地の林内，林縁，草原など　④スズメノカタビラ，カモガヤなど

ヒメウラナミジャノメの個体変異(小樽市樽川産)

通常，前翅の斑紋は1個，後翅の斑紋は5～6個だが，時にその数が異なることがある。

288 チョウ目　　　　　　　　　　タテハチョウの仲間

ベニヒカゲ　8/23

ヒメウラナミジャノメ　7/17

オオヒカゲ　7/29

ヒメキマダラヒカゲ♀　8/22

タテハチョウの仲間　　　　　　　チョウ目 289

♂　　　　　　　　　　　　　　　♂うら

クロヒカゲ●

①6〜8月　②45mm前後　③平地〜山地のササのある林間　④クマイザサ，チシマザサ

ササのある林内に普通。

♂　　　　　　　　　　　　　　　♀

ヒメキマダラヒカゲ

①7〜8月　②48〜51mm　③低山地〜山地のササのある林間　④チシマザサ，クマイザサ，ミヤコザサ

やや薄暗いところを好む。

♂　　　　　　　　　　　　　　　♀

ジャノメチョウ△

①7〜8月　②52〜62mm　③平地〜山地の明るい草原　④各種のイネ科，カヤツリグサ科

スキー場や海岸部林縁の草地など開けた草原で見られる。飛んでもすぐ草地に隠れる。

290 チョウ目　　　　　　　　　タテハチョウの仲間

ヤマキマダラヒカゲ●

①5〜7月　②52〜58mm　③平地〜山地の
ササのある林間　④チシマザサ, クマイザサ

サトキマダラヒカゲ○

①6〜7月　②52〜58mm　③平地〜山地のササのあ
る林間　④クマイザサ, ミヤコザサ, チシマザサ

ヤマキマダラヒカゲとサトキマダラヒカゲのちがい

ここの黄色斑紋中の黒点がヤマキマダラヒカゲ
では中央より内側に, サトキマダラヒカゲでは
中央かやや外側による。

ヤマキマダラヒカゲではこの黄色斑紋中に黒点
が現れないことが多い。

ヤマキマダラヒカゲおもて

ここの3つの斑紋がヤマキマダラヒカゲでは
"く"の字形, サトキマダラヒカゲではゆる
やかな角度の"く"の字形になる。

ヤマキマダラヒカゲうら

タテハチョウの仲間　　　　　　　　　　チョウ目 291

（マダラチョウ亜科）

♂はここのくぼみが強い。

♂はここが黒い。
♀は茶色。

♂

本種は，台風や強い南風などに乗って本州以南から飛来する迷チョウである。圏内でも台風の後にはしばしば確認される。しかし，北海道では冬を越すことはできず，繁殖することはない。

♂うら
（手稲山にて採集）

アサギマダラ○

①8～9月　②95mm前後　③山間や高地の草原など

アサギマダラ　8/30　　　アサギマダラ　8/30

292 チョウ目　　　　　オオカギバガ，カギバガの仲間

オオカギバガ科　大型。翅は広く，前翅の先端はとがる。

オオカギバ

①6〜7月　②58mm前後
③山地　④ウリノキ

オオカギバ　6/24

カギバガ科　小〜中型。翅は広く，前翅の先端はかぎ状になっているものが多い。口吻は退化する傾向にある。

ウスイロカギバ●

①5〜9月　②29mm前後
③平地〜山地
④ウルシ，ヤマウルシ

アシベニカギバ

①6〜7月　②34mm前後
③山地　④ガマズミなど

ヒトツメカギバ

①6〜9月　②34〜38mm
③平地〜山地　④ミズキ

オビカギバ

①6〜9月　②35mm前後
③山地　④ハンノキ,カンバ類

ウスイロカギバ　6/14

ヒトツメカギバ　7/4

チョウ目 293

トガリバガ，アゲハモドキガの仲間

トガリバガ科 中型。外観はヤガに似ている。口吻は発達している。オオカギバガ科が最も近縁であると考えられている。灯火に飛来する。

アヤトガリバ
①7〜9月 ②36mm前後
③山地

モントガリバ🔴
①8〜9月 ②32〜34mm
③山地 ④イチゴ類

キマダラトガリバ
①8〜9月 ②40mm前後
③山地

オオマエベニトガリバ
①6〜7月 ②36mm前後
③平地〜山地 ④サクラ, ナナカマド

ウスベニアヤトガリバ
①6月 ②37mm前後
③山地 ④キイチゴ類

オオバトガリバ🔴
①6〜7月 ②43mm前後
③平地〜山地

アゲハモドキガ科 中〜大型でアゲハチョウの姿に似ている。単眼を欠き，触角はくし歯状，口吻がある。幼虫は，体を細長いろう状物質でおおう。

アゲハモドキ△
①6〜7月 ②50mm前後
③平地〜山地 ④ミズキ属

294 チョウ目　　　　　　　　　シャクガの仲間

シャクガ科 中型が多い。体は一般に細長く，翅はチョウのように広い。幼虫はシャクトリムシで，多くは広葉樹の葉を食べるので，山間の雑木林に多い。日中活動する種類も多い。

アミメオオエダシャク

①6〜7月　②65mm前後　③山地

ヒロオビトンボエダシャク● 幼

①7〜8月　②48〜58mm　③平地〜山地　④ツルウメモドキ，マユミ

オオトビスジエダシャク●

①4〜8月　②32〜50mm
③山地　④各種の樹木，草本

スモモエダシャク

斑紋には個体変異がある。

①6〜7月　②45mm前後
③山地　④カラマツ，カシワ，ヤマハンノキ，サクラ

シャンハイオエダシャク●

①8〜9月　②28mm前後
③平地〜山地　④ヤナギ科

シャンハイオエダシャク 5/27　オオトビスジエダシャク 4/29

シャクガの仲間　チョウ目 295

ミスジツマキリエダシャク
①5, 8月 ②37mm前後
③山地 ④カラマツ,
トドマツなど針葉樹

シロホシエダシャク
①5～6月 ②40mm前後
③山地

キバラエダシャク
①9月 ②33mm前後
③山地 ④ヤマツツジ,
イボタノキ, ミズキなど

ムラサキエダシャク
①5～8月 ②40mm前後
③山地 ④ヤナギ, カバ
ノキ, ブナ, バラの各科

ツマキリエダシャク
①5～8月 ②33mm前後
③山地

キマダラツマキリエダシャク
①7～8月 ②40～49mm
③平地～山地 ④ツルウ
メモドキ

ネグロエダシャク
①9月 ②33mm前後
③山地 ④ホオノキ

♀は翅が退化してない。
クロスジフユエダシャク
①10～11月 ②♂27～
31mm ③平地～山地
④ミズナラなど

♀は翅が退化して極めて小さい。
シロフフユエダシャク
①4月 ②♂22～26mm
③平地～山地 ④ブナ科

10/25
クロスジフユエダシャク

11/8
チャバネフユエダシャク♀

11/8
フユエダシャクの一種♀

296 チョウ目　　　　　　　　　　　シャクガの仲間

クロミスジシロエダシャク
①8〜9月 ②37mm前後
③山地 ④エゴノキ, ハクウンボク

ウスキツバメエダシャク 🟠🔵
尾状突起が鋭くとがる。
①6〜9月 ②53mm前後
③平地〜山地 ④イヌガヤ, ブナ, ニレ, マメ科など多食

シロツバメエダシャク 🔵
①7〜9月 ②39mm前後
③平地〜山地 ④イチイ, イヌガヤなどの針葉樹

トラフツバメエダシャク ○
①7月 ②28mm前後
③山地 ④マツ科

コガタツバメエダシャク ○
小型で尾状突起が短い。
①7〜8月 ②33mm前後
③平地〜山地 ④多食性

ミスジシロエダシャク
①6〜7月 ②34mm前後
③山地

キシタエダシャク
①6〜7月 ②37mm前後
③山地 ④ツツジ科

ヒョウモンエダシャク ○
①7〜8月 ②44mm前後
③山地 ④ツツジ科

マダラエダシャクの一種 🟠
①6〜7月 ②30〜36mm
③山地

トラフツバメエダシャク 7/5
クロミスジシロエダシャク 8/22 
マダラエダシャクの一種 7/14

シャクガの仲間　チョウ目 297

ウスオビシロエダシャク🟠
①5〜6月　②29mm前後
③山地

ヒメアミメエダシャク●
①4〜5，7〜8月
②21mm前後
③平地〜山地

オオシロエダシャク○
①8月　②49mm前後
③山地

シロオビヒメエダシャク●
①6〜7月　②20mm前後
③山地

キマダラオオナミシャク
①8〜9月　②44〜54mm
③平地〜山地　④サルナシ，マタタビなど

アオナミシャク
①6〜7月　②24mm前後
③平地〜山地　④トドマツ

キガシラオオナミシャク
①7〜8月　②48〜51mm
③山地　④サルナシ

ネアカナカジロナミシャク○●
①8〜9月　②28mm前後
③山地

オオシロオビクロナミシャク🟠
①5〜6月　②28mm前後
③平地〜山地

ヒメアミメエダシャク　4/27

キマダラオオナミシャク　9/3

シラフシロオビナミシャク🟠
5/27
①5〜8月　②21〜24mm
③山地の湿った林道

298 チョウ目　　　シャクガの仲間

キンオビナミシャク●
①6〜7月　②32mm前後
③山地　④ダケカンバ

ビロードナミシャク●
①7〜9月　②36〜39mm
③山地

ウストビモンナミシャク●
①7〜9月　②34mm前後
③山地　④ヤマブドウなど

トビモンシロナミシャク
①7〜8月　②24mm前後
③平地〜山地

ミヤマアミメナミシャク　5/2
キアシシロナミシャク　6/18

キベリシロナミシャク●
①8〜9月　②28〜33mm
③山地　④ノリウツギなど

ツマキシロナミシャク●
①7月　②35mm前後
③山地　④サルナシ

キアシシロナミシャク●
①6〜7月　②30mm前後
③山地

♂　♀
クロオビフユナミシャク●
①10〜12月　②30mm前後
③平地〜山地　④多食性

カギシロスジアオシャク●
①6〜8月　②42mm
前後　③山地
④コナラ属

シャクガの仲間　　　　　　　　　　　　チョウ目 299

オオシロオビアオシャク

①6〜7月　②48mm前後
③山地　④ハンノキ, カバノキ類

チズモンアオシャク

①6〜7月　②30mm前後
③山地　④ガガイモの葉

キバラヒメアオシャク

①6〜7月　②30mm前後
③平地〜山地　④多食性

ホシシャク

①7〜8月　②45mm前後
③山地　④イボタなど

おもて　**オオアヤシャク**　うら

①8月　②57mm前後
③山地　④モクレン科

晩秋〜初冬にかけて現れる。♀は翅を退化させることで, 体表面積を減らし, 寒さをしのいでいると考えられる。

♂　**ウスバフユシャク**　♀

①10〜12月　②24〜26mm
③平地〜山地　④多食性

おもて　**カバシャク**　うら

①4〜6月　②32mm前後
③山地　④シラカバ
＊春先に山道で飛ぶ赤いガ。

オオシロオビアオシャク 8/22 　**ウスバフユシャク♀** 11/6 　雪上で交尾中。**ウスバフユシャク♂♀** 11/6

イボタガ、カレハガの仲間

> **イボタガ科** 大型。前・後翅とも丸い。翅には複雑な波状紋があり、前翅の眼状紋はキツネの目のように見える。触角は、♂♀ともくし歯状。口吻は短い。

イボタガ 幼
①4〜5月 ②107mm前後
③平地〜山地
④アオダモ、イボタノキなどモクセイ科

イボタガ 5/10

> **カレハガ科** 中〜大型。ほぼ褐色で止まると枯葉のように見える。口吻は退化している。幼虫はとても毛深い。植物や樹木に被害を与えるものが多い。

(乙部町産)

マツカレハ● 幼
①6〜9月 ②45〜90mm ③平地〜山地
④マツ属の各種
＊幼虫は中〜後胸に毒毛塊をもつ。まゆも毒毛をつける。この毛が皮膚に刺さると痛みがあり、炎症を起こす。色彩には変異がある。

ヨシカレハ● 幼
①7〜8月 ②50〜74mm
③山地 ④ヨシ、ササ

チョウ目 301

オビガ, カイコガの仲間

> **オビガ科** 中～大型。日本では, 一種のみが生息する。

オビガ 幼

①8～9月 ②42～48mm
③平地～山地 ④タニウツギ

> **カイコガ科** 中～小型。胸部と腹部が太い。口吻は退化してとても短く, 食物をとらない。糸を吐いてつくったまゆの中でさなぎになる。まゆは絹糸として利用される。

カイコ

①6～9月 ②30～37mm
③山地 ④クワ, ヤマグワ

カイコの卵 
↓
幼虫 
↓
さなぎ 
↓
成虫

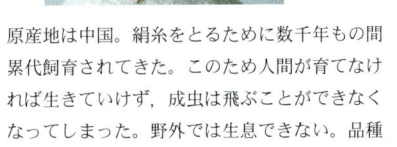

オオクワゴモドキ

①7～8月
②42mm前後
③山地
④カエデ類

クワコ 幼

①6～9月
②37mm前後
③平地～山地
④ヤマグワ

原産地は中国。絹糸をとるために数千年もの間累代飼育されてきた。このため人間が育てなければ生きていけず, 成虫は飛ぶことができなくなってしまった。野外では生息できない。品種は多い。

ヤママユガの仲間

ヤママユガ科 最も大型で，前後の翅に1個ずつ紋をもつものが多い。東南アジアにすむ世界で最も大きいガ，ヨナクニサンもこの仲間である。成虫は口が退化して何も食べない。♂の触角は羽毛状，♀ではその横枝が短い。幼虫はまゆをつくる。

クスサン 幼
①8月下〜10月上 ②85〜110mm ③山地
④オニグルミなど多食性 ＊色彩の個体変異は大きい。

威かくするクスサン 9/9
多食性で森林に多い。

ヒメヤママユ 幼
①9月 ②73〜85mm
③山地 ④バラ科，ブナ科，カエデ科など多食性

ヤママユ○ 幼
①8月下〜9月 ②95〜110mm ③山地
④ブナ科，リンゴ，サクラなどバラ科
＊まゆからは天蚕糸(てんさんし)がとれる。

ヤママユガの仲間　　　　　　　　　　　　　チョウ目 303

ヘビの顔のように見える。

シンジュサン△○ 幼

①7〜8月　②95〜110mm
③平地　④シンジュ，スモモなど

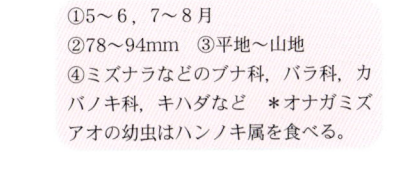

オナガミズアオ
斑紋は外側に大きく広がる。外横線は直線的で♂の翅頂はよりとがる。

オオミズアオ 幼

①5〜6，7〜8月
②78〜94mm　③平地〜山地
④ミズナラなどのブナ科，バラ科，カバノキ科，キハダなど　＊オナガミズアオの幼虫はハンノキ属を食べる。

エゾヨツメ 幼

①5〜6月　②67mm前後
③山地　④ミズナラなどのブナ科，カバノキ科など

ウスタビガ○ 幼

①10月　②70〜90mm
③山地　④ブナ科，サクラ，カエデ，キタコブシなど

クロウスタビガ

①9月　②70〜80mm
③山地　④キハダ

スズメガの仲間

スズメガ科 中〜大型。翅は細長く、体は太い。口吻はとても長く、花の蜜を吸うのに適している。

ホウジャク○
①8〜10月 ②46mm前後
③平地〜山地
④カワラマツバなど

クロスキバホウジャク○●
①6〜7月
②48mm前後
③山地

ウチスズメ
①6〜7月 ②60〜82mm
③山地 ④ヤナギ科各種

ベニスズメ幼
①7月 ②55〜65mm
③山地 ④アカバナ科、ツリフネソウ科、ミソハギ科など

ヒサゴスズメ
①6〜9月 ②60〜65mm ③平地〜山地 ④ハンノキ類

エゾスズメ
①6〜7月 ②80〜90mm
③山地 ④オニグルミ

ヒメクチバスズメ
①6〜7月 ②72mm前後
③山地 ④シナノキ

サザナミスズメ
①8月 ②52mm前後 ③山地
④モクセイ科

スズメガ，シャチホコガの仲間　チョウ目 305

ハネナガブドウスズメ
①5〜6月
②90mm前後　③山地
④サルナシ，ブドウなど

アジアホソバスズメ
①5〜8月
②90〜103mm　③山地
④オニグルミ

エゾシモフリスズメ
①6〜8月
②100〜110mm　③山地
④ドロノキ

シャチホコガ科　中〜大型。幼虫が驚いた時に体をそりかえらせてシャチホコのような形をすることからこの名がある。口吻は発達したものから退化したものまである。幼虫の多くはイモムシ型で，背面にいろいろな突起をもつものがある。幼虫の多くは樹木の葉を食べる。

モクメシャチホコ 幼
①6〜7月　②60mm前後　③平地
〜山地　④ヤナギ類

シャチホコガ
①5〜8月　②48〜60mm　③山地
④ハンノキ，サクラ，ヤナギ，カエデ，ミズキなど多食性

ナカスジシャチホコ
①6〜9月　②39mm前後
③山地　④ナナカマド

306 チョウ目　　　　シャチホコガの仲間

クビワシャチホコ🟠
①6〜9月　②50mm前後
③平地〜山地　④カエデ類

スジモクメシャチホコ🟠
①8〜9月　②50mm前後
③山地　④ハルニレ, オヒョウ

ヤスジシャチホコ
①6, 8〜9月　②43mm前後
③山地　④ハリギリ

オオトビモンシャチホコ🟠
①9〜10月　②44mm
前後　③山地

トビスジシャチホコ🟠
①6, 8月　②43mm前後　③山地
④ケマハンノキ, シラカンバなど

ウチキシャチホコ🟠
黄色部
①6, 8月　②41mm前後
③山地　④カンバ類

ニッコウシャチホコ●
①6〜8月　②31mm前後
③山地　④オニグルミ

ハガタエグリシャチホコ
①7〜9月　②40mm前後
③山地　④サワシバ, ア
サダ, シナノキなど

タテスジシャチホコ
①6〜8月　②36mm前後
③山地　④カエデ類

シーベルスシャチホコ
①4〜5月　②40mm前後
③山地　④ウダイカンバ,
ダケカンバなど

クシヒゲシャチホコ🟠
♂
①10〜11月　②34mm前後
③山地　④カエデ類

ツマアカシャチホコ🟠
①6〜8月　②33mm前後
③山地　④ヤナギ類

シャチホコガ，トラガの仲間　　　　　　　チョウ目 307

アオセダカシャチホコ
①6〜7月　②58mm前後
③山地

ウスキシャチホコ
①5〜8月　②45mm前後
③平地〜山地　④ススキ

トビスジシャチホコ　6/12

シーベルスシャチホコ　4/29

ツマアカシャチホコ　8/22

トラガ科　中型で派手な色彩のものが多い。顔に円すい形の突起がある。触角は糸状で先まで太さはあまり変らない。口吻はよく発達している。

コトラガ
①6〜7月　②53mm前後
③山地の花　④ヤブカラシなど

コトラガ　7/12

マイコトラガの交尾　5/1

マイコトラガ
①4〜5月　②37〜43mm
③山地　④ノブドウ

ベニモントラガ◎
①7〜8月　②37mm前後
③山地

ヒメトラガ
①6〜7月　②41mm前後
③山地　④ヤマブドウなど

308 チョウ目　　　　　　　　　　　ドクガの仲間

ドクガ科　中～大型でヤガ科に近い。口吻は退化している。♂の触角は羽毛状。幼虫は毛深く、ブラシ状の毛のふさをもち、毒針毛をもつものもいて、触れるとかゆみやかぶれを起こすことがある。幼虫は森林や果樹園の害虫となっているものが多い。

マイマイガ🔵幼

①7～9月　②38～80mm
③平地～山地　④バラ科、ブナ科、カバノキ科など広食性

マイマイガ♀

カシワマイマイ幼

①7～8月　②37～80mm
③平地～山地　④ナラ類、クリ、サクラ、リンゴなど

カシワマイマイ♀

ノンネマイマイ

①7～8月　②30～50mm
③平地～山地　④シラカンバ、カラマツ、マツなど広食

ノンネマイマイ♀

ドクガの仲間

リンゴドクガ 幼
①6〜7月 ②42mm前後
③平地〜山地 ④リンゴ,ナシ,サクラ,ヤナギなど

ブドウドクガ
①7〜9月 ②34mm前後
③平地〜山地 ④ブドウ

モンシロドクガ 幼
①6〜7月 ②30mm前後
③平地〜山地 ④バラ科,ブナ科

モンシロドクガ 8/10

(ナミ)ドクガ 幼
①7〜8月 ②28〜36mm
③平地〜山地 ④ハマナス,イチゴ,バラ他,広食性

キアシドクガ 幼
①6〜7月 ②49mm前後
③平地〜山地 ④ミズキなど
＊♂は前翅前縁が黒褐色。

(ナミ)ドクガの幼虫の毛が皮膚につくとチクチクしてかゆみを伴う。後にひどくかぶれ,水ぶくれとなり,1週間以上強いかゆみを伴う。気づいたらすぐにガムテープで毛を取り払い,病院でみてもらうのがよい。

産卵中のマイマイガ♀ 8/17   カシワマイマイ♀ 8/8   ノンネマイマイ♀ 8/19

ヒトリガの仲間

ヒトリガ科 中型のものが多い。体は毛深く，口吻は退化する傾向にある。白，黄，褐色の派手な色をしたものが多く，外敵に対する警告をしている種類も多い。多くの幼虫は，有毒物質を含む植物(例えばジャガイモ)などを食べ，体内に毒をもっている。夜活動するものが多く，灯りなどに来るので火取りガといわれている。戦後，アメリカから帰化して，本州で樹木の大害虫となっているアメリカシロヒトリ(圏内にはいない)はこの仲間。

ヒトリガ幼
①8〜9月 ②75mm前後
③山地 ④多食性

ジョウザンヒトリ
①7〜8月 ②68mm前後
③山地 ④ヤナギ，タンポポなど

リシリヒトリ○
①6〜7月 ②35mm前後 ③山地

ベニシタヒトリ●
①6〜9月 ②49mm前後
③山地 ④オオバコ，タンポポなど

スジモンヒトリ●
①6〜9月 ②39〜49mm
③山地 ④多食性

シロヒトリ幼
①8月 ②64mm前後
③山地 ④各種の雑草

ミヤマキベリホソバ●●
①7〜8月 ②31mm前後
③山地

ミヤマキベリホソバ 7/12

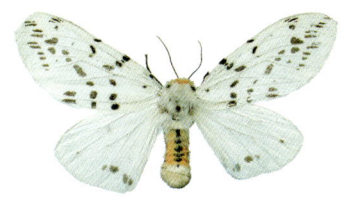

ヒトリガの仲間

クワゴマダラヒトリ 幼
①8〜9月 ②48mm前後
③山地 ④クワ，ヤナギ，フキなど

アカハラゴマダラヒトリ ●
①5〜7月 ②35〜40mm
③山地 ④クワ，ミズキその他多食性

カノコガ
①6〜8月 ②34mm前後
③平地〜山地 ④ギシギシ，タンポポなどの雑草

オオベニヘリコケガ
①7〜8月 ②28mm前後
③山地

ヨツボシホソバ 幼
♂ ♀
①8〜9月 ②43〜47mm
③山地 ④樹幹の地衣類

←**アカスジシロコケガ**
①7〜9月 ②34mm前後
③山地 ④地衣類

ハガタベニコケガ ●→
①7〜8月 ②25mm前後
③平地〜山地

ヒトリガ 9/16

ヒトリガ 8/22

リシリヒトリ 6/27

ベニシタヒトリ 7/24

フタスジヒトリ 7/10

ベニヘリコケガ 7/16

312 チョウ目　　　　　　　　　ヤガの仲間

> **ヤガ科**　小〜大型。後翅はおうぎ形で、前翅は保護色をしている。口吻はよく発達し、触角は細いものが多い。大多数はその名のごとく夜行性。果実を吸い、作物に被害を与えるものもいる。

エゾベニシタバ 幼　　　　　　明瞭な白色部。橙赤色
① 8〜9月　② 55〜70mm
③ 山地　④ ドロノキ, ポプラなど

ベニシタバ　　　　　　　　やや濃いピンク。
① 8〜9月　② 58〜69mm
③ 山地　④ ヤナギ類

オニベニシタバ　　　朱赤色
黒帯は長く、明らかに2カ所で突出。
① 8〜9月　② 55〜62mm
③ 山地　④ ミズナラ, カシワなど

オオシロシタバ
① 8〜9月　② 66〜75mm
③ 山地　④ シナノキ

エゾシロシタバ
① 7〜9月　② 43〜46mm
③ 山地　④ ミズナラ

ヒメシロシタバ △○
① 8〜9月　② 47mm前後
③ 平地〜山地　④ カシワ

ヤガの仲間　　　　　　　　　　　チョウ目 313

ムラサキシタバ○

①8〜9月　②95mm前後
③山地　④ヤマナラシ，ポプラ

シロシタバ○

①8〜9月　②87mm前後
③山地，山麓　④バラ科

シタバガのなかま
後翅は，赤，白，黄，紫などの目立つ色をしているが，前翅は，樹皮の色に似ている。翅を閉じて止まると，後翅は見えず保護色となり気がつかないことが多いが，接近すると派手な後翅を見せ驚かせてすばやく逃げる。

ケヤマハンノキの樹皮にひそむベニシタバ（写真の中央付近）　8/22

314 チョウ目　　　　　　　　　ヤガの仲間

ケンモンキシタバ

①8月　②57mm前後
③山地　④ハルニレ

ワモンキシタバ●

①7〜8月　②51mm前後　③山地
④サクラ，ウメ，ズミ，リンゴなど

マメキシタバ△

①8〜9月　②39mm前後　③平地
〜山地　④ミズナラ，カシワなど

オオケンモン●

①6〜8月　②60mm前後
③山地　④多種の広葉樹

キシタミドリヤガ●

①8〜9月　②43〜46mm
③平地〜山地

オオアオバヤガ●

①8〜9月　②52〜62mm
③山地

キシタミドリヤガ　8/15

アオバハガタヨトウ

①10月　②36〜38mm
③山地

ヤガの仲間

エゾキシタヨトウ
①8〜9月 ②33〜43mm
③山地

前翅の模様や色彩はいろいろある。

ウスキシタヨトウ
①7〜8月 ②33〜40mm
③山地

黒が一部はみ出る。

ナカジロキシタヨトウ
黒の斑紋が独立して明瞭。
①8〜9月 ②37〜40mm
③山地

カラスヨトウ
①7〜9月 ②40〜52mm
③平地〜山地 ④多食性

ヨトウガ 幼
①5〜8月 ②42mm前後
③平地 ④多食性,畑の作物など

オオフタオビキヨトウ 幼
①7〜8月 ②51mm前後
③平地〜山地 ④イネ科

シマカラスヨトウ 幼
①7〜9月 ②49〜55mm ③平地〜山地
④各種の広葉樹,ブラックベリー

ツマジロカラスヨトウ
①7〜9月 ②51mm前後
③平地〜山地

ヨトウガの仲間
幼虫が夜活動して作物を食い荒らすので夜盗(よとう)の名がついた。多食性で多くの植物を食べる。

シマカラスヨトウ 7/28

316 チョウ目　　　　　　　　　　　　ヤガの仲間

ヨスジアカヨトウ
①8～9月　②32mm前後
③山地

コゴマヨトウ
①8～9月　②25～27mm
③山地　④スゲ類

シロケンモン●
①6～7月　②44mm前後
③山地　④シラカンバなど

ゴボウトガリヨトウ
①10月　②38～45mm
③山地

アオケンモン
①6～8月　②38mm前後
③山地　④シナノキ

アオケンモン　6/23

ショウブヨトウ●
①8～9月　②28～31mm
③山地

ムギヤガ●
①8～9月　②42mm前後
③山地　④イネ科

センモンヤガ●
①6～9月　②37mm前後
③平地～山地の草原や牧草地

ヨシヨトウ●
①8～10月　②45～51mm
③平地～山地　④ヨシ

ホソバセダカモクメ●幼
①8～9月　②47mm前後
③山地　④ハナニガナ,
ノゲシなどキク科

キンイロキリガ●　5/30
①5～6月　②32～35mm
③平地～山地　④各種広葉樹

ヤガの仲間　　　　　　　　　　チョウ目 317

モンキキリガ

①8〜9月　②34mm前後
③平地〜山地

キイロキリガ

①9〜10月　②30mm前後
③山地

マダラキボシキリガ

①7〜9月　②28mm前後
③山地

ヤンコウスキーキリガ

①8月　②36mm前後
③山地　④シナノキ

マダラキボシキリガ♀　8/25　マダラキボシキリガ♂　7/24

ケンモンミドリキリガ

①9〜10月　②35mm前後　③山地　④サクラなど落葉樹

エゾキイロキリガ

①10月　②32mm前後
③山地

シラホシキリガ

①6〜9月　②26mm前後
③山地　④ハルニレなど

キバラモクメキリガ 幼

①10月, 越冬　②53mm前後
③平地〜山地　④多食性

ニレキリガ 幼

①7〜9月　②33mm前後
③山地　④ハルニレ

フルショウヤガ△★幼

①9月　②40mm前後
③海岸部　④ハマニンニク

318 チョウ目　　　　　　　　　　　　ヤガの仲間

ギンボシキンウワバ●
①6〜9月　②38mm前後　③山地

イネキンウワバ
①6〜9月　②31mm前後　③平地〜山地　④イネ科など

コヒサゴキンウワバ●
①6〜9月　②30mm前後　③平地〜山地

オオムラサキキンウワバ●
①6〜9月　②38mm前後　③山地

キクギンウワバ●
①5〜9月　②31mm前後　③平地〜山地　④多食性，畑の作物など

キクギンウワバ　9/16

マダラキンウワバ●
①8〜9月　②29mm前後　③山地　④キンポウゲ科

ガマキンウワバ●
①8〜9月　②38mm前後　③平地〜山地

アヤシラフクチバ●幼
①7〜8月　②40〜45mm　③山地　④ミズナラなど

シラフクチバ●幼
①7〜8月　②40〜45mm　③山地　④オニシモツケなど

クロハナギンガ●
①7〜9月　②28mm前後　③山地　④シナノキ

♂の触角はのこぎり歯状。

キタエグリバ●幼
①6〜7月　②42mm前後　③山地　④エゾカラマツ

ヤガの仲間　　　　　　　　　　　　　　　チョウ目 319

ムクゲコノハ

①5〜9月　②85〜90mm　③平地〜山地
④コナラ、オニグルミなどの広葉樹
＊成虫はリンゴなどの果汁を吸うことがある。

フクラスズメ◎ 幼

①7〜9月，越冬　②85mm前後
③平地〜山地，夜樹液に来る
④エゾイラクサなど

フサヤガ

①9月〜越冬　②35mm前後
③山地　④ヌルデ

ツメクサガ

①8〜9月　②30〜34mm
③平地〜山地の草原

ツメクサキシタバ

①6〜8月　②32〜37mm
③山地の草地

クロオビリンガ

①5,7〜8月　②25mm前後
③平地〜山地　④多種の樹木

アオスジアオリンガ

①6〜8月　②32〜37mm
③山地の草地　④ミズナラなど

サラサリンガ△○

①7〜8月　②36mm前後
③平地　④ナラ類

シラオビアカガネヨトウ

①7〜8月　②34mm
前後　③山地

フタスジコヤガ△○

①6月　②21mm
前後　③湿原

ムラサキミツボシアツバ

①9月　②35mm前後
③山地

ハチ(膜翅)目

札幌市手稲区手稲山　エゾコマルハナバチ♂　7/1

ハチ目 大部分には2対(合計4枚)の膜状の翅がある。翅が退化して全くないものもある。葉を食べるもの(ハバチなど)、樹木の木質部を食べるもの(キバチなど)、花の蜜や花粉を食べるもの(ミツバチなど)、他の虫をとらえて食べたり(スズメバチなど)卵を産みつけたり(寄生バチ、狩りバチ)、雑食のもの(アリなど)などがいる。一部のものは、社会生活をして大集団をつくることもある。
　ハチ目は、植物を食べる原始的な**ハバチ亜目(広腰亜目)**と腰の細い**ハチ亜目(細腰亜目)**に分けられる。ハチ目は、コウチュウ目について種類の多い目であるが、さらに膨大な数の未記載種がいる。

＊ハチ目の体の大きさは、頭部先端から腹部先端までの長さ(体長)とした。

圏内のハチ目

　早春、雪の間から地面が現れるころ、フキノトウやヤナギ類の花に花粉や蜜を集めにやって来る多くのコハナバチ類、ヒメハナバチ類を見ることができる。野草の花が咲き始める4月下旬、低山地ではエゾオオマルハナバチ、エゾコマルハナバチ、アカマルハナバチなどのマルハナバチの女王が花蜜と花粉を求めて飛び始める。家の周りや公園では、雪解け後地面が乾燥するとクロヤマアリやトビイロケアリなどのアリ類が活動を始める。5月、マルハナバチ類の女王に加えて、スズメバチ類の女王が活動を始める。新緑が深まると草上ではハバチ類が活発に飛び回る。山地の草間や地面には、這うように飛び回るクモリトゲアシベッコウが目につく。雪解け直後の空沼岳や朝里峠などの高標高地では、コヨウラクツツジの花に蜜を集めにやって来るエゾヒメマルハナバチの女王を見ることができる。6月、セイヨウミツバチやマルハナバチ類の働きバチが花を訪れる。7月、スズメバチ類の働きバチが出現する。高標高地では、ヤドリスズメバチ、キオビクロスズメバチなどのクロスズメバチ類やエゾヒメマルハナバチの働きバチなどが現れる。山地の倒木にはヒメバチ類が集まり、稀に大型のキバチ類も見ることができる。海岸部のカシワ林より内陸側の広大な荒地には、アナバチ類が多く、砂地に巣をつくる姿を観察することができる。8〜9月は、ハチ類が最も多く見られる時期である。8月、スズメバチ類の働きバチが数を増し、獲物を狙って頻繁に花を訪れる。最もよく見られるのはキイロスズメバチ、モンスズメバチ、シダクロスズメバチであるが、その他の種類も少なくはない。この時期、山岳部のハイマツ帯には、平地では少ないニッポンホオナガスズメバチ、シロオビホオナガスズメバチ、ヤドリホオナガスズメバチなどのホオナガスズメバチの仲間が多い。9月下旬、スズメバチ類やクロスズメバチ類の♂が発生し、樹冠や草間を飛び回る。10月上旬、平地のセイタカアワダチソウの花が終わると、ハチ類の姿もめっきり少なくなるが、昆虫のさなぎや幼虫を狙っているのか、ヒメバチ類の姿が時々見られる。

322 ハチ目　　ヒラタハバチ，ミフシハバチの仲間

> **ヒラタハバチ科**　体は扁平で触角は細長く糸状。翅脈は複雑で前縁室に縦脈がある。幼虫は，葉を食べる。

ハラアカヒラタハバチ●
- ①6〜7月
- ②13mm前後
- ③山地の草上
- ④オニシモツケ

オニシモツケヒラタハバチ●
- ①6〜7月
- ②11mm前後
- ③山地の草上
- ④オニシモツケ

ミヤマヒラタハバチ●
- ①6〜7月
- ②11mm前後
- ③山地　④ダケカンバ，ミヤマハンノキ

ヒメクロヒラタハバチ●
- ①6〜7月
- ②8mm前後
- ③山地の草上
- ④ホザキナナカマド

キタハンノキヒラタハバチ●
- ①6〜7月
- ②9mm前後
- ③山地
- ④ケヤマハンノキ

ニホンアカズヒラタハバチ●
- ①6〜7月
- ②10〜11mm
- ④カラマツなどマツ科

体のつやは青い。♀の頭部は赤橙色。

> **ミフシハバチ科**　触角が3節からなるためこの名がある。腹部は，太く平たい。植物の茎などに傷をつけて産卵する。幼虫は，葉を食べる。

アカスジチュウレンジ● 幼
- ①5〜6月
- ②8〜10mm
- ③平地〜山地
- ④バラなど

産卵中の 6/5
アカスジチュウレンジ

ルリチュウレンジ○●
- ①7〜8月
- ②9mm
- ③平地
- ④ツツジ類

ミフシハバチ，ヨフシハバチ，コンボウハバチの仲間　　ハチ目 323

ヨフシハバチ科

ウンモンチュウレンジ
触角は黒色，前翅前縁は黄色。
①6〜7月 ②10mm前後
③山地の葉上
④ウシコロシ

ツノキウンモンチュウレンジ
①6〜8月
②8mm前後
③山地の葉上

ヨフシハバチ
触角は短い。
①5〜6月 ②9mm前後
③山地の葉上

コンボウハバチ科　大型のハバチで，腹部は太く，触角の先端は太くこん棒状。幼虫は，葉を食べる。

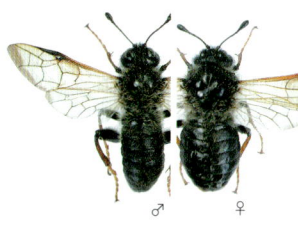

ヒラクチハバチの一種
♂　♀
①5〜6月 ②16〜19mm
③山地

ウスキモモブトハバチ
♀
①6〜7月 ②21mm前後
③山地　④ヤナギ類

カラフトモモブトハバチ
♂は黒色でカラフトモモブトハバチ♂によく似ているので交尾器を見て同定する必要がある。
♀
①5〜7月 ②22〜26mm
③山地　④カンバ類

シマコンボウハバチ
①5〜6月 ②12〜14mm
③山地　④タニウツギ

オオルリコンボウハバチ
①7〜8月 ②17mm前後
③山地　④タニウツギ

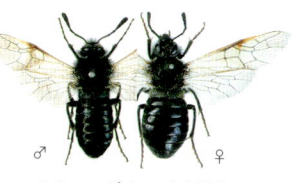

ルリコンボウハバチ
♂　♀
①5〜6月 ②12〜14mm
③山地　④ハコネウツギ

ヒラクチハバチの一種　6/3
カラフトモモブトハバチ　6/12 
シマコンボウハバチ　6/5

324 ハチ目　　　　ハバチの仲間

ハバチ科　形や生態はいろいろ。♀は産卵管で植物の葉や茎に傷をつけ、その中に産卵する。幼虫は、葉を食べる。地中や落葉中にまゆをつくってさなぎになる。

中胸腹板に突起はない。

ウスツマグロハバチ●
①6～7月
②16mm前後
③山地の葉上

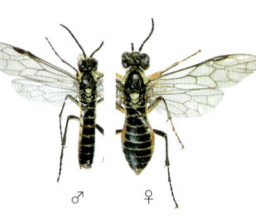

セグロコシホソハバチ●
①5～9月
②11～14mm
③山地の葉上

フタオビクロナガハバチ●
①5～6月
②12mm前後
③山地の葉上

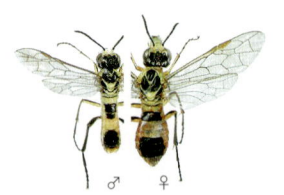

ツマセグロハバチ●
①7～8月
②9.5～13mm
③山地の葉上

シロモンホソハバチ●
①9～10月
②10mm前後
③山地の葉上

トゲムネアオハバチ●
①6～8月
②13mm前後
③山地の葉上

ツノジロナカアカハバチ●
①5～8月
②11～13.5mm
③山地の葉上

ハコネハバチ●
←色彩に変異あり。北海道産はしばしば腹部の黒色紋がなくなる。
①7～8月
②14mm前後
③平地～山地

ジョウザンハバチ○
①7～9月
②12mm前後
③山地の葉上

ハバチの仲間　　　　　　　　　　　ハチ目 325

ナガジロルリハバチ ○
←腹部は藍色光沢がある。触角は黒色で第4節背面は白色。
- ①6～8月
- ②11.5mm前後
- ③山地の葉上

オオツマジロハバチ
←前脚脛節と跗節の前面は黄褐色。
- ①6～8月
- ②14mm前後
- ③山地の葉上

ツマジロクロハバチ
後脚転節は黄色。
- ①6～8月
- ②11～14mm
- ③山地の葉上
- ④ニワトコ

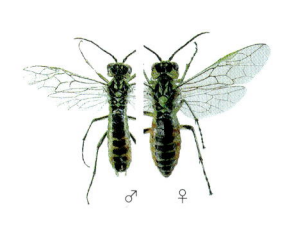

セマダラハバチの一種
♂　♀
- ①5～6月
- ②9～14mm
- ③山地の葉上

フタオビハバチ
- ①7～8月
- ②14mm前後
- ④セリ科の花など

コシアカハバチの一種
- ①6～8月
- ②11.5mm前後
- ③山地の葉上

ツノキクロハバチ
- ①6～7月
- ②13.5mm前後
- ③山地の葉上
- ④イタドリ

モンキハバチ ○
- ①6～7月
- ②9.5mm前後
- ③山地の葉上

Tenthredo 属の一種　6/5

326 ハチ目　　　　　　　　　ハバチ，キバチ，クビナガキバチの仲間

←中後両胸背，
各脛・跗節は
黒色。

ニホンカブラバチ●🔵🟨幼
①5〜9月　②6〜8mm
③平地〜山地の葉上
④アブラナ科
＊年数回発生。

セグロカブラバチ●
①5〜8月　②6〜7mm
③平地〜山地の葉上
④アブラナ科
＊年数回発生。

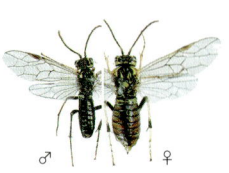

フタモンクロハバチ●🔵🟨
♂　♀
①5〜6月
②7〜10mm
③平地〜山地の葉上

キバチ科　体は長く円筒状で♀の産卵管は長い。♀は倒木などの幹に穴を開け1個ずつ産卵し，同時に木を腐らせる菌を感染させる。幼虫は材や菌を食べる。

ヒゲジロキバチ○
①7〜8月　②17〜30mm
③山地の森林　④エゾマツなど

トドマツノキバチ○●
①7〜8月　②30mm前後
③山地の森林

近似種ヒラアシキバチは触角が短い。

クビナガキバチ科　前胸の下片がのびて首が長い。キバチと似た生活をするが，寄主植物は広葉樹に限られる。

アカアシクビナガキバチ●
①7〜8月
②21mm前後
③山地
④ハンノキ類

アカアシクビナガキバチ　7/13

コマユバチ，ヒメバチの仲間　　　　　　　　　ハチ目 327

> **コマユバチ科**　一般に小型。昆虫に寄生し，多くの場合白いまゆをつくる。種数はとても多い。

アオムシサムライコマユバチ🟠幼

①5〜9月
②2.5mm前後
③平地〜山地
④シロチョウ類の幼虫に寄生

オオモンシロチョウの幼虫に寄生した
アオムシサムライコマユバチのまゆ 7/7
まゆは黄色みを帯びる。

イチモンジチョウの幼虫に寄生した
コマユバチ科の一種のまゆ 6/6

> **ヒメバチ科**　腹部は細く，胸部との連結部はとても狭い。昆虫の幼虫やさなぎに寄生する。長い産卵管をもつものもいる。種数が多いと同時に近似種が多く同定は難しい。

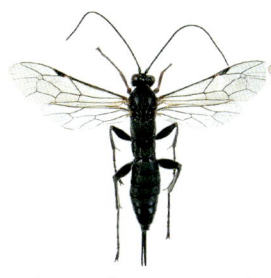

イチモンジヒラタヒメバチ🟠

①6〜7月
②♀19mm前後
④鱗翅類の幼虫に寄生

ヤマガタヒメバチ🟠

①5〜6月
②♀22mm前後
③山地
④鱗翅類の幼虫に寄生

ムツボシヒメバチ🟠

①6〜7月
②♀20mm前後
③山地
④鱗翅類の幼虫に寄生

産卵する
ヒラタヒメバチの一種🟠 6/7

ハネナシヒメバチの一種🟠 5/12

①4〜5月
②6mm前後
③山地

ヒメバチの仲間

クロフシヒラタヒメバチ🟠
①5〜6月 ②8〜15mm
③山地 ④鱗翅類の幼虫

コキアシヒラタヒメバチ🟠
①6〜7月 ②♀19mm前後
③山地 ④エゾシロチョウ
の幼虫など

ハラボソトガリヒメバチ🟠
①5〜7月 ②♀12mm前
後 ③山地など

アゲハヒメバチ🟠
①8〜9月 ②16mm前後
③山地 ④アゲハ類の幼虫

マダラヒメバチ🟠
①7〜8月 ②13mm前後
③山地 ④鱗翅類の幼虫

シロスジヒメバチ🔵🟠
①8〜10月 ②13〜16mm
③山地 ④鱗翅類の幼虫

産卵中のジョウザンオナガバチ 8/18

ヒメバチの仲間　　　　　　　　　　　　　　　　ハチ目 329

コンボウケンヒメバチ

①6〜7月
②23mm前後
③山地
④ヒゲナガカミキリ幼虫

マツムラフシヒメバチ

①9〜10月
②30mm前後
③山地
④カミキリムシの幼虫

シラホシオナガバチ

①6〜8月
②18〜24mm
③山地の森林
④朽木中のカミキリやキバチなどの幼虫

リンゴドクガホシアメバチ

①8〜9月
②24mm前後
③山地
④リンゴドクガの幼虫

カラフトコンボウアメバチ

①8〜9月
②22mm前後
③山地
④マツケムシ，リンゴドクガの幼虫など

カギバラバチ科 腹部はつやがあり丸みを帯びる。

エゾカギバラバチ
①8〜9月
②14mm前後
③山地
④スズメバチの巣に寄生

コガネコバチ科 小型。昆虫の幼虫やさなぎに寄生する。いろいろな環境にすみ一部の種は作物害虫の生物的防除に使われる。

アゲハチョウのさなぎに産卵するコガネコバチ科の一種 9/14

コンボウヤセバチ科 体が細く，ヒメバチに似ているが首の部分が細い。卵はハチの巣に産みつけられ，ハチの卵と貯蔵された食料を食べる。

コンボウヤセバチ
①7〜8月
②12〜14mm
③山地

コンボウヤセバチ 7/18

セイボウ科 体は硬く，金属光沢がある。♀は，多くは単独性のハチの巣を見つけ産卵する。幼虫は寄主の幼虫とその食物をかすめとって食べる。

ハラアカマルセイボウ
①6〜9月
②8mm前後
③山地

オオツヤセイボウ
①6〜8月
②7mm前後
③山地

ミヤマツヤセイボウ
①6〜8月
②♀9mm前後
③山地

セイボウ，アリバチ，コツチバチ，ツチバチの仲間　　　　　　ハチ目 331

アリバチ科　マルハナバチ類の巣に寄生し幼虫を食べる。

バラアカマルセイボウ 5/16

ルイスヒトホシアリバチ
（ヒトホシアリバチ）

①8〜9月
②5〜9mm
③山地
＊♀は羽がなく強く刺す。

コツチバチ科　ツチバチ科より小型で，一般に黒色〜褐色。

ダイテンコツチバチ

①6〜8月
②♀9mm前後
③平地の砂地

スジコツチバチ

①6〜8月
②8.5〜13mm
③平地の砂地

マメコツチバチ

①7〜9月
②♀11mm前後
③山地の花

ツチバチ科　体には短い毛が密に生えている。脚は短く強い。♀は地中を掘って，おもにコガネムシ類の幼虫を見つけて刺し，麻酔で動けなくして，その表面に産卵する。

コモンツチバチ

①8〜9月　②10〜14mm
③平地，砂地〜乾燥地の花

コモンツチバチ 9/11

ハチ目 — アリの仲間

アリ科 頭は大きく，大顎は強力。腹のつけねには1〜2個のこぶ(腹柄)がある。女王，♂，働きアリで巣をつくり社会生活をする。兵アリをもつものもいる。結婚飛行前の女王と♂には翅があり，飛行後，翅を落とす。女王は卵を産み，通常働きアリには生殖能力はない。♂は結婚飛行の時だけ現れ，交尾後すぐに死んでしまう。女王の寿命は10〜20年程度，働きアリで1〜2年程度である。フェロモンを用いた臭覚によるコミュニケーションが発達し，性フェロモン，警戒フェロモン，道しるべフェロモンなどが知られている。食性は種により肉食性，植物性，雑食性などいろいろ。アブラムシの排泄物を好み，共生する。ある種の植物(スミレ，エンレイソウなど)はアリに種の散布を頼っている。また，アリの巣に寄生する昆虫も多い。

＊アリ科では女王＝♀，働きアリ＝♀，オス＝♂の記号を使用した。

全身黒色のものもある。

ムネアカオオアリ ○
② ♀ 7〜12mm
③ 森林性で朽木の中などに巣をつくる

← クマゲラはアリ類を主食とするが本種を多く食べる。

脚は褐色。頭楯前縁の中央部はへこむ。前伸腹節後背縁は角ばる。

ミカドオオアリ ○
② ♀ 8〜11mm
③ 朽木中に巣をつくる。夜行性で暗い林内では日中も見られる

クロオオアリ ○●
② ♀ 7〜12mm
③ 日当たりのよい乾燥地に巣をつくる ＊巣の深さは50cmくらい。

クロヤマアリ ○●
② ♀ 4.5〜6mm ③ 平地〜山地の明るい場所に普通で，地中に巣をつくる ＊巣はほぼ垂直に伸び深さは1〜2m。

腹部第1，2節にはそれぞれ1対の黄色の円紋がある。

ヨツボシオオアリ
② ♀ 5〜6mm
③ 樹上営巣性で木の割れ目や樹皮下に巣をつくる

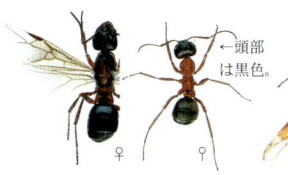

アリの仲間

アカヤマアリ
←頭部は黒色。
②♀ 6〜7mm
③塚をつくらない。多くはクロヤマアリを奴隷狩りして混生する

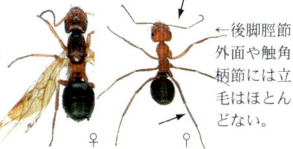

エゾアカヤマアリ 🔵🟠
←後脚脛節外面や触角柄節には立毛はほとんどない。
②♀ 4.5〜7mm
③比較的明るいところに営巣。枯草で塚をつくる

アズマオオズアリ
兵アリ(♀)
②♀ 2.5, 兵アリ 3.5mm
③湿った林内の朽木や土中に生息

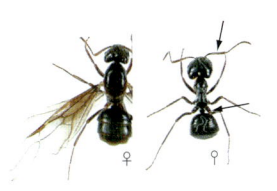

クロクサアリ 🟠
腹柄節は横から見て逆U字型。♀の触角柄節は伏毛でおおわれる。
②♀ 4〜5mm
③平地〜山地, アメイロケアリ亜属の種に一次的社会寄生を行う

クサアリモドキ 🟠
腹柄節は横から見て逆V字型。♀の触角柄節には多くの立毛がある。
②♀ 4〜5mm
③平地〜山地, トビイロケアリに一次的社会寄生を行うらしい

エゾクシケアリ 🔵🟠
体色は褐色〜赤褐色で頭部と腹部はより暗色。
②♀ 3〜4.5mm
③開けた草地や裸地の石下や土中に営巣

アシナガアリ
②♀ 3.5〜8mm

ヤマトアシナガアリ 🟠🟠
アシナガアリより触角柄節胸部, 脚ともにやや短い。
②♀ 3〜5mm
③林縁や林内の土中や岩の隙間などに営巣

トビイロシワアリ 🔵
体に比べ頭部はやや大きく扁平で, 縦走する平行なしわにおおわれる。
②♀ 2.5mm
③草地など開けた場所に生息し, 石下などに営巣する

シワクシケアリ 🔵🟠
エゾクシケアリより少し大きく体全体は黒褐色。
②♀ 4〜5.5mm　③石下, 土中, 倒木などに営巣　＊札幌付近では河岸に生息するものは多雌(女王)性, 山地に生息するものは単雌(女王)性。

アリ，ベッコウバチの仲間

小型で，頭部と腹部は黒褐色。

触角柄節は短く，頭幅の0.85倍の長さ。触角柄節，脚脛節に立毛を欠く。

トビイロケアリ ●●
- ②♀2.5〜3.5mm
- ③草地〜林内。巣は土中や朽木中につくられる

アメイロアリ
- ②♀2〜2.5mm
- ③草地や林内の石下，落葉層，倒木内などに営巣
- ＊蜜や動物質のものに集まる

キイロケアリ ●
- ②♀2〜3.5mm
- ③草地や林縁にかけて石下や土中に営巣

ベッコウバチ科 脚は長く，翅は褐色を帯びるものが多い。標本では触角は先が巻く。多くは地中に巣をつくり，クモを襲い，動けなくして巣に引きずりこみ，幼虫の餌にする。地面を這うように飛ぶことが多い。

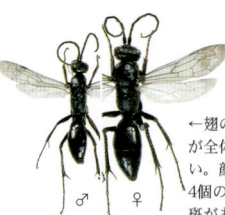

←翅のくもりが全体的に強い。顔面には4個の無点刻斑がある。

ヤマトクロベッコウ ●
- ①6〜8月
- ②♀10.5mm
- ③山地

クモリトゲアシベッコウ ●●
- ①5〜7月
- ②10〜14mm
- ③山地

ムツボシベッコウ △
- ①4〜5，10〜11月
- ②7.5〜13.5mm
- ③平地

←オオモンクロベッコウ ○
- ①7〜9月
- ②♀18mm前後
- ③山地

アカゴシトゲアシベッコウ →
- ①6〜9月
- ②7〜12mm
- ③平地の砂地

翅の外縁はやや広く暗色。尾端に剛毛を密生する。

ベッコウバチ，スズメバチの仲間　　　　　　　　ハチ目 335

↑翅の外縁は暗色。

←腹部背面の白色紋は無紋のものまで変異がある。

↑前翅の先端1/3は暗色。

オオシロフベッコウ🔴
①6〜9月
②♀10〜13.5mm
③平地〜山地
④地中に営巣しコガネグモ類を狩る

フタスジベッコウ○
①7〜9月
②♀16.5mm前後
③山地
④地中に営巣しコガネグモ類を狩る

ヤマモトクロベッコウ🔴
①7〜9月
②♀16.5mm前後
③平地〜山地

クモを運ぶ
クモリトゲアシベッコウ　5/17

キシダグモの一種を運ぶ
オオモンクロベッコウ　8/4

オニグモの一種を運ぶ
フタスジベッコウ　7/18

スズメバチ科　ほとんどの種で腹部に黄色のしま模様がある(警戒色)。翅は，縦に二つ折りにたたまれる。かみ砕いた植物繊維で巣をつくり，群れをなして社会生活をする。女王，働きバチ，♂がいて，新女王と♂は秋に生まれ，新女王だけが冬を越し，翌年新しい巣をつくる。女王は，働きバチを産み続け，巣を大きくする。働きバチは，昆虫などを肉だんごにして，幼虫に与える。

＊スズメバチ科では女王＝♀，働きバチ＝♀，オス＝♂の記号を使用した。

アシナガバチの♂の触角の先端は細く，外側に曲がる。

コアシナガバチ🔴
①5〜9月　②12〜15mm
③平地〜山地　＊木の枝，やぶ，軒下などに営巣。

トガリフタモンアシナガバチ△
①5〜9月　②14〜17mm
③平地〜山地の河原
＊木の枝，枯茎などに営巣。

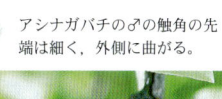

コアシナガバチの巣　7/10

336 ハチ目　　スズメバチの仲間

オオスズメバチ

①7〜9月
②27〜40mm
③平地〜山地の林
＊地中に鐘型の巣をつくる。攻撃性と毒性は激しい。

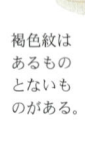

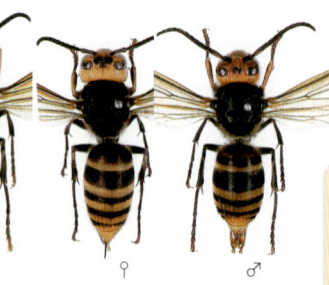

褐色紋

腹部に黒色点紋はない。

胸部と小楯板に褐色紋はない。

褐色紋はあるものとないものがある。

一般に腹部黄色帯中に黒色点紋はないが、女王では小さな紋があるものも多い。

コガタスズメバチ

①7〜9月
②20〜30mm
③平地〜山地の林
＊木の枝, 軒下, 崖などに巣をつくる。

オオスズメバチとコガタスズメバチのちがい

オオスズメバチ
頭楯の下端の突起が2個。

コガタスズメバチ
頭楯の下端の突起が3個。

昆虫をつかまえて肉だんごをつくる
オオスズメバチ　7/16

スズメバチの仲間　　　　　　　　　　　　　　　　　　　　　ハチ目 337

単眼の周りは黒色で複眼の後方まで。

体は毛深い。

小さめの褐色紋がある。褐色紋がないものもある。

小さめの黒色点紋。

♀　　♂

**キイロスズメバチ
（ケブカスズメバチ）**

①7〜9月
②17〜26mm
③平地〜山地
＊木の枝，軒下，土中，屋根裏などに長円形の巣をつくる。

単眼の周りは広く黒色で複眼に接する。

大きな褐色紋

大きな黒色点紋

♀　　♀　　♂

モンスズメバチ

①7〜9月
②21〜29mm
③山地の林
＊樹洞，屋根裏，土中などの閉鎖空間に鐘型の巣をつくる。攻撃性は強い。

腹部に黄色帯はない。

♀　　♂

チャイロスズメバチ

①7〜9月
②20〜29mm
③平地〜山地
＊樹洞，屋根裏，土中などの閉鎖空間に鐘型の巣。攻撃性は強い。キイロスズメやモンスズメの巣に侵入して女王を殺し，自分の働きバチを育てさせる。

どの種も巣を刺激すると，激しく攻撃してくるので巣には近づかないこと。

338 ハチ目　　スズメバチの仲間

クロスズメバチ属

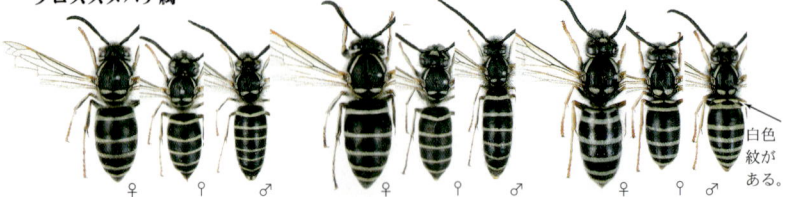

♀あるいは♀の顔面

- 黄色紋は幅広い。
- 斑紋は下縁に達しない。

- 黄色紋はやや幅狭い。
- 斑紋は下縁に達する。♂では達しないものもいる。

↑腹部第1節の上縁に1対の白色紋があることで他種と区別できる。

白色紋がある。

クロスズメバチ
①5〜10月　②♀14〜16, 10〜13, ♂14〜15mm
③平地〜山地
＊土中，屋根裏，壁間にフットボール状の巣。

シダクロスズメバチ
①5〜10月　②♀16〜19, 10〜14, ♂14〜16mm
③平地〜山地
＊土中，屋根裏などにフットボール状の巣。

ツヤクロスズメバチ
①5〜10月　②♀15〜19, 12〜14, ♂14〜16mm
③平地〜山地
＊土中，屋根裏，壁間などに提灯状の巣。

ホオナガスズメバチ属

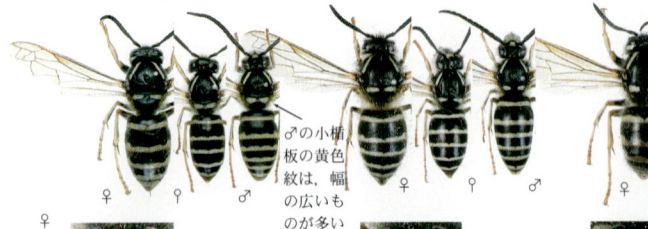

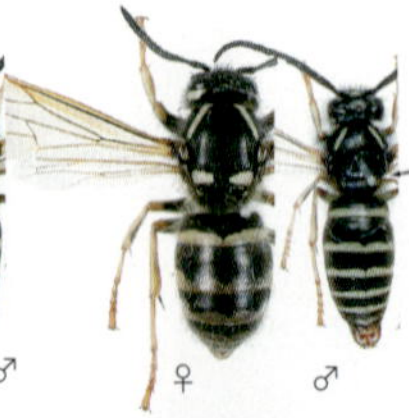

♀あるいは♀の顔面

♂の小楯板の黄色紋は，幅の広いものが多いが個体差がある。

- 黒色紋の下方で明らかなくびれがある。

♂の小楯板の黄色紋は小さく円形に近い形。

- 黒色紋の下方で明らかなくびれがない。

働きバチはいない。

- 黒色斑は上縁に達しない。

ニッポンホオナガスズメバチ
①6〜9月　②♀16〜17, 12〜14, ♂12〜14mm
③山地
＊木の枝，やぶ，軒下，樹洞，壁間に提灯状の巣。

シロオビホオナガスズメバチ
①6〜9月　②♀15〜16, 11〜13, ♂12〜13mm
③山地
＊木の枝，軒下，土中に提灯状の巣。

ヤドリホオナガスズメバチ
①6〜9月　②♀14〜16, ♂12〜15mm　③山地
＊ニッポンホオナガスズメバチの羽化後の巣を乗っ取り，自分の女王と♂を育てさせる。

ホナガスズメバチ属の上記3種の♂については，顔の模様では区別できない。ヤドリホオナガスズメバチの♂は小楯板の斑紋である程度区別できるが，ニッポンホオナガスズメバチとシロオビホオナガスズメバチの♂の区別は交尾器を確認する必要がある。

スズメバチの仲間　　　　　　　　　　　　　　　　ハチ目 339

黄色紋がある。　　　　　　　　　この黄色紋は消失するものもある。

♀　♂

働きバチはいない。　　体の斑紋は黄色。
顔面中央付近に1ないし3個の黒点。

ヤドリスズメバチ

①6〜9月　②♀13〜16, ♂12〜14mm
③山地
＊ツヤクロスズメの巣に女王が侵入し、その女王を殺して自分の新女王と♂を育てさせる。

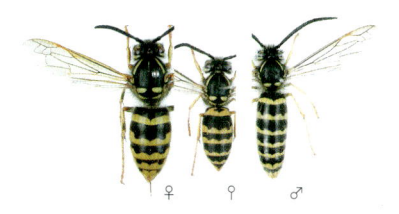

♀　♂

体の斑紋は黄色。
顔面の模様はいかり型。

キオビクロスズメバチ

①6〜9月　②♀13〜16, 10〜15, ♂16mm前後
③山地
＊土中、稀に樹洞にフットボール状の巣。

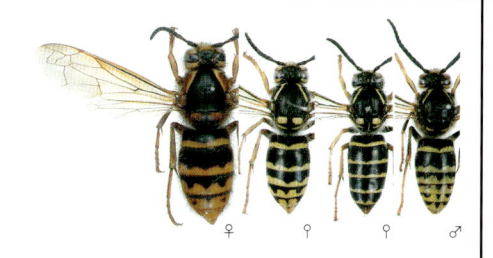

♀　♀　♂

黄色紋の幅は広い。　ホオナガスズメバチ属で、体の斑紋が黄色なのは本種だけである。

キオビホオナガスズメバチ

①5〜9月　②♀18〜21, 13〜16, ♂16mm前後
③平地〜山地
＊木の枝、やぶ、軒下に提灯状の巣。

体の紋は黄色。働きバチの腹部の黄色紋の幅には図のように個体差がある。

クロスズメバチ属とホオナガスズメバチ属のちがい

クロスズメバチ属では複眼と大顎がほぼ接する。ホオナガスズメバチ属は、複眼と大顎の間に幅がある。

クロスズメバチ属の横顔　　**ホオナガスズメバチ属の横顔**

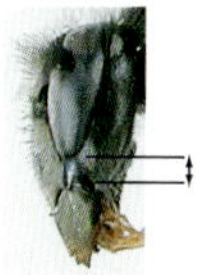

頬が短い。　　頬が長く正面から見ると顔は細長く見える。

340 ハチ目　　　　　　　　　　　　　ドロバチの仲間

> **ドロバチ科**　筒孔や壁などに泥で巣をつくり，ガなどの幼虫を狩り，巣に運び幼虫の餌にする。本科も前翅を二つ折りにする。

ケブカスジドロバチ

①5～10月
②7.5～11mm
③平地～山地

孔や筒の中に泥の壁を塗って巣をつくる。

オオフタオビドロバチ

①7～9月
②14.5～20mm
③平地
④ガの幼虫を狩る

ヤマトフタスジスズバチ
（フタスジスズバチ）

①7～10月
②13～16mm
③平地～山地
④ハマキガ類の幼虫を狩る

泥でトックリ形の巣をつくる。

ムモントックリバチ

①8～9月
②12mm前後
③山地
④ガの幼虫を狩る

石の上や樹葉上に球形の土の巣をつくる。

スズバチ

①7～9月
②18～30mm
③平地～山地のガレ場や乾燥地など　④ガの幼虫を狩る

サイジョウハムシドロバチ

①6～7月
②♀9mm前後
③山地

ハラナガハムシドロバチ

①6～7月
②♂9mm前後
③山地
④ハムシ類の幼虫を狩る

エゾスジドロバチ

①6～7月
②♀11mm前後
③山地

スズバチ　8/12

アナバチ群・アナバチ科
地中や筒などに巣をつくり、昆虫やクモを狩り、巣にたくわえて幼虫の餌とする。アナバチ亜科、ジガバチ亜科、ドロジガバチ亜科を含む。

ヤマジガバチ
① 6～8月
② 17～27mm
③ 平地～山地
④ チョウやガの幼虫を狩る

ニッポンモンキジガバチ○
① 7～8月 ② ♂20mm前後
③ 山地 ④ ハエトリグモを狩る

ヤマジガバチと近似種サトジガバチのちがい
サトジガバチでは♂の交尾器の外葉先端部の幅が狭いこと、胸部の各所の点刻がしわ状になることなどの特徴があるが、中間型も存在し、その他多くの点を総合的にみて同定する必要がある。著者は、圏内においてサトジガバチは石狩川付近の海岸部～平野部～山地で、ヤマジガバチは山地で採集している。生息地の詳細な分布などはまだ明らかではなく、今後さらに調査を行う必要がある。一般に、本州では山地にヤマジガバチ、平地にサトジガバチが生息しているようである。

コクロアナバチ○ 7/28
① 7～8月
② 20mm前後
③ 平地
④ キリギリス類を狩る。竹筒に営巣する

アナバチ群・アリマキバチ科
ヨコバイやアブラムシ類などを狩り、幼虫の餌とする。日本ではヨコバイバチ亜科、アリマキバチ亜科を含む。

シワヨコバイバチ
① 7～8月
② 11mm前後
③ 山地 ④ ヨコバイ科 *朽木に巣をつくる。

ベットウヨコバイバチ
① 7～8月
② 11.5mm前後
③ 山地 ④ ヨコバイ科、ツノゼミ科 *朽木に巣をつくる。

アリマキバチ，ギングチバチの仲間

タカミネヨコバイバチ ♀
① 7～9月
② ♀11mm前後
③ 山地

ベレーマエダテバチ ♂
① 7～8月
② ♂5.5mm前後
③ 山地

ニッコウマエダテバチ ♀
① 7～8月
② ♀9.5mm前後
③ 山地

> **アナバチ群・ギングチバチ科** ケラトリバチ亜科とギングチバチ亜科を含む。ケラトリバチ亜科では，クモ，バッタやコオロギ類を狩り，幼虫の餌とする。ギングチバチ亜科では，おもにハエ類を狩り幼虫の餌とする。ギングチバチ亜科は，セリ科の花によく集まり，おもにハエ類を狩り，朽木中などにつくった巣に運び幼虫の餌とする。

コシブトジガバチモドキ ♀
① 6～7月
② 11.5mm前後
③ 平地～山地

キスケジガバチモドキ ♀
① 7～8月
② 14mm前後
③ 山地

クロケラトリバチ○ ♂
① 7～8月
② 11.5mm前後
③ 山地の乾燥地など

ヒロズハヤバチ△○ ♀
① 7～8月
② 14mm前後
③ 平地～山地

ニッポンハナダカバチ，ヒロズハヤバチなどのアナバチ類が生息する小樽市銭函の砂地

ギングチバチの仲間　　　　　　　ハチ目 343

ヒラズギングチ
①7〜8月
②♀12mm前後
③山地の花

ナミギングチ
①8〜10月
②10mm前後
③平地〜山地

オオギングチ
①7〜9月
②15〜17mm
③山地の花

ジョウザンギングチ
①7〜9月
②12〜14mm
③山地の花

ミズホギングチ
①8〜9月
②♀11.5mm前後
③山地の花

クボズギングチ
①7〜8月
②11〜13mm
③山地の花

オオギングチ　8/15

モトドマリクロハナアブをとらえたオオギングチ　7/17

344 ハチ目　　　　　　　　　　ギングチバチ，ドロバチモドキの仲間

クロユビギングチ●
① 8〜9月
② ♀11mm前後
③ 山地の花

アイヌギングチ●
① 6〜7月
② ♀12mm前後
③ 山地の花

ハクサンギングチ●
① 7月
② ♀10mm前後
③ 山地の花

アムールギングチ●
① 7月
② ♀9mm前後
③ 山地の花

クロギングチ●
① 7〜8月
② 9.5mm前後
③ 山地の花

ヤマトトゲアナバチ○
① 6〜7月
② ♂5.5mm前後
③ 平地の砂地
④ 地中に営巣し
　ハエ類を狩る

アナバチ群・ドロバチモドキ科　ハエ類やアワフキムシなどを狩り，幼虫の餌とする。ハナダカバチ亜科，アワフキバチ亜科，ドロバチモドキ亜科を含む。

巣を掘るニッポンハナダカバチ　7/25 　　ニッポンハナダカバチの顔

　一般の狩りバチは，幼虫の成育に必要な量の餌をため込むと巣を閉じる(一括給餌)が，ニッポンハナダカバチは幼虫の成育に合わせて新鮮な餌を数度に分けて与える(随時給餌)。

ドロバチモドキ，フシダカバチの仲間

ハチ目 345

ニッポンハナダカバチ△
♂ ♀
① 7〜8月
② 13〜22mm
③ 海浜の砂地
④ 砂地に穴を掘り，ハエ類を狩り随時幼虫に与える

オオトゲアワフキバチ🟠
（オオアワフキバチ）
① 6〜8月
② 10〜14mm
③ 山地

ニッポントゲアワフキバチ🟠
（ニッポンアワフキバチ）
♀
① 7〜8月
② 10〜14mm
③ 平地〜山地

アイヌアワフキバチ🟠
♂
① 6〜7月
② 8〜12mm
③ 山地

ナミアワフキバチ🟠
♀
① 7〜8月
② 10〜14mm
③ 平地

ミスジアワフキバチ🟠
♂
① 7〜8月
② 11〜15mm
③ 平地

コウライアワフキバチ🟠★
♂ ♀
① 8〜10月
② 10〜14mm
③ 平地〜山地

オオドロバチモドキ🟠
♀
① 7〜8月
② ♀9.5mm前後
③ 山地

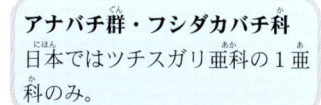

> **アナバチ群・フシダカバチ科**
> 日本ではツチスガリ亜科の1亜科のみ。

ナミツチスガリ🟠
① 8〜9月
② 7〜12mm
③ 山地
④ 地中に営巣しおもにコハナバチ類を狩る

346 ハチ目　　　ムカシハナバチ，コハナバチの仲間

> **ムカシハナバチ科**　コハナバチに似るが，下唇には基節および亜基節がある。ハナバチの中では原始的なグループと考えられている。地中に孔道を掘って巣をつくり，花粉や蜜を集めて産卵する。南半球，特にオーストラリアに多い。

ババムカシハナバチ ♀
- ①7〜8月
- ②10mm前後
- ③平地〜山地

オオムカシハナバチ ♂
- ①7〜9月
- ②8〜11.5mm
- ③平地〜山地

ババムカシハナバチ　6/29

> **コハナバチ科**　体色は多くは黒色か茶色で，ヒメハナバチほど胸部の毛は長くない。地中に孔道を掘って巣をつくり，花粉や蜜を集めて産卵する。中には母と少数の娘が同居し，幼虫を育てる半社会性の種もある。巣の壁はヒメハナバチ類と同様に分泌物でかためて水やカビから保護されている。

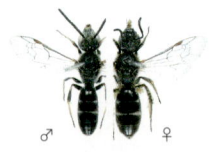

ホクダイコハナバチ ♂ ♀
- ①6〜10月
- ②8〜9mm
- ③平地〜山地

ニッポンコハナバチ ♂ ♀
- ①5〜10月
- ②9mm前後
- ③山地

エゾカタコハナバチ ♀
- ①6〜8月
- ②9〜10mm
- ③平地

ミドリコハナバチ ♀
- ①5〜7月
- ②7mm前後
- ③平地

ニセキオビコハナバチ ♀
- ①5〜6月
- ②7〜8mm
- ③平地〜山地

ミヤマカタコハナバチ ♀
- ①4〜5月
- ②8〜9mm
- ③山地に普通

コハナバチ，ヒメハナバチの仲間　　　　　　　ハチ目 347

巣穴から出てきた
ミヤマカタコハナバチ　4/27

ミヤマカタコハナバチ　4/5

札幌市南区札幌湖付近
コハナバチやヒメハナバチの巣穴が多い山地の裸地斜面

ヒメハナバチ科　頭部，胸部と脚は毛でおおわれるものが多い。単独性でコハナバチと同じように，地中に孔道を掘って巣をつくり，花粉や蜜を集めて産卵する。ほとんどの種が年1回の発生である。

ムネアカハラビロヒメハナバチ🟠
①5〜7月
②11〜15mm
③山地

イシハラヒメハナバチ🟠
①5〜9月
②9〜14mm
③山地

ナワヒメハナバチ🟠
①4〜5月
②8〜12mm
③山地

5/25
ムネアカハラビロヒメハナバチ

ナワヒメハナバチ　4/23

カオジロヒメハナバチ　4/5

348 ハチ目　　　　　　　　　　ヒメハナバチ，ハキリバチの仲間

アキツシマヒメハナバチ🟠
- ①4〜8月
- ②8.5〜13mm
- ③山地

トゲホオヒメハナバチ🟠
- ①7〜9月
- ②8.5〜13mm
- ③山地

エゾヒメハナバチ🟠
- ①5〜6月
- ②9〜11mm
- ③平地〜山地

アカアシヒメハナバチ
- ①5〜6月
- ②9.5mm前後
- ③山地

ワタセヒメハナバチ🟠
- ①5〜6月
- ②10〜13mm
- ③平地〜山地

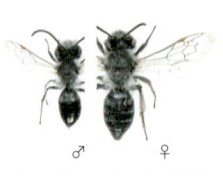

カオジロヒメハナバチ🔵
- ①4〜5月
- ②7〜10mm
- ③平地〜山地

> **ハキリバチ科**　頭は大きく，ミツバチ同様に舌は長く，強い大顎をもつ。花粉を集めるための集粉毛が腹部腹面にある。多くの種は，葉や樹脂などを集めて巣の壁や間仕切り材として使い，花粉や蜜を詰めて産卵する。幼虫は，これを食べて育つ。巣は土中や茎などの中につくられる。

イシカワハキリバチ🟠★
- ①7〜9月
- ②12〜14mm
- ③平地〜山地

バラハキリバチ🟠
- ①6〜9月
- ②11mm前後
- ③平地〜山地

オオハキリバチ
- ①7〜8月
- ②16mm前後
- ③平地

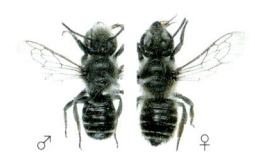

ハキリバチ，ミツバチの仲間　　　　　　　　　　　　　ハチ目 349

アルファルファハキリバチ
①6〜9月　②9〜11mm
③平地〜山地

ツルガハキリバチ
①7〜9月　②10〜11mm
③平地〜山地

ヤノトガリハナバチ
①8〜9月　②10mm前後
③平地〜山地
＊ハキリバチに寄生。

7/28 ハキリバチに切りとられた跡
花粉を集めるアルファルファハキリバチ 9/16 
ツルガハキリバチ 8/10

ミツバチ科　舌が長く，花から蜜を吸うのに適している。体は毛深く花粉を集めるのに適している。ミツバチやマルハナバチでは，後脚は幅広く，脛節の外側(花粉かご)にたくさんの花粉をつけることができ，スズメバチと同じように女王・働きバチ・♂がいて巣をつくり集団で生活する。幼虫は，花粉と蜜を食べる。ヤドリハナバチ，キマダラハナバチ，トガリハナバチの仲間では，単独生活をして他のハナバチに寄生する。クマバチ亜科(ツヤハナバチ類など)，コシブトハナバチ亜科(キマダラハナバチ類など)，ミツバチ亜科(ヒゲナガハナバチ類，マルハナバチ類，セイヨウミツバチなど)を含む。

＊マルハナバチとセイヨウミツバチは女王＝♀，働きバチ＝♀，オス＝♂の記号を使用した。

キオビツヤハナバチ
♂の後脚脛節の中央基部寄りに毛が部分的に房状に生える。
①4〜9月　②6〜8mm
③平地の花　＊ヤマトツヤハナバチとともに，腹部背面と顔に黄色のしま模様があるが，個体により変異がある。

クロツヤハナバチ
近似種エサキツヤハナバチは，より小型で道南以南に生息する。
①4〜9月　②6.5〜8.5mm
③山地の花　＊♂♀の腹部および♀の顔に黄色紋はない。

ヤマトツヤハナバチ
①4〜9月　②6.5〜9mm
③平地〜山地の花

ツヤハナバチ類は，植物の茎の中に巣をつくる。

350 ハチ目　　　　　　　　　　　　ミツバチの仲間

ウシヅノキマダラハナバチ🟠
①5〜7月　②9〜11mm
③山地の花に普通

ハリマキマダラハナバチ🟠
①4〜5月　②6〜9mm
③平地〜山地の花に普通

ギンランキマダラハナバチ🟠
①5〜6月　②6〜7mm
③平地〜山地の花

キマダラハナバチ類は，ハナバチ類の巣に寄生する。

アイヌキマダラハナバチ🟠
①6〜8月　②9.5mm前後
③平地の花

エサキキマダラハナバチ🟠
①4〜5, 9〜10月
②11mm前後　③山地の花

ハリマキマダラハナバチ♂ 4/11

←**ハイイロヒゲナガハナバチ**△○
①5〜8月　②13mm前後
③平地の花

シロモンムカシハナバチヤドリ→
（シロモンヤドリハナバチ）
①7〜8月　②8mm前後
③平地の荒地，砂地など

エゾナガマルハナバチ★　①6〜9月　②14〜20mm　③山地の花

腹部には，通常2本の黒いしまがあるが，稀に黒いしまがほとんど消失する個体もある。

ミツバチの仲間　　　　　　　　　　　　　　　　ハチ目 351

クリーム色

エゾオオマルハナバチ ●★

①4～9月　②11～22mm　③山地の花

前胸部の白帯は，エゾオオマルハナバチより幅が狭く，やや暗色となる。毛は立っているので体は丸みを帯びて見える。

前胸は褐色。エゾオオマルハナバチの♀より小型で，毛が立っているので，毛深く見える。

体の色はレモンイエロー。

エゾコマルハナバチ ●★

①4～9月　②9～19mm　③山地の花

♂と♀は，ハイイロマルハナバチに似るが，より毛深い。女王は，エゾオオマルハナバチの働きバチに似るが，腹部は先端部近くまで太く，腹部の白帯はレモンイエローをしている。また，女王は雪解け直後の山岳部に見られる。

アイヌ(エゾ)ヒメマルハナバチ △★

①5～9月　②9～16mm　③山地～山岳地の花

6/11　エゾオオマルハナバチ女王　　6/6　エゾコマルハナバチ女王　　6/23　エゾコマルハナバチ♂

352 ハチ目　　　　　　　　　　　　　　ミツバチの仲間

♂と♀の区別

ミツバチ，アナバチ，スズメバチ，ツチバチの仲間は，♂の触角は13節，♀は12節で，腹節の数も♂は♀より1節多い。

左下の生態写真のように，腹部はしま状に見える。

エゾトラマルハナバチ●★

①5〜9月　②11〜22mm　③平地〜山地の花(平地では少ない)

黒色　　　黒色

体色は赤褐色。♂はエゾトラマルハナバチに近い色となる個体もあるので注意が必要。本種の♂の顔面には，褐色の長毛を密生する。

アカマルハナバチ●★

①5〜9月　②10〜20mm　③山地の花

エゾトラマルハナバチに似るが顔はやや短く，腹部はレモンイエロー。

5/27
エゾトラマルハナバチ女王

エゾミヤママルハナバチ△○

①5〜9月　②10〜20mm　③山地の花(百松沢付近以南の山地)

ミツバチの仲間

♀では腹部第2節の側面に黒い毛が数十本混じる。

♂の触角は各節のくびれが小さい。

ハイイロマルハナバチ★

①5〜9月 ②10〜16mm ③おもに平地の花

ニセハイイロマルハナバチは，一般に腹部のしま模様がハイイロマルハナバチより明瞭である。ハイイロマルハナバチとニセハイイロマルハナバチは，混生もするので同定には注意が必要である。

♀は腹部第2節の側面に黒い毛がないかあっても少ない。

♂の触角は各節の片側が強くくびれる。

ニセハイイロマルハナバチ●

①5〜9月 ②11〜18mm ③おもに平地の花

セイヨウオオマルハナバチ○

①5〜9月 ②♂16mm前後
③平地〜山地の花(外来種)

セイヨウオオマルハナバチは，原産地のヨーロッパでさかんに人工増殖され，作物の人工受粉に利用されている。日本でもトマトの受粉用に大量に輸入されており，札幌・小樽でも農家から逃げたと思われる個体が各所で見つかっている。

海外では，セイヨウオオマルハナバチが侵入した地域でミツバチを含むハナバチ全てが衰退した例も知られ，また，エゾオオマルハナバチとの間に雑種ができることも知られており，遺伝子汚染や生態系への影響が心配されている。(2006年現在)

セイヨウミツバチ●

①6〜9月 ②12〜14mm
③平地〜山地の花
＊原産は，ヨーロッパ。

10/26
セイヨウミツバチの女王（中央）と働きバチ

幼　虫

カゲロウ目の幼虫

ヒラタカゲロウ科
エルモンヒラタカゲロウ

マダラカゲロウ科
フタマタマダラカゲロウ

トンボ目の幼虫

イトトンボ科
セスジイトトンボ

ムカシトンボ科
ムカシトンボ

サナエトンボ科
コオニヤンマ

オニヤンマ科
オニヤンマ

ヤンマ科
オオルリボシヤンマ

カワゲラ目の幼虫

カワゲラ科
カミムラカワゲラ属の一種

アミメカゲロウ目の幼虫

アミメカゲロウ，コウチュウ目の幼虫　　　幼虫 355

クサカゲロウ科
クサカゲロウ科の一種の卵

クサカゲロウ科
クサカゲロウ科の一種

ウスバカゲロウ科
クロコウスバカゲロウ

ウスバカゲロウ科
クロコウスバカゲロウのまゆ

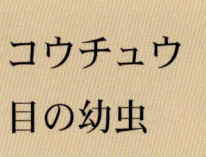

コウチュウ目の幼虫

ハンミョウ科
ミヤマハンミョウ

オサムシ科
オサムシ科の一種

ゲンゴロウ科
ゲンゴロウ

ガムシ科
ガムシ

シデムシ科
シデムシ科の一種

シデムシ科
シデムシ科の一種

クワガタムシ科
ミヤマクワガタ

クワガタムシ科
ノコギリクワガタ

クワガタムシ科
マダラクワガタ

コガネムシ科
ナガチャコガネ

356 幼虫　　　　　　　　　　コウチュウ目の幼虫

コガネムシ科
ミヤマオオハナムグリ

コガネムシ科
ドウガネブイブイ

コメツキムシ科
コメツキムシ科の一種

ホタル科
ヘイケボタル

テントウムシ科
ナナホシテントウ

テントウムシ科
テントウムシ

テントウムシ科
テントウムシのさなぎ

テントウムシ科
トホシテントウ

テントウムシ科
カメノコテントウ

テントウムシ科
カメノコテントウのさなぎ

ゴミムシダマシ科
キマワリ

カミキリムシ科
カミキリムシ科の一種

カミキリムシ科
カミキリムシ科の一種

ハムシ科
ヨモギハムシ

ハムシ科
アイヌヨモギハムシ

コウチュウ，ハエ目の幼虫

幼虫 357

ハエ目の幼虫

ハムシ科
ネギオオアラメハムシ若齢

ハムシ科
ハンノキハムシ

ハムシ科
ミヤマヒラタハムシ若齢

ハムシ科
ミヤマヒラタハムシ終齢

ハムシ科
ミヤマヒラタハムシ蛹化直前

ハムシ科
ミヤマヒラタハムシのさなぎ

ハムシ科
ウリハムシモドキ

ガガンボ科
ガガンボ科の一種

カ科ヤマトヤブカの幼虫(ボウフラ・左)
とさなぎ(オニボウフラ・右)

ケバエ科
ケバエ科の一種

アブ科
ヤマトアブのさなぎ（上）

ムシヒキアブ科
シオヤアブの卵のう

ハナアブ科
ホソヒラタアブ

ハナアブ科
ホソヒラタアブのさなぎ

358 幼 虫　　　　　　　　　　ハエ，チョウ目の幼虫

ハナアブ科 オオフタホシヒラタアブ	ハナアブ科 フタスジヒラタアブ	ハナアブ科 ヒラタアブ亜科の一種

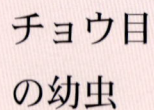

チョウ目の幼虫

	ミノガ科 キタクロミノガ	ハマキガ科 オオアトキハマキ

イラガ科 イラガ	イラガ科 イラガのまゆ	マダラガ科 シロシタホタルガ

マダラガ科 ブドウスカシクロバ	トガリバガ科 マユミトガリバの一種	アゲハチョウ科 キアゲハ3齢

アゲハチョウ科 キアゲハ4齢脱皮直前	アゲハチョウ科 キアゲハ終齢	アゲハチョウ科 アゲハ4齢

チョウ目の幼虫　　　　　　　　　　　　　　　　　幼　虫

アゲハチョウ科
アゲハ終齢

アゲハチョウ科
アゲハのさなぎ（緑色型）

アゲハチョウ科
アゲハのさなぎ（褐色型）

シロチョウ科
オオモンシロチョウ

シロチョウ科
オオモンシロチョウのさなぎ

シロチョウ科
モンシロチョウ

シロチョウ科
モンシロチョウのさなぎ

シロチョウ科
スジグロシロチョウ

シロチョウ科
スジグロシロチョウのさなぎ

シロチョウ科
エゾシロチョウ

シジミチョウ科
ジョウザンミドリシジミ卵と1齢幼虫

シジミチョウ科
アイノミドリシジミ

シジミチョウ科
ウラミスジシジミ

シジミチョウ科
ジョウザンミドリシジミ

シジミチョウ科
エゾミドリシジミ

360 幼虫　　　　　　　　　　チョウ目の幼虫

シジミチョウ科 メスアカミドリシジミ	シジミチョウ科 ハヤシミドリシジミ	シジミチョウ科 ウラジロミドリシジミ
シジミチョウ科 ウラキンシジミ●	シジミチョウ科 カラスシジミ●	タテハチョウ科 オオムラサキ
タテハチョウ科 シータテハ	タテハチョウ科 クジャクチョウ	タテハチョウ科 メスグロヒョウモン
タテハチョウ科 イチモンジチョウ	タテハチョウ科 コヒョウモン●	タテハチョウ科 コヒョウモンのさなぎ●
タテハチョウ科 ミドリヒョウモン●	シャクガ科　ヒロオビトンボエダシャク蛹化直前●	シャクガ科 ウスイロオオエダシャク●

チョウ目の幼虫　　　　　　　　　　　　　　　　　幼　虫　361

シャクガ科
オカモトトゲエダシャク

シャクガ科
シャクガ科の一種🟠

シャクガ科
チャバネフユエダシャク🟠

イボタガ科
イボタガ中齢

イボタガ科
イボタガ終齢

カレハガ科
カレハガ🟠

カレハガ科
オビカレハ

カレハガ科
ヨシカレハ🟠

カレハガ科
マツカレハ

オビガ科
オビガ🟠

ヤママユガ科
クスサン中齢

ヤママユガ科
クスサン終齢

ヤママユガ科
クスサンのまゆ

ヤママユガ科
ヒメヤママユ若齢

ヤママユガ科
ヒメヤママユ

362 幼虫　　　　　　　　　　　チョウ目の幼虫

ヤママユガ科
ヤママユ

ヤママユガ科
ヤママユのさなぎ

ヤママユガ科
ウスタビガ若齢

ヤママユガ科
ウスタビガ中齢

ヤママユガ科
ウスタビガ中齢

ヤママユガ科
ウスタビガ中齢

ヤママユガ科
ウスタビガのまゆ

ヤママユガ科
シンジュサン終齢

ヤママユガ科
シンジュサンのまゆ

ヤママユガ科
オオミズアオの2齢と3齢

ヤママユガ科
オオミズアオ終齢

ヤママユガ科
エゾヨツメ1齢

ヤママユガ科
エゾヨツメ終齢

カイコガ科
クワコ

スズメガ科
ベニスズメ

チョウ目の幼虫　　　　　　　　　　幼　虫 363

スズメガ科 スズメガ科の一種	シャチホコガ科 モクメシャチホコ中齢	シャチホコガ科 モクメシャチホコ
ドクガ科 キドクガ	ドクガ科 モンシロドクガ	ドクガ科 アカモンドクガ
ドクガ科 ヒメシロモンドクガ中齢	ドクガ科 カシワマイマイ	ドクガ科 カシワマイマイ
ドクガ科 マイマイガ中齢	ドクガ科 マイマイガの頭胸部	ドクガ科 マイマイガ
ドクガ科 マイマイガのさなぎ	ドクガ科 ドクガ	ドクガ科 リンゴドクガ

チョウ目の幼虫

ドクガ科
リンゴドクガ

ドクガ科
キアシドクガ

ドクガ科
キアシドクガのさなぎ

ヒトリガ科
クワゴマダラヒトリ

ヒトリガ科
ヒトリガ中齢

ヒトリガ科
ヒトリガ終齢

ヒトリガ科
シロヒトリ終齢

ヒトリガガ科
ヨツボシホソバ

ヤガ科
キタエグリバ中齢

ヤガ科
キタエグリバ終齢

ヤガ科
ニレキリガ

ヤガ科
フルショウヤガ

ヤガ科
シマカラスヨトウ蛹化直前

ヤガ科
オオフタオビキヨトウ

ヤガ科
ヨトウガ

チョウ，ハチ目の幼虫　　　　　　　　　　　　　　幼虫 365

ヤガ科
アヤモクメキリガ

ヤガ科
キバラモクメキリガ

ヤガ科
アカスジキヨトウのさなぎ

ヤガ科
シラフクチバ

ヤガ科
アヤシラフクチバ

ヤガ科
ホソバセダカモクメ

ヤガ科
エゾベニシタバ

ヤガ科
フクラスズメ

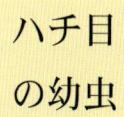

ハチ目の幼虫

ミフシハバチ科
アカスジチュウレンジ

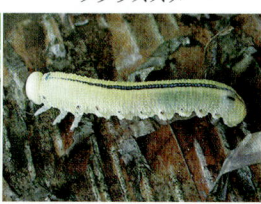

コンボウハバチ科
カラフトモモブトハバチ

ハバチ科
オウトウナメクジハバチ

ハバチ科
ニホンカブラバチ

ハバチ科
ポプラハバチ

コマユバチ科
アオムシサムライコマユバチのまゆ
（オオモンシロチョウの幼虫に寄生）

その他の節足動物

甲殻綱 ヨコエビ目

ハマトビムシ科
ヒメハマトビムシ

甲殻綱 ワラジムシ目

オカダンゴムシ科
オカダンゴムシ●

触ると丸くなる
オカダンゴムシ●

ワラジムシ科
ワラジムシ●

ムカデ綱 ゲジ目

ゲジ科
ゲジ●

ヤスデ綱 ヒメヤスデ目

ヒメヤスデ，ザトウムシ，ダニ，クモ目の仲間　　　昆虫以外 367

ヒメヤスデ目
ヒメヤスデ科の一種

クモガタ綱
ザトウムシ目

マザトウムシ科
スベザトウムシ亜科の一種

クモガタ綱
ダニ目

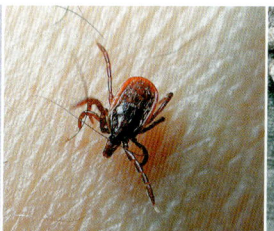

マダニ科
シュルツェマダニ

ナミケダニ科
アカケダニ

クモガタ綱
クモ目

コガネグモ科
ツノオニグモ♀

コガネグモ科
オニグモ♀

コガネグモ科
オニグモの幼体

コガネグモ科
イシサワオニグモ♀

コガネグモ科
イシサワオニグモの幼体

クモ目の仲間

コガネグモ科
ナカムラオニグモ♂

コガネグモ科
ヤマシロオニグモ♂の幼体

コガネグモ科
ムツボシオニグモの一種

コガネグモ科
キバナオニグモ

コガネグモ科
ナガコガネグモ♀

ワシグモ科
ワシグモ科の一種

ワシグモ科
ヨツボシワシグモ♀

ツチフクログモ科
カバキコマチグモ♂

ツチフクログモ科
カバキコマチグモ♀

キシダグモ科
スジアカハシリグモ♀

キシダグモ科
イオウイロハシリグモ

キシダグモ科
アズマキシダグモ

クモ目の仲間　　　　　　　　　　昆虫以外 369

コモリグモ科
ウヅキコモリグモ

エビグモ科
スジシャコグモ

エビグモ科
キンイロエビグモ

エビグモ科
ハモンエビグモ

カニグモ科
ワカバグモ♂

カニグモ科
ワカバグモ♀

カニグモ科
ハナグモ

カニグモ科
カニグモの一種

エビグモ科
エビグモの一種

ハエトリグモ科
キレワハエトリの一種

ハエトリグモ科
ハエトリグモの一種

ハエトリグモ科
オオハエトリ♀

各環境で見られる昆虫

海岸部(海浜，海辺の草原)

(小樽市銭函，海岸部の草原)

海岸部(カシワ林，林縁)

(小樽市銭函，カシワ林内林道)

洪水や大風の後，海浜に打ち上げられた海草や流木下の湿った砂地には，ゴミムシ類，ハサミムシ，オオハサミムシ，時にはテントウムシ類，ガムシなどが隠れていたりする。海草上には小型のハエ類も多い。春，花も少ない海浜の草原には，ヒメアミメエダシャクやハンノキハムシなどが目につく。初夏にはギンイチモンジセセリ，カバイロシジミが現れる。ハマナスの花が咲くころ，カタモンコガネが現れる。砂地のところどころにアリジゴクを見かけるが，これらにはクロコウスバカゲロウの幼虫がすんでいる。オオウスバカゲロウの姿も稀に目にするがアリジゴクはつくらない。各種の花には，ハナバチ類が集まる。花の周辺や草地にはサトジガバチやその他の狩りバチの姿が見られる。アリはエゾアカヤマアリが多い。秋には，アキアカネの大群が現れてにぎやかである。

海岸部のカシワ林には，カシワを食草とするキタアカシジミ，ウラジロミドリシジミ，ハヤシミドリシジミ，カメムシ類が生息し，稀ではあるがマダラヤンマ，オオルリボシヤンマ，ギンヤンマ，オニヤンマ，オオイトトンボ，タイリクアカネ，ヒメリスアカネ，シオカラトンボ，オオアオイトトンボ，エゾアオイトトンボ，アオイトトンボなども見かける。ヤマグワには稀にトラフカミキリ，ヤマブドウの葉上にはシラホシカミキリが一時的に多い。初夏の花からは，稀にシラケトラ，エグリトラ，キクスイカミキリなども見られる。ササにつくタケツノアブラムシの発生地にはゴイシシジミ，セグロベニトゲアシガ，クロスズメバチ類，ハナアブ類などが集まる。林縁の広大な荒地にはハナダカバチやエリザハンミョウが生息し，6月にはカタモンコガネが多い。

平野部(庭，畑，公園)　　　　平野部(川，水路)

(平野部の庭)　　　　　　　　(北区篠路川)

春先には，アゲハチョウやスジグロシロチョウなどのチョウ類がいち早く姿を現し，春の到来を告げる。アブラナ科の植物には，モンシロチョウ，スジグロシロチョウ，オオモンシロチョウなどが卵を産みにやって来る。近年では，モンシロチョウは少なく，オオモンシロチョウが多い。春以降，バラ類には，アブラムシ，チュウレンジバチ，ハキリバチ，ヨトウガの仲間が集まる。特に，初夏にはナガチャコガネやマメコガネが群れることがある。また，アブラムシを食べるヒラタアブ類の幼虫やクサカゲロウ類も比較的よく目にする。キク科植物には，夏以降ウリハムシモドキなどのハムシ類がつき，各種の花には，ハナバチ，ハナアブ，ハエ類が蜜や花粉を求めて集まってくる。また，昆虫に寄生するハエやハチの仲間も多い。秋には，各種の花，穂，実を求めて小型のカメムシ類が集まる。

初夏〜夏，流れのゆるやかな水路，溝川や古川ではオオルリボシヤンマ，シオカラトンボ，イトトンボ類が水辺を占有している。イトトンボ類はセスジイトトンボやクロイトトンボが多い。稀にギンヤンマが水路を往復する。水路脇の河畔林には，夏以降，アキアカネ，ノシメトンボ，マユタテアカネが多い。一見，自然豊かに見えるが水辺のほとんどで護岸工事が施されていて，水生昆虫相はとても貧弱なものである。ゲンゴロウ類は，岸の土中で蛹化するが，護岸工事が施されているため生きづらいのであろう，ほとんど見ることができない。平地の河川周辺も自然度が低く昆虫相はやや単調であるが，岸辺のヤナギ林や草地などでは，アカトンボ類，バッタ，ハチ，ハナアブ，カ，チョウ，ハムシ，カメムシ類など水辺の植物や環境を好む昆虫が生息している。

平野部(河原や荒地)

(手稲区濁川)

平野部(湿地)

(北区福移)

　防風林沿いの河岸や荒地では，砂地性あるいは草原性のトノサマバッタ，ヒナバッタなどのバッタ類，スズメバチ類，スズバチやベッコウバチなどのカリバチ類，クロコウスバカゲロウ(アリジゴク)，オサムシモドキなどのゴミムシ類，ハエ類，ハムシ類，テントウムシ類，コガネムシ類，カメムシ類，チョウ・ガ類が生息する。セイタカアワダチソウなどの花には，コモンツチバチ，ニセハイイロマルハナバチ・ミツバチ・コハナバチなどのハナバチ類，ハナアブ類，モンキチョウなどのチョウ類，キタササキリ，ツユムシ，カンタンなどが集まる。ガマやヨシのあるよどんだ河川では，オオルリボシヤンマが占有行動をとる。道端には夏以降ウスバキトンボ，晩夏にはアキアカネやノシメトンボが多数現れる。稀にマダラヤンマ，エゾヒメシロチョウ，カバイロシジミなども見られる。

　平野部は，宅地化が進み，元来存在した草原や湿地はほとんど見られなくなった。唯一，札幌市北区福移に平地の湿地が残されているが，周りは埋め立てられ湿地の面積と水量は減少しつつある。湿地にはカラカネイトトンボ，マダラヤンマ，マイコアカネ，ゴマシジミ，ヒョウモンチョウなどの希少種が生息する。その他，トンボ類ではオゼイトトンボ，キタイトトンボ，ヨツボシトンボなどが生息する。甲虫類では，小型のゲンゴロウ類(近年ゲンゴロウは見られなくなった)，クロルリハムシ，ネギオオアラメハムシなどのハムシ類が生息する。隣接する荒地の花を訪れるシマハナアブ類やアシブトハナアブ類の種類や個体数は豊富で，多くはここの湿地で発生しているものと思われる。ハンノキには，ミドリシジミやハンノキハムシが多く，稀にゴマダラカミキリの姿も見られる。

丘陵地(貯水池，森林)　　　　　山地(草原，林縁)

(西岡水源地)　　　　　　　　　(手稲山ハイランドスキー場)

　札幌市南東部の丘陵地帯は，西岡水源地，羊ケ丘，平岡公園，白幡山など緑の豊富な地域である。

　西岡水源地は，トンボの宝庫として知られ，コオニヤンマ，コシボソヤンマ，サラサヤンマ，モイワサナエ，オオヤマトンボ，エゾコヤマトンボ，タカネトンボ，コエゾトンボなどのトンボ類やヘイケボタル，ミズクサハムシ類などの湿地性〜山地性の昆虫が生息している。ヨシ原には，タマガワヨシヨコバイが大発生してヨシを枯らしていることがある。水源地から流れ出る川には，シマアメンボも生息する。平岡公園も湿地性の昆虫が豊富で，各種の水生昆虫，ギンヤンマ，ヘイケボタル，コナラ林には札幌では珍しいウラナミアカシジミなどが生息している。羊ケ丘には，草原性および山地性の昆虫が生息する。ただし，羊が丘は多くが公的機関の敷地であるので，無断での入場は控えたい。

　山地のスキー場は，木が伐採され草原化して各種の草本，花が多い。これらの花には多くのハナバチ，ハナアブ，チョウ類が集まり，数々のハナアブ類の珍種も記録されている。バッタ類ではヒナバッタ，サッポロフキバッタ，ミカドフキバッタ，ハネナガフキバッタが多く，春には幼虫がフキなどの葉上で群れをなしている姿が目につく。チョウ類では，キアゲハ，コヒオドシ，ヒメアカタテハ，ギンボシヒョウモン，ウラギンヒョウモン，オオウラギンスジヒョウモン，ミドリヒョウモン，ベニヒカゲ，ジャノメチョウなどが普通に見られ，林縁から林内ではオオルリオサムシ，標高800m程度以上ではアイヌキンオサムシが生息する。頂上〜8合目付近のガレ場や裸地には，ミヤマハンミョウが生息し，各種のマルハナバチに混じってエゾヒメマルハナバチの姿を見ることもできる。

山地(渓流沿いの林道)

(朝里峠付近)

山地(伐採木,倒木)

(中山峠付近)

　渓流沿いの林道は,植物の種類が豊富で,日当たりもよいため,多くの昆虫が姿を現す。積雪が消えるとハナアブ類や越冬したタテハチョウが姿を現し,5月末〜6月にはミヤマカラスアゲハ,6月中旬にはオオイチモンジが各地の林道上で吸水する光景を目にすることができる。ところによっては,ヒメウスバシロチョウが林道上を舞う姿を見ることができる。7月にはミドリシジミ類,コヒョウモンなどのヒョウモン類,コムラサキなどのタテハ類,8月にはベニヒカゲ,シータテハなどが普通に見られる。その他,ハナカミキリ類やジョウカイ類などのコウチュウ目,ハナアブ・ヤドリバエ・ニクバエ・カ・ガガンボなどのハエ目,ハナバチ・スズメバチ・狩りバチ・アリ・ハバチ類などのハチ目,トンボ目,カメムシ目,バッタ目,水生昆虫類など昆虫は豊富である。

　森林内の針葉樹の伐採木や倒木には,ヒゲナガカミキリ,ハイイロハナカミキリ,極めて稀にオオトラカミキリなどのカミキリムシ類,クロコブゾウムシなどのゾウムシ類,ハナアブ類,ヒメバチ類,時々大型のキバチ類などが見られる。広葉樹の伐採木には,シロトラカミキリ,ウスイロトラカミキリ,キスジトラカミキリ,ナガゴマフカミキリ,ハンノアオカミキリなどのカミキリムシ類,オオクチカクシゾウムシなどのゾウムシ類,ヒゲナガゾウムシ類,エゾベニヒラタムシ,キオビホソナガクチキなどのナガクチキムシ類,アカアシクビナガキバチなどのクビナガキバチ類,各種のヒメバチ類,モモブトハナアブやハラナガハナアブの仲間のハナアブ類などが見られる。また,林内の倒木下にはアリやスズメバチの仲間が巣をつくることが多い。

山地(岩場，崖)

(八剣山)

山岳部(山頂部，湿原)

(無意根山，大蛇が原)

　山地の岩場や崖のエゾノキリンソウの自生地には，ジョウザンシジミが生息する。7月，八剣山では岩場の近くに自生するエゾエノキにオオムラサキが生息する。豊平峡や百松沢の岩場には，シロオビヒメヒカゲの定山渓亜種が生息している。また，ガレ場付近の針葉樹には，エゾチッチゼミが生息することが多い。その他，乾燥したガレ場にはスズバチやアシナガバチ類が巣をつくることが多い。シモツケなどの開花時には，アオハナムグリ，コアオハナムグリ，アオアシナガハナムグリなどのハナムグリ類，カミキリムシ類，スズバチ類，ハナバチ類，ハナアブ類など多くの昆虫が集まる。また，このような場所には，マムシが多いので注意が必要である。林内には，他では少ないジョウザンコガシラウンカやミミズクなども生息する。

　圏内の南方には，朝里岳，余市岳，無意根山，札幌岳，空沼岳などの1000mを越える山々が連なっている。山頂付近や高標高地ではアイヌキンオサムシ，エゾヒメマルハナバチやそれに擬態するモモブトハナアブ類やタカオハナアブの一種，キオビクロスズメバチ，ヤドリスズメバチ，ヤドリホオナガスズメバチ，ニッポンホオナガスズメバチ，シロオビホオナガスズメバチ，ハイマツに生息するカスミカメムシ類，ミヤマアワフキなどのアワフキ類などが生息する。各種のヒラタアブ類やクロハナアブ類は尾根付近に多数吹き上げられて来る。また，山岳部の湿原地帯には，カオジロトンボ，ムツアカネ，アキアカネ，ノシメトンボ，ルリボシヤンマ，ルリイトトンボ，エゾイトトンボなどのトンボが生息する。

体の名称

トンボ類

オオルリボシヤンマ♂腹面

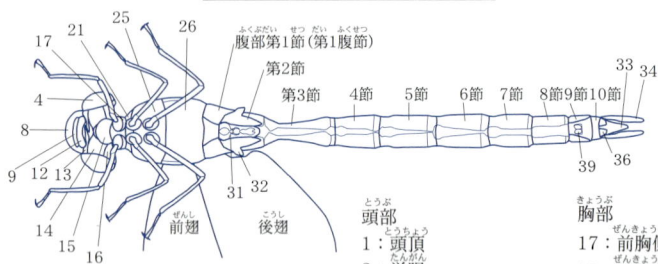

マユタテアカネ胸部側面

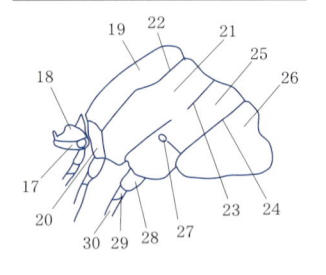

マユタテアカネ顔面

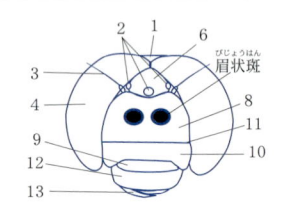

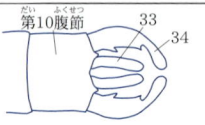

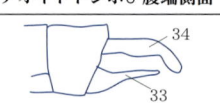

イトトンボ頭部背面

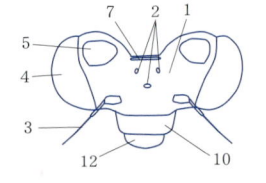

アオイトンボ♂腹端背面

アオイトンボ♂腹端側面

アオイトンボ♀腹端側面

頭部
1：頭頂
2：単眼
3：触角
4：複眼
5：眼後紋
6：額瘤
7：後頭条
8：前額
9：前頭楯
10：後頭楯
11：頭楯額縫線
12：上唇
13：大顎
14：小顎
15：下唇中片
16：下唇側片

眉状斑

胸部
17：前胸側板
18：前胸背板
19：中胸前側板
20：中胸前側板下片
21：中胸後側板
22：肩縫線
23：側板縫線（第1側縫線）
24：後胸縫線（第2側縫線）
25：後胸前側板
26：後胸後側板
27：後胸気門
28：基節
29：転節
30：腿節

腹部
31：副性器
32：耳状突起
33：尾部下付属器
34：尾部上付属器
35：尾毛（尾肢）
36：肛側片
37：産卵管小突起
38：産卵管側片
39：産卵弁（生殖弁）

前翅　後翅

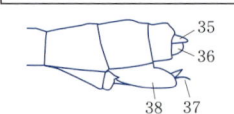

バッタ類

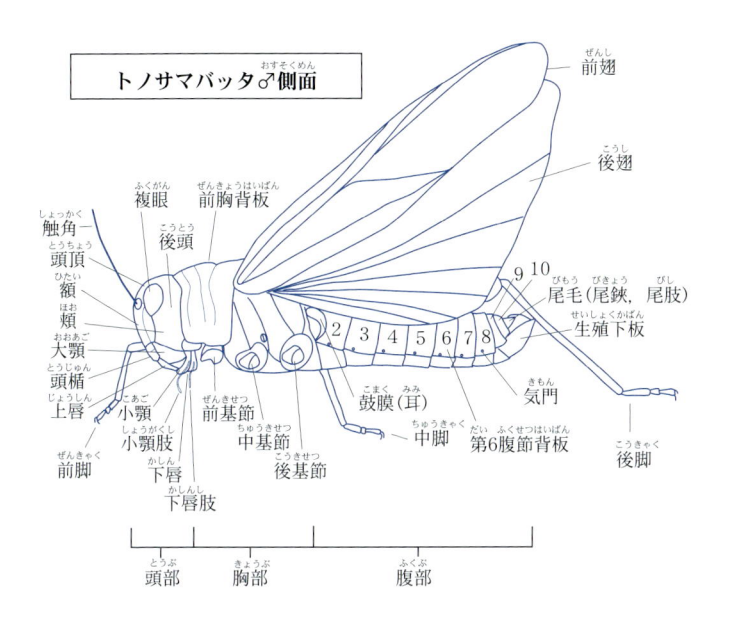

トノサマバッタ♂側面

- 前翅
- 後翅
- 複眼
- 前胸背板
- 触角
- 後頭
- 頭頂
- 額
- 頬
- 大顎
- 頭楯
- 上唇
- 小顎
- 小顎肢
- 前脚
- 下唇
- 下唇肢
- 前基節
- 中基節
- 後基節
- 鼓膜(耳)
- 中脚
- 中胸脚
- 第6腹節背板
- 後脚
- 気門
- 生殖下板
- 尾毛(尾鋏，尾肢)
- 2 3 4 5 6 7 8 9 10

頭部 / 胸部 / 腹部

トノサマバッタ胸部腹面

- 前胸基胸板
- 中胸基胸板
- 中胸小胸板
- 後胸基胸板
- 後胸小胸板
- 第1腹節腹板
- 前基節
- 中基節
- 後基節
- 叉状骨縫線

トノサマバッタ顔面

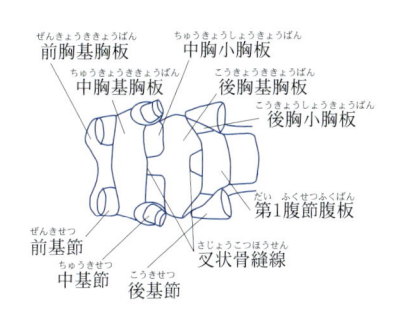

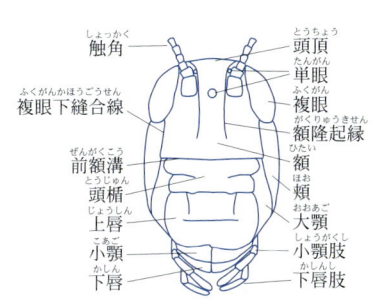

- 触角
- 頭頂
- 単眼
- 複眼
- 複眼下縫合線
- 額隆起縁
- 前額溝
- 額
- 頭楯
- 頬
- 上唇
- 大顎
- 小顎
- 小顎肢
- 下唇
- 下唇肢

378 体の名称

カメムシ類

カメムシ背面

- 前脚（ぜんきゃく）
- 中葉（ちゅうよう）
- 触角（しょっかく）
- 複眼（ふくがん）
- 単眼（たんがん）
- 側葉（しょくよう）
- 側角（そっかく）
- 前胸背（ぜんきょうはい）
- 中脚（ちゅうきゃく）
- 爪状部（つめじょうぶ）
- 小楯板（しょうじゅんばん）
- 革質部（かくしつぶ）
- 結合板（けつごうばん）
- 後脚（こうきゃく）
- 膜質部（まくしつぶ）

カメムシ腹面

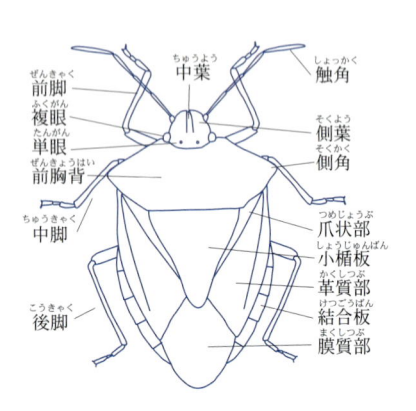

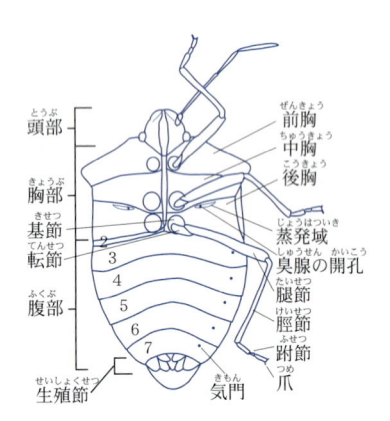

- 頭部（とうぶ）
- 前胸（ぜんきょう）
- 中胸（ちゅうきょう）
- 後胸（こうきょう）
- 胸部（きょうぶ）
- 基節（きせつ）
- 転節（てんせつ）
- 蒸発域（じょうはついき）
- 臭腺の開孔（しゅうせんのかいこう）
- 腿節（たいせつ）
- 脛節（けいせつ）
- 跗節（ふせつ）
- 腹部（ふくぶ）
- 爪（つめ）
- 生殖節（せいしょくせつ）
- 気門（きもん）

カメムシ前・後翅（ぜん・こうし）

- 膜質部（まくしつぶ）
- 革質部（かくしつぶ）
- 前翅（ぜんし）
- 爪状部（つめじょうぶ）
- 後翅（こうし）

カスミカメムシ前翅（ぜんし）

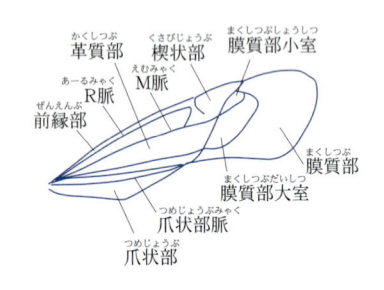

- 革質部（かくしつぶ）
- 楔状部（くさびじょうぶ）
- 膜質部小室（まくしつぶしょうしつ）
- M脈（えむみゃく）
- R脈（あーるみゃく）
- 前縁部（ぜんえんぶ）
- 膜質部（まくしつぶ）
- 膜質部大室（まくしつぶだいしつ）
- 爪状部脈（つめじょうぶみゃく）
- 爪状部（つめじょうぶ）

体の名称 379

コウチュウ類

ゴミムシ背面

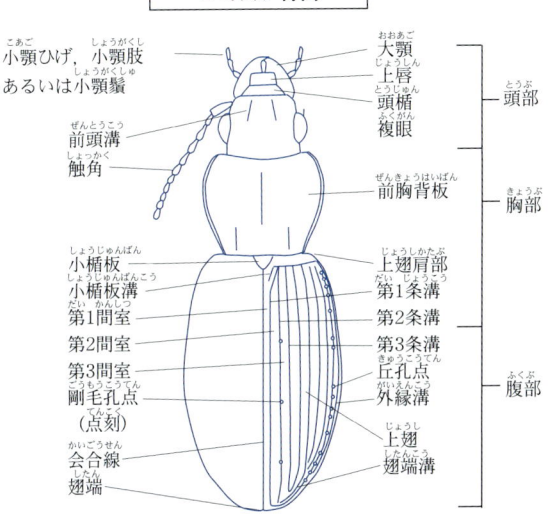

頭部
- 大顎
- 上唇
- 頭楯
- 複眼
- 小顎ひげ，小顎肢 あるいは小顎鬚
- 前頭溝
- 触角

胸部
- 前胸背板

腹部
- 小楯板
- 小楯板溝
- 第1間室
- 第2間室
- 第3間室
- 剛毛孔点（点刻）
- 会合線
- 翅端
- 上翅肩部
- 第1条溝
- 第2条溝
- 第3条溝
- 丘孔点
- 外縁溝
- 上翅
- 翅端溝

ゴミムシ腹面

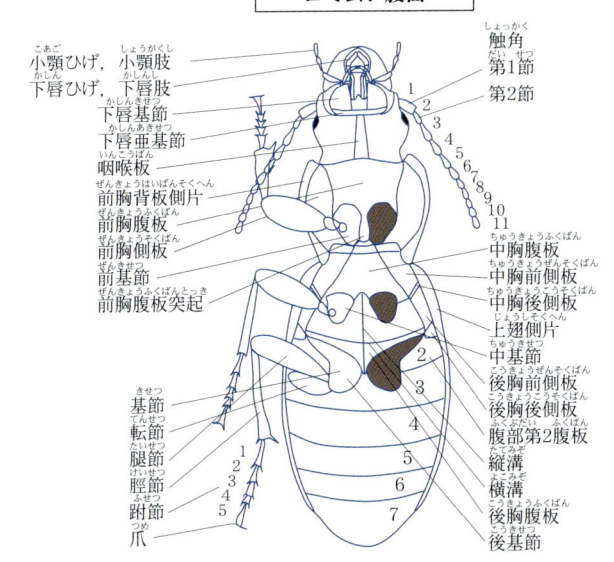

- 小顎ひげ，小顎肢
- 下唇ひげ，下唇肢
- 下唇基節
- 下唇亜基節
- 咽喉板
- 前胸背板側片
- 前胸腹板
- 前胸側板
- 前基節
- 前胸腹板突起
- 基節
- 転節
- 腿節
- 脛節
- 跗節
- 爪
- 触角
- 第1節
- 第2節
- 中胸板
- 中胸前側板
- 中胸後側板
- 上翅側片
- 中基節
- 後胸前側板
- 後胸後側板
- 腹部第2腹板
- 縦溝
- 横溝
- 後胸腹板
- 後基節

コウチュウ類

クワガタ♀背面

- 大顎（おおあご）
- 上唇（じょうしん）
- 触角（しょっかく）
- 複眼（ふくがん）
- 前頭（ぜんとう）
- 頭頂（とうちょう）
- 頭部（とうぶ）
- 前脚（ぜんきゃく）（前あし）
- 前胸背板（ぜんきょうはいばん）
- 胸部（きょうぶ）
- 上翅肩部（じょうしかたぶ）
- 小楯板（しょうじゅんばん）
- 中脚（ちゅうきゃく）（中あし）
- 上翅（じょうし）（前翅）
- 腹部（ふくぶ）
- 外縁（がいえん）
- 後脚（こうきゃく）（後あし）
- 会合線（かいごうせん）
- 翅端（したん）

ゾウムシ頭部側面

- 前頭（ぜんとう）
- 頭頂（とうちょう）
- 後頭（こうとう）
- 吻（ふん）
- 大顎（おおあご）
- 中間節（ちゅうかんせつ）
- 触角（しょっかく）
- 側頭（そくとう）
- 複眼（ふくがん）
- 触角溝（しょっかくこう）

カミキリムシ頭部前面

- 触角（しょっかく）
- 頭頂（とうちょう）
- 前頭（ぜんとう）
- 複眼（ふくがん）
- 頭楯（とうじゅん）
- 上唇（じょうしん）
- 大顎（おおあご）

クワガタ♀腹面

- 下唇基節（かしんきせつ）
- 咽喉板（いんこうばん）
- 基節（きせつ）
- 転節（てんせつ）
- 腿節（たいせつ）
- 脛節（けいせつ）
- 前胸腹板（ぜんきょうふくばん）
- 前胸側板（ぜんきょうそくばん）
- 中胸前側板（ちゅうきょうぜんそくばん）
- 中胸後側板（ちゅうきょうこうそくばん）
- 中胸腹板（ちゅうきょうふくばん）
- 跗節（ふせつ） 1 2 3 4 5
- 後胸前側板（こうきょうぜんそくばん）
- 後胸後側板（こうきょうこうそくばん）
- 後胸腹板（こうきょうふくばん）
- 腹部腹板（ふくぶふくばん）
- 爪（つめ）
- 交尾器（こうびき）（内部に隠れている）

クワガタ♀頭部腹面

- 小顎ひげ，小顎肢（こあご，しょうがくし）
- 下唇ひげ，下唇肢（かしん，かしんし）
- 口（くち）（小顎）

チョウ類

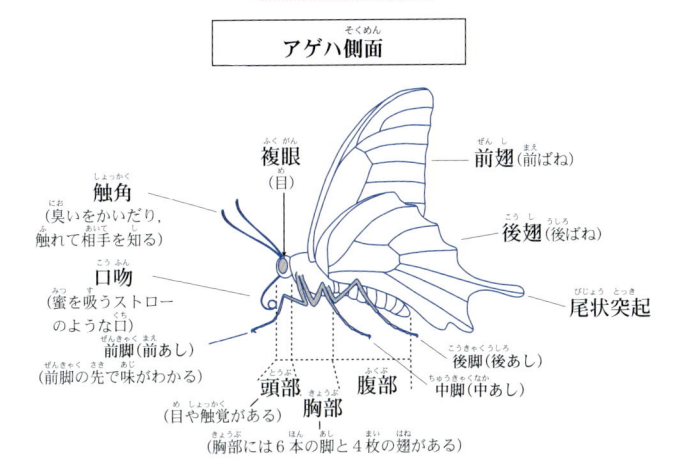

アゲハ側面

- 複眼（目）
- 触角（臭いをかいだり、触れて相手を知る）
- 口吻（蜜を吸うストローのような口）
- 前脚（前あし）（前脚の先で味がわかる）
- 前翅（前ばね）
- 後翅（後ばね）
- 尾状突起
- 頭部（目や触覚がある）
- 胸部（胸部には6本の脚と4枚の翅がある）
- 腹部
- 中脚（中あし）
- 後脚（後あし）

チョウ・ガ類の触角

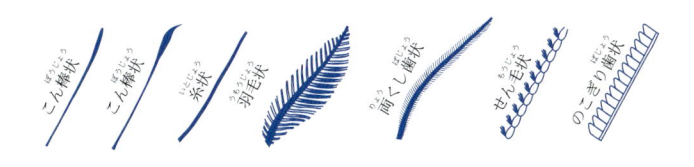

こん棒状／こん棒状／糸状／櫛毛状／両くし髯状／せん毛状／のこぎり歯状

アゲハの翅

前翅（前ばね）: 前縁／中室／外縁／基部／内縁
後翅（後ばね）: 前縁／中室／内縁／外縁／基部

シロチョウ翅脈

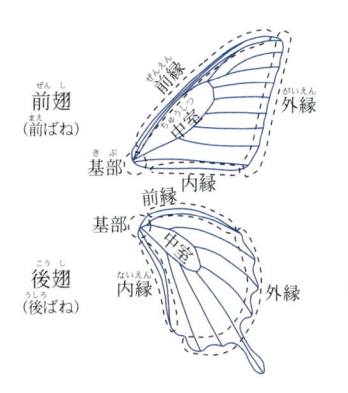

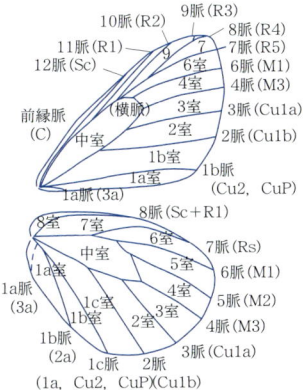

- 10脈 (R2)
- 9脈 (R3)
- 11脈 (R1)
- 8脈 (R4)
- 12脈 (Sc)
- 7脈 (R5)
- 6室
- 6脈 (M1)
- 4室
- 4脈 (M3)
- 前縁脈 (C)
- （横脈）
- 3室
- 3脈 (Cu1a)
- 中室
- 2室
- 2脈 (Cu1b)
- 1b室
- 1a室
- 1b脈 (Cu2, CuP)
- 1a脈 (3a)
- 8脈 (Sc+R1)
- 8室
- 7脈 (Rs)
- 7脈
- 6室
- 6脈 (M1)
- 中室
- 5室
- 5脈 (M2)
- 1a脈 (3a)
- 1c室
- 4室
- 1b室
- 2室
- 4脈 (M3)
- 1b脈 (2a)
- 1c脈 2脈
- 3脈 (Cu1a)
- (1a, Cu2, CuP)(Cu1b)

C：前縁脈
Sc：亜前縁脈
R1：第1径脈
R2：第2径脈
R3：第3径脈
R4：第4径脈
R5：第5径脈
M1：第1中脈
M2：第2中脈
M3：第3中脈
Cu1a：第1肘脈
Cu1b：第2肘脈
1c(1a,Cu2,CuP)：第1肛脈
1b(2a)：第2肛脈
1a(3a)：第3肛脈

382 体の名称

ハエ類

ハナアブ♂背面

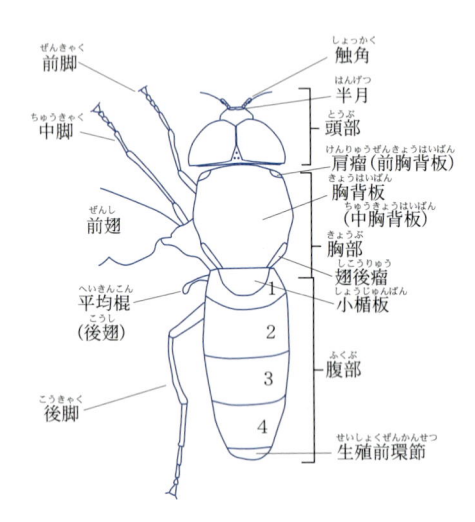

- 前脚
- 中脚
- 前翅
- 平均棍（後翅）
- 後脚
- 触角
- 半月
- 頭部
- 肩瘤（前胸背板）
- 胸背板（中胸背板）
- 胸部
- 翅後瘤
- 小楯板
- 腹部
- 生殖前環節

ハナアブ♀頭部背面

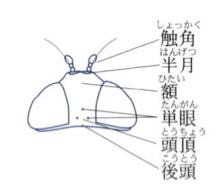

- 触角
- 半月
- 額
- 単眼
- 頭頂
- 後頭

ハナアブ♂顔面

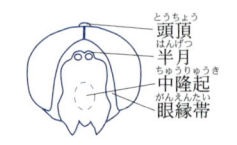

- 頭頂
- 半月
- 中隆起
- 眼縁帯

ハナアブ頭部側面

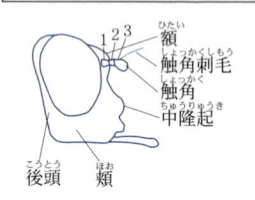

- 額
- 触角刺毛
- 触角
- 中隆起
- 後頭
- 頬

ハナアブ前翅

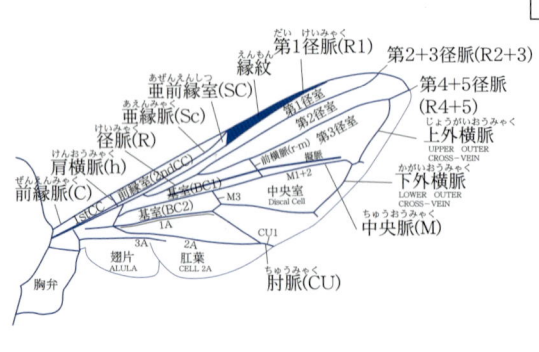

- 第1径脈(R1)
- 縁紋
- 亜前縁室(SC)
- 亜縁脈(Sc)
- 径脈(R)
- 肩横脈(h)
- 前縁脈(C)
- 第11径室
- 第2径室
- 第3径室
- 即翅室(2ndCC)
- 基室(BC1)
- 基室(BC2)
- 翅片 ALULA
- 肛葉 CELL 2A
- 胸弁
- 第2+3径脈(R2+3)
- 第4+5径脈(R4+5)
- 上外横脈 UPPER OUTER CROSS-VEIN
- 前横脈(r-m)
- 縦脈
- 下外横脈 LOWER OUTER CROSS-VEIN
- 中央室 Discal Cell
- 中央脈(M)
- 肘脈(CU)

ハナアブ後脚

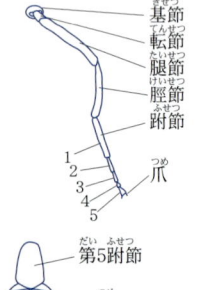

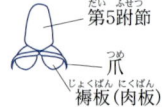

- 基節
- 転節
- 腿節
- 脛節
- 跗節
- 爪
- 第5跗節
- 爪
- 褥板（肉板）

ハチ類

スズメバチ♀側面

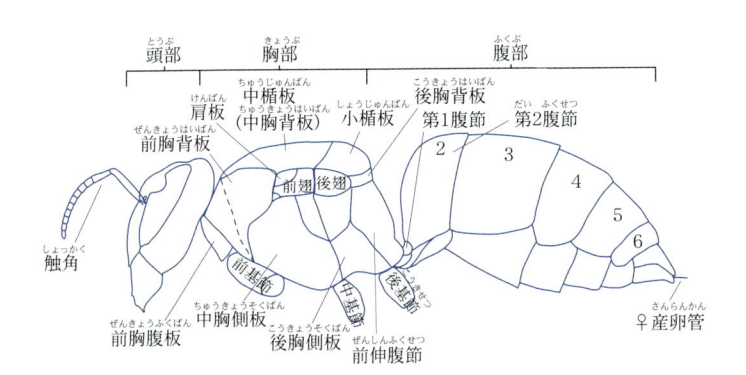

頭部 / 胸部 / 腹部

- 肩板
- 中楯板（中胸背板）
- 小楯板
- 後胸背板
- 第1腹節
- 第2腹節
- 前胸背板
- 前翅
- 後翅
- 触角
- 前基節
- 中基節
- 後基節
- 前胸腹板
- 中胸側板
- 後胸側板
- 前伸腹節
- 前伸腹節
- ♀産卵管

スズメバチ♀顔面

触角は
♀12節
♂13節

- 単眼
- 複眼
- 額線
- 頭楯
- 大顎
- 側舌
- 下唇肢
- 外葉
- 小顎肢

マルハナバチ♀顔面

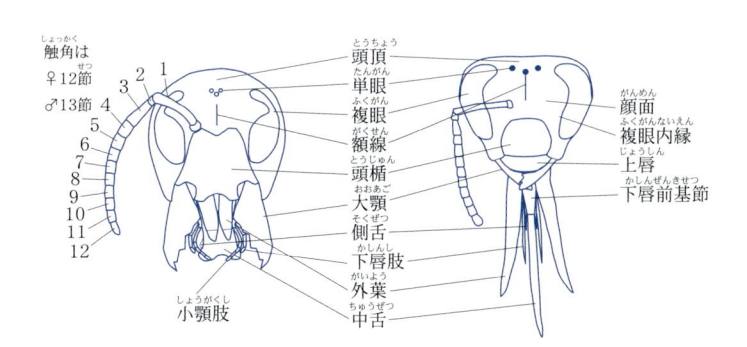

- 頭頂
- 顔面
- 複眼内縁
- 上唇
- 下唇前基節
- 中舌

参考文献
(昆虫の分類と学名を引用した文献)

　この本では，原始的なグループから順に配置するようにした。ただし，編集の都合により，多少順序が前後しているものもある。

　目および科の分類体系の多くは，「平嶋義宏：日本産昆虫総目録．九州大学農学部昆虫学教室・日本野生生物研究センター．1989」あるいは，「河川水辺の国勢調査のための生物リスト(河川・ダム湖統一版)．財団法人ダム水源地環境整備センター．2005」に従った。ただし，以下の分野については下記の文献に従った。

トンボ目
　オオカワトンボ　林文男・土畑重人・二橋亮：核DNA(ITSI)の塩基配列によって区別される日本産カワトンボ属の幼虫の形態．Tombo, 47(1/2)：399-412. 2004；日本産カワトンボ属の分類的，生態的諸問題への新しいアプローチ．2004.

カメムシ目のうち陸生カメムシ亜目の多く
　友国雅章監修・安永智秀 他：日本カメムシ図鑑．全国農村教育協会．1993.
　友国雅章監修・安永智秀 他：日本カメムシ図鑑 第2巻．全国農村教育協会．2001.

アミメカゲロウ目
　クサカゲロウ科　田畑郁夫：日本産クサカゲロウ成虫絵解き検索．マイナーステーズ, No. 11. 日本不人気昆虫研究会．2003.
　クロコウスバカゲロウ　市田忠夫：青森県の脈翅類．Celastrina, No. 27. 1992.

コウチュウ目
　ネクイハムシ亜科　林成多：日本産ネクイハムシ図鑑．月刊むし, No. 408. 2005.

ハエ目
　ハナアブ科　ハナアブ図鑑．双翅目談話会．2002.
　イエバエ科　篠永哲：日本のイエバエ科．2003；中根猛彦 他：原色昆虫大図鑑Ⅱ．北隆館．1963.

チョウ目蛾類の一部
　杉繁郎：日本産蛾類大図鑑以後の追加種と学名の変更(Edition 2 Post-MJ). 日本蛾類学会．2000.

ハチ目
　有剣類　寺山　守：日本産有剣膜翅類目録．日本蟻類研究会紀要第2号．日本蟻類研究会．2004.
　ハナバチ類　多田内修：日本産ハナバチ類目録2003．ハナバチ談話会ニュースレター, No. 5. ハナバチ談話会．2003.

その他の節足動物
　日高敏隆：日本動物大百科8～10．平凡社．1996～1998.

クモ目
　谷川明男：日本産クモ類目録(2005年版). kishidaia, 87：127-187. 2005.

(その他のおもな参考文献)

朝比奈正二郎・石原保・安松京三 他：原色昆虫大図鑑Ⅲ．北隆館．1965．

石川良輔：昆虫の誕生．中公新書．1996．

市川顕彦 他：総説・日本のコオロギ．ホシザキグリーン財団研究報告，第4号．2000．

一色周知 他：原色日本蛾類幼虫図鑑(上)・(下)．講談社．1965，1969．

井上寛 他：日本産蛾類大図鑑．講談社．1982．

猪又敏夫・松本克臣：蝶．山と渓谷社．1995．

上野俊一・黒澤良彦・佐藤正孝：原色日本甲虫図鑑Ⅲ．保育社．1985．

奥野孝夫 他：原色草花野菜病害虫図鑑．保育社．1978．

川合禎次・谷田一三：日本産水生昆虫．東海大学出版会．2005．

木元新作・滝沢春雄：日本産ハムシ類幼虫・成虫分類図説．東海大学出版会．1994．

草間慶一 他：日本産カミキリ大図鑑(日本鞘翅学会編)．講談社．1995．

小池啓一 他：小学館の図鑑NEO 3 昆虫．小学館．2002．

札幌市教育委員会編：札幌昆虫記(さっぽろ文庫 52)．北海道新聞社．1990．

札幌拓北高校理科研究部：北区トンボウォッチング．札幌市．2001．

白水隆・原章：原色日本蝶類幼虫大図鑑Vol.Ⅰ，Ⅱ．保育社．1960，1962．

杉村光俊 他：原色日本トンボ幼虫・成虫大図鑑．北海道大学図書刊行会．1999．

千国安之輔：原色日本クモ類大図鑑．偕成社．1989．

高橋昭・田中蕃・若林守男：日本の蝶Ⅰ，Ⅱ．保育社．1973．

谷田一三監修・丸山博紀・高井幹夫：原色川虫図鑑．全国農村教育協会．2000．

永盛拓行 他：北海道の蝶．北海道新聞社．1986．

日本産アリ類データベースグループ：日本産アリ類全種図鑑．学習研究社．2003．

はなあぶ，No.1～No.20．1998～2005．双翅目談話会．

林匡夫・森本桂・木元新作：原色日本甲虫図鑑Ⅱ．保育社．1985．

林匡夫・森本桂・木元新作：原色日本甲虫図鑑Ⅳ．保育社．1984．

平嶋義宏・森本桂・多田内修：昆虫分類学．川島書店．1989．

藤岡知夫：図説日本の蝶．ニュー・サイエンス社．1972．

ジョージ・C・マクガバン：昆虫の写真図鑑．日本ヴォーグ社．2000．

松浦誠：スズメバチはなぜ刺すか．北海道大学図書刊行会．1988．

宮武頼夫・加納康嗣：セミ・バッタ．保育社．1992．

森正人・北山昭：改訂版図説日本のゲンゴロウ．文一総合出版．2002．

森津孫四郎：日本アブラムシ図鑑．全国農村教育協会．1983．

Lawrence, J.F. and A.F.Newton, jr：Families and subfamilies of Coleoptera. Museum Instytut Zoologii PAN, Warszawa. 1995.

あとがき

　私たちの周りには，たくさんの昆虫がくらしています。これらの昆虫を調べることのできる簡単な図鑑があれば，より多くの人々が地域にすむ虫や自然に興味をもつことができるのではないかと考え，この本をつくりました。
　ここでは，札幌市周辺に生息する虫約1700種類を紹介しました。これらは，この地域にすむ虫のごく一部ではありますが，私たちが日ごろ目にする虫の多くを調べることができるものと思われます。ただし，昆虫の種類は，まだわかっていないものや肉眼で種を判定するのは難しいものも多く，近似種マーク●をつけた種の同定については，専門書で調べたり専門家に尋ねるなどした方がよいでしょう。この本は，今調べようとしている虫が"どのような虫の仲間に属し，どのような生活をしているのか"を知るために使って頂ければと思います。まず，家の周り，庭や近くの公園など身近に見られる虫について観察したり，調べてみたりすることをお勧めします。興味をもって探してみると，身近なところにもたくさんの虫が見つかるはずです。
　この本を製作するに当り，伊東拓也氏・広永輝彦氏には当初から並々ならぬご協力とご指導を賜りました。市田忠夫氏には編集の最終段階において，全般にわたるご指導を賜りました。北海道大学昆虫同好会の皆様には，度々ご助言を頂きました。出版に当りましては北海道大学出版会の成田和男・杉浦具子両氏にご尽力を賜りました。また，この本は多くの専門家の方々に標本の同定やご指導を賜ることによって製作することができました。次のページにお名前を記して敬意を表するとともに，心より感謝を申し上げます。

ご協力頂いた方々(あいうえお順，敬称略)

同定およびご指導を頂いた方々

池田博明	石浜宣夫	市田忠夫	伊藤元	伊東拓也
伊藤誠夫	大原昌宏	紙谷聡志	櫛田俊明	河野勝行
小西和彦	小松利民	斎藤諭	佐山勝彦	澤田義弘
篠原明彦	嶌洪	白井和伸	田川勇治	多田内修
舘卓司	田埣正	谷川明男	張裕平	坪内純
中村剛之	長島聖大	西川勝	羽田義任	林正美
原秀穂	広永輝彦	堀繁久	丸山宗利	溝田浩二
村尾竜起	山本亜生	山本優	横濱充宏	

標本撮影のために標本を貸して頂いた方々および機関

伊東拓也(チシマヤブカ，アカイエカ)
斎藤諭(ワタナベハムシ，オドリコソウハムシ，アイヌヨモギハムシ，クロルリハムシ)
札幌科学技術専門学校(キバラナガハナアブ，コマチアリノスアブ，他1種)
札幌市博物館準備室(クロタマムシ，モンキマゲンゴロウ，ミミズク，他5種)
澤田義弘(キンヘリタマムシ)
坪内純(オオミスジ，イチモンジセセリ，アイヌハンミョウ，ニワハンミョウ)
出谷裕見(クロホシタマムシ，クロトサカシバンムシ，クロニセリンゴカミキリ，他4種)
問田高宏(オオトラカミキリ，コシボソヤンマ，エゾコヤマトンボ，他4種)
広永輝彦(ヨツモンホソヒラタアブ，キオビクロスズメ女王，他3種)
北海道大学総合博物館(ムラサキツヤハナムグリ，ダイコクコガネ他3種)
堀繁久(エゾハンミョウモドキ，ヒョウタンゴミムシ，フタツメゴミムシ)
綿路昌史(シンジュサンの幼虫)

生態写真の撮影に協力して頂いた方々および機関

木野田智也(スジクワガタ，クロコウスバカゲロウ幼虫など)
谷正敏(ミツバチの巣)
張裕平(ムラサキトビケラ幼虫，トビモンエグリトビケラ幼虫写真提供)
問田高宏(マダラクワガタ，ツヤハダクワガタなど)
北海道農業センター畜産草地部放牧利用研究室(糞虫類)
北海道大学北方圏フィールド科学センター(カイコの卵・幼虫・成虫)

和名と学名索引

成は成虫，幼は幼虫を示します．

【あ】

アイヌアワフキバチ *Gorytes aino* 345
アイヌキマダラハナバチ *Nomada roberjeotiana aino* 350
アイヌキンオサムシ *Procrustes kolbei aino* 92
アイヌギングチ *Crossocerus malaisei* 344
アイヌクビボソジョウカイ *Podabrus ainu* 128
アイヌハンミョウ *Cicindela gemmata aino* 92
アイヌヒメマルハナバチ
　Bombus beaticola moshkarareppus 215, 351
アイヌベニコメツキ *Denticollis nipponensis ainu* 125
アイヌヨモギハムシ *Chrysolina aino* 164, 165, 356(幼)
アイノオビヒラタアブ *Epistrophe aino* 196
アイノカツオゾウムシ *Lixus maculatus* 176
アイノシギゾウムシ *Curculio aino* 177
アイノミドリシジミ *Chrysozephyrus brillantinus* 264, 266, 268, 359(幼)
アオアシナガハナムグリ
　Gnorimus subopacus viridiopacus 119
アオイトトンボ *Lestes sponsa* 16
アオウスチャコガネ *Phyllopertha intermixta* 119
アオカタビロオサムシ *Calosoma inquisitor cyanescens* 94
アオカナブン *Rhomborrhina unicolor* 120
アオカミキリモドキ *Xanthochroa waterhousei* 142
アオカメノコハムシ *Cassida rubiginosa* 171
アオキクロハナアブ *Cheilosia aokii* 208
アオクチブトカメムシ *Dinorhynchus dybowskyi* 80(成，幼)
アオケンモン *Belciades niveola* 316
アオゴミムシ *Chlaenius pallipes* 98
アオジョウカイ *Themus cyanipennis* 128
アオスジアオリンガ *Pseudoips prasinanus* 319
アオセダカシャチホコ *Rabtala splendida* 307
アオツヤハダコメツキ *Mucromorphus miwai yushiroi* 125
アオナミシャク *Leptostegna tenerata* 297
アオバアリガタハネカクシ *Paederus fuscipes* 104
アオバトシラミバエ *Ornithomya avicularia aobatonis* 220
アオバナガクチキ *Melandrya gloriosa* 140
アオハナムグリ *Eucetonia roelofsi* 120
アオバハガタヨトウ *Antivaleria viridimacula* 314
アオヒゲボソゾウムシ *Phyllobius prolongatus* 177
アオムシサムライコマユバチ *Apanteles glomeratus* 327(成，まゆ), 365(まゆ)
アオヤンマ *Aeschnophlebia longistigma* 28
アカアシクチブトカメムシ *Pinthaeus sanguinipes* 80
アカアシクビナガキバチ *Xiphydria camelus* 326
アカアシクワガタ *Nipponodorcus rubrofemoratus* 110, 111, 113
アカアシナガハリバエ *Dexiosoma canina* 221
アカアシヒメハナバチ *Andrena ruficrus rabicrus* 348
アカイエカ *Culex pipiens pallens* 185
アカイシヒラズムシヒキ *Lasiopogon akaishii* 191
アカイロマルノミハムシ *Argopus punctipennis* 170, 171
アカウシアブ *Tabanus chrysurus* 188
アカエゾゼミ *Tibicen flammatus* 60, 61
アカオビカツオブシムシ *Dermestes vorax* 130
アカガネカミキリ *Plectrura metallica metallica* 156
アカケダニ *Trombidium holosericeum* 367
アカゴシトゲアシベッコウ *Priocnemis fenestrata* 334
アカコメツキの一種 *Ampedus* sp. 124
アカシジミ *Japonica lutea lutea* 261, 263
アカジママドガ *Striglina cancellata* 234
アカスジカメムシ *Graphosoma rubrolineatum* 81
アカスジキヨトウ *Anapoma postica* 365(さなぎ)
アカスジシロコケガ *Cyana hamata hamata* 311
アカスジチュウレンジ *Arge nigrinodosa* 322, 365(幼)
アカスジヒゲブトカスミカメ *Eolygus rubrolineatus* 73
アカタテハ *Vanessa indica* 274
アカツヤトビカスミカメ *Psallus cinnabarinus*

74
アカネカミキリ *Phymatodes maaki* 151
アカハナカミキリ *Corymbia succedanea* 148
アカバナトビハムシ *Altica oleracea* 169
アカハネムシ *Pseudopyrochroa vestiflua* 139
アカバハネカクシ *Platydracus paganus* 104
アカハラケシキスイ *Librodor rufiventris* 132
アカハラゴマダラヒトリ *Spilosoma punctaria* 311
アカヒメツノカメムシ *Elasmucha dorsalis* 83
アカヒメヘリカメムシ *Rhopalus maculatus* 78
アカヒョウタンハリバエ *Cylindromyia brassicaria* 221
アカビロウドコガネ *Maladera castanea* 119
アカホシテントウ *Chilocorus rubidus* 136
アカマダラ *Araschnia levana obscura* 272, 273
アカマルハナバチ *Bombus hypnorum koropokkrus* 215, 352
アカモンドクガ *Orgyia recens* 363
アカヤマアリ *Formica sanguinea* 333
アカンヤブカ *Aedes excrucians* 185
アキアカネ *Sympetrum frequens* 31, 32, 36
アキツシマヒメハナバチ *Andrena akitsushimae* 348
アゲハ *Papilio xuthus* 240, 241(卵, 幼, さなぎ), 358(幼), 359(幼, さなぎ)
アゲハヒメバチ *Trogus mactator* 328
アゲハモドキ *Epicopeia hainesii hainesii* 293
アサギマダラ *Parantica sita niphonica* 291
アザミオオハムシ *Galeruca vicina* 168
アジアイトトンボ *Ischnura asiatica* 20
アジアカカメムシ *Pentatoma rufipes* 80
アジアカクロカスミカメ *Arbolygus rubripes* 74
アジアホソバスズメ *Ambulyx sericeipennis tobii* 305
アシナガアリ *Aphaenogaster famelica* 333
アシナガバエ科の一種 *Dolichopodidae* gen. sp. 193
アシブトケバエ *Bibio gracilipalpus* 187
アシブトハナアブ *Helophilus virgatus* 213
アシブトマキバサシガメ *Prostemma hilgendorffi* 75
アシベニカギバ *Oreta pulchripes* 292
アシマダラハナダカチビハナアブ *Sphegina thoraciaca* 210
アズマオオズアリ *Pheidole fervida* 333
アズマキシダグモ *Pisaura lama* 368

アトキクロハナアブ *Cheilosia pallipes* 208
アトジロサビカミキリ *Pterolophia zonata* 156
アトボシハムシ *Paridea angulicollis* 168, 169
アトマルナガゴミムシ *Pterostichus orientalis jessoensis* 96
アブラゼミ *Graptopsaltria nigrofuscata* 61
アミメオオエダシャク *Mesastrape fulguraria consors* 294
アミメカワゲラモドキ属の一種 *Stavsolus* sp. 40
アミメカワゲラモドキ科の一種 *Perlodidae* gen. sp. 40(幼)
アムールギングチ *Crossocerus amurensis* 344
アメイロアリ *Paratrechina flavipes* 334
アメンボ *Gerris paludum paludum* 68, 69
アヤシラフクチバ *Sypnoides hercules* 318, 365(幼)
アヤトガリバ *Habrosyne pyritoides derasoides* 293
アヤモクメキリガ *Xylena fumosa* 365(幼)
アラゲオオヒラタカメムシ *Mezira subsetosa* 75, 76
アラハダクロハナアブ *Cheilosia impressa* 209
アルファルファハキリバチ *Megachile ainu* 349

【い】
イイジマホシヒラタアブ *Eupeodes lundbecki* 195
イイダヒゲクロハナアブ *Endoiasimyia iidai* 208
イオウイロハシリグモ *Dolomedes sulfureus* 368
イカリモンガ *Pterodecta felderi* 235
イシカワクロナガオサムシ *Leptocarabus arboreus ishikarinus* 95
イシカワハキリバチ *Megachile lapponica ishikawai* 348
イシサワオニグモ *Araneus ishisawai* 367(成, 幼)
イシダアワフキ *Aphrophora ishidae* 63
イシハラヒメハナバチ *Andrena ishiharai* 347
イタドリハムシ *Gallerucida bifasciata* 166
イタヤカミキリ *Mecynippus pubicornis* 157
イタヤハマキチョッキリ *Byctiscus venustus* 173
イタヤハムシ *Pyrrhalta fuscipennis* 168
イチモンジセセリ *Parnara guttata guttata* 237
イチモンジチョウ *Ladoga camilla japonica* 278, 360(幼)
イチモンジヒラタヒメバチ *Coccygomimus parnarae* 327
イツホシアカマダラクサカゲロウ

Dichochrysa cognatella　88
イトウアナアキハナアブ *Graptomyza itoi*　209
イナゴモドキ *Paraplerus alliaceus*　52
イネキンウワバ *Plusia festucae*　318
イネホソミドリカスミカメ *Trigonotylus caelestialium*
　75
イバラヒゲナガアブラムシ *Sitobion ibarae*　66
イブキヒメギス *Metrioptera japonica*　47
イボタガ *Brahmaea japonica*　300, 361（幼）
イラガ *Monema flavescens*　232, 358（幼, まゆ）
【う】
ウシヅノキマダラハナバチ *Nomada comparata*
　350
ウスアオハマキ *Acleris strigifera*　231
ウスアカオトシブミ *Apoderus rubidus*　174
ウスアミメキハマキ *Tortrix sinapina*　231
ウスイロオオエダシャク *Amraica superans*
　360（幼）
ウスイロオナガシジミ *Antigius butleri*　260
ウスイロカギバ *Callidrepana palleola*　292
ウスイロササキリ *Conocephalus chinensis*　46
ウスイロトラカミキリ *Xylotrechus cuneipennis*
　152
ウスオビシロエダシャク *Lomographa nivea*　297
ウズキイエバエモドキ *Paradichosia pusilla*　222
ウスキシタヨトウ *Triphaenopsis cinerescens*　315
ウスキシャチホコ *Mimopydna pallida*　307
ウスキツバメエダシャク *Ourapteryx nivea*　296
ウスキモモブトハバチ *Cimbex lutea*　323
ウスグロオビヒラタアブ *Epistrophe betasyrphoides*
　196
ウスグロモリヒラタゴミムシ *Colpodes aequatus*
　97
ウスタビガ *Rhodinia fugax diana*
　303, 362（幼, まゆ）
ウスツマグロハバチ *Tenthredo fulva adusta*　324
ウストビモンナミシャク *Eulithis lederi inurbana*
　298
ウスナミガタガガンボ *Limonia nohirai*　183
ウスバカミキリ *Megopis sinica sinica*　144
ウスバキチョウ *Parnassius eversmanni daisetsuzanus*
　247
ウスバキトンボ *Pantala flavescens*　34, 37
ウスバシロチョウ *Parnassius glacialis*　246
ウスバフユシャク *Inurois fletcheri*　299
ウスベニアヤトガリバ *Habrosyne dieckmanni roseola*
　293
ウズマキハムシ *Chrysomela lapponica*　165

ウスモンオトシブミ *Apoderus balteatus*　174
ウスモントゲゾウムシ *Colobodes konoi*　176
ウチキシャチホコ *Notodonta dembowskii*　306
ウチスズメ *Smerinthus planus planus*　304
ウヅキコモリグモ *Pardosa astrigera*　369
ウラキンシジミ *Ussuriana stygiana*
　259, 360（幼）
ウラギンスジヒョウモン *Argyronome laodice japonica*
　283
ウラギンヒョウモン *Fabriciana adippe pallescens*
　281
ウラゴマダラシジミ *Artopoetes pryeri*　262, 263
ウラジロミドリシジミ *Favonius saphirinus*
　265, 267, 360（幼）
ウラナミアカシジミ *Japonica saepestriata*　262
ウラミスジシジミ *Wagimo signatus*
　262, 359（幼）
ウリハムシモドキ *Atrachya menetriesi*
　168, 169, 357（幼）
ウルマーシマトビケラ *Hydropsyche ulmeri*
　227（幼）
ウンモンチュウレンジ *Arge jonasi*　323
ウンモンテントウ *Anatis halonis*　135, 136
ウンモントビケラ属の一種 *Agrypnia* sp.　225
ウンモンヒロバカゲロウ *Osmylus tessellatus*　87
【え】
エグリデオキノコムシ *Scaphidium emarginatum*
　103
エグリトラカミキリ *Chlorophorus japonicus*　153
エサキキマダラハナバチ *Nomada esakii*　350
エサキモンキツノカメムシ *Sastragala esakii*　83
エゾアオイトトンボ *Lestes dryas*　16
エゾアオカメムシ *Palomena angulosa*　82
エゾアカガネオサムシ *Carabus granulatus yezoensis*
　94, 95
エゾアカヤマアリ *Formica yessensis*　333
エゾアザミテントウ *Epilachna pustulosa*
　136, 137
エゾアシブトケバエ *Bibio deceptus*　187
エゾアリガタハネカクシ *Paederus parallelus*
　104
エゾイクビチョッキリ *Deporaus affectatus*　174
エゾイトトンボ *Coenagrion lanceolatum*　17, 19
エゾイナゴ → コバネイナゴ
エゾエンマコオロギ *Teleogryllus yezoemma*　48
エゾオオマルハナバチ *Bombus hypocrita sapporoensis*
　215, 351
エゾカギバラバチ *Bareogonalos yezoensis*　330

エゾカタコハナバチ Lasioglossum kansuense　346
エゾカタビロオサムシ Campalita chinense　94
エゾカミキリ Lamia textor　156
エゾガムシ Hydrophilus dauricus　102
エゾキイロキリガ Xanthia japonago　317
エゾキシタヨトウ Triphaenopsis jezoensis　315
エゾクサカゲロウ Chrysopa sapporensis　88
エゾクシケアリ Myrmica jessensis　333
エゾクロハナアブ Cheilosia yesonica　207
エゾゲンゴロウモドキ Dytiscus czerskii　101
エゾコセアカアメンボ Macrogerris yezoensis　68, 69
エゾコマルハナバチ Bombus ardens sakagamii　215, 320, 351
エゾコヤマトンボ Macromia amphigena masaco　30
エゾサビカミキリ Pterolophia tsurugiana　155
エゾシモフリスズメ Meganoton analis scribae　305
エゾシロシタバ Catocala dissimilis　312
エゾシロチョウ Aporia crataegi adherbal　248(成, 幼), 359(幼)
エゾスジグロシロチョウ Pieris napi nesis　250, 251, 253
エゾスジドロバチ Ancistrocerus nigricomis　340
エゾスズメ Phyllosphingia dissimilis　304
エゾゼミ Tibicen japonicus　60
エゾチッチゼミ Cicadetta yezoensis　61
エゾツノカメムシ Acanthosoma expansum　83
エゾツユムシ Ducetia chinensis　45
エゾトゲムネカミキリ Oplosia fennica suvorovi　161
エゾトラマルハナバチ Bombus diversus tersatus　215, 352
エゾトンボ Somatochlora viridiaenea viridiaenea　31
エゾナガヒゲカミキリ Jezohammus nubilus　160
エゾナガマルハナバチ Bombus yezoensis　350
エゾハサミムシ Eparchus yezoensis　57
エゾハネビロアトキリゴミムシ Lebia fusca　98
エゾハルゼミ Terpnosia nigricosta　60
エゾハンミョウモドキ Elaphrus sibiricus　99
エゾヒメゲンゴロウ Rhantus yessoensis　100, 101
エゾヒメシロチョウ Leptidea morsei　252, 253
エゾヒメナガカメムシ
　　→ エチゴヒメナガカメムシ
エゾヒメハナバチ Andrena ezoensis　348
エゾヒメマルハナバチ
　　→ アイヌヒメマルハナバチ
エゾビロウドコガネ Serica karafutoensis karafutoensis　118
エゾフトヒラタコメツキ Acteniceromorphus selectus　124
エゾベニシタバ Catocala nupta nozawae　312, 365(幼)
エゾベニヒラタムシ Cucujus opacus　131
エゾホソナガゴミムシ Pterostichus nigrita　96
エゾマイマイカブリ Damaster blaptoides rugipennis　95
エゾマルクビゴミムシ Nebria subdilatata　96
エゾミドリシジミ Favonius jezoensis　267, 269, 359(幼)
エゾミヤママルハナバチ Bombus honshuensis tkalcui　352
エゾヨツメ Aglia japonica japonica　303, 362(幼)
エチゴヒメナガカメムシ Nysius expressus　76
エビグモの一種 Philodromus sp.　369
エリザハンミョウ Cicindela elisae elisae　92
エルタテハ Nymphalis vaualbum samurai　276
エルモンヒラタカゲロウ Epeorus latifolium　11(成, 幼), 354(幼)
エンマコオロギ Teleogryllus emma　48
エンマハバビロガムシ Sphaeridium scarabaeoides　102
エンマムシモドキ Syntelia histeroides　103

【お】
オウトウナメクジハバチ Caliroa cerasi　365(幼)
オオアオカミキリ Chloridolum thaliodes　150
オオアオズキンヨコバイ Iassus lateralis　65
オオアオバヤガ Anaplectoides virens　314
オオアオモリヒラタゴミムシ Colpodes buchanani　97
オオアカコメツキ Ampedus optabilis　124
オオアカバハネカクシ Agelosus carinatus carinatus　104
オオアトキハマキ Archips ingentanus　231, 358(幼)
オオアヤシャク Pachista superans　299
オオアワフキ Aphropsis galloisi　62
オオアワフキバチ　→ オオトゲアワフキバチ
オオイエバエ Muscina stabulans　223
オオイシアブの一種 Laphria sp.　190
オオイチモンジ Limenitis populi jezoensis　280
オオイトトンボ Cercion sieboldii　19
オオウラギンスジヒョウモン

Argyronome ruslana lysippe 283
オオオビヒラタアブ *Megasyrphus erraticus* 197
オオカギバ *Cyclidia substigmaria nigralbata* 292
オオカバイロコメツキ *Ectinus dahuricus persimilis* 124
オオキイロノミハムシ *Asiorestia obscuritarsis* 170, 171
オオキノコムシ *Encaustes praenobilis* 133
オオキバハネカクシの一種 *Oxyporus* sp. 104
オオキマダラヒメガガンボ *Epiphragma evanescens* 182
オオギングチ *Ectemnius fossorius konowii* 343
オオキンナガゴミムシ *Pterostichus samurai* 96
オオクチカクシゾウムシ *Syrotelus septentrionalis* 175
オオクチブトカメムシ *Picromerus fuscoannulatus* 79
オオクロイエバエ *Polietes nigrolimbatus* 223
オオクロカミキリ *Megasemum quadricostulatum* 144
オオクロバエ *Calliphora lata* 222
オオクロホソナガクチキ *Phloeotrya bellicosa* 140
オオクワゴモドキ *Oberthueria falcigera* 301
オオケンモン *Acronicta major* 314
オオコオイムシ *Appasus major* 66
オオコブオトシブミ *Phymatapoderus latipennis* 173
オオゴボウゾウムシ *Larinus meleagris* 175
オオサワカミキリモドキ *Xanthochroa osawai* 142
オオシマハナアブ *Sericomyia sachalinica* 210
オオショクガバエ *Epistrophe grossulariae* 196
オオシラホシハナノミ *Hoshihananomia pirika* 141
オオシロエダシャク *Metabraxas clerica* 297
オオシロオビアオシャク
 Geometra papilionaria subrigua 299
オオシロオビクロナミシャク
 Rheumaptera hastata rikovskensis 297
オオシロシタバ *Catocala lara* 312
オオシロフベッコウ *Episyron arrogans* 335
オオスカシクロバ *Illiberis psychina* 233, 234
オオスジコガネ *Mimela costata* 116
オオスズメバチ *Vespa mandarinia* 336
オオセダカマルカスミカメ *Pachylygus nigrescens* 74
オオゾウムシ *Sipalinus gigas* 177
オオチャイロカスミカメ *Orientomiris tricolor* 74

オオチャバネセセリ *Polytremis pellucida pellucida* 236, 237
オオツマキヘリカメムシ *Hygia lativentris* 77
オオツマジロハバチ *Tenthredo fagi facigera* 325
オオツヤセイボウ *Pseudomalus grandis* 330
オオツヤハダコメツキ *Stenagostus umbratilis* 125
オオトゲアワフキバチ *Argogorytes mystaceus grandis* 345
オオトゲシラホシカメムシ *Eysarcoris lewisi* 82
オオトビスジエダシャク *Ectropis excellens* 294
オオトビモンシャチホコ
 Phalerodonta manleyi manleyi 306
オオトラカミキリ *Xylotrechus villioni* 151
オオトラフトンボ *Epitheca bimaculata sibirica* 30
オオドロバチモドキ *Nysson spinosus malaisei* 345
オオニジュウヤホシテントウ
 Epilachna vigintioctomaculata 136
オオネクイハムシ ⟶ オオミズクサハムシ
オオハエトリ *Marpissa milleri* 369
オオハキリバチ *Megachile sculpturalis* 348
オオハサミムシ *Labidura riparia japonica* 56(成, 幼)
オオバトガリバ *Tethea ampliata ampliata* 293
オオハナアブ *Phytomia zonata* 212
オオハナカミキリ *Konoa granulata* 148
オオヒカゲ *Ninguta schrenckii* 286, 288
オオヒゲナガハナアブ *Chrysotoxum grande* 205
オオヒメゲンゴロウ *Rhantus erraticus* 100
オオヒラタエンマムシ *Hololepta amurensis* 102, 103
オオヒラタカメムシ *Mezira scabrosa* 75
オオヒラタシデムシ *Eusilpha japonica* 105
オオフタオビキヨトウ *Mythimna grandis* 315, 364(幼)
オオフタオビドロバチ
 Anterhynchium flavomarginatum micado 340
オオフタホシヒラタアブ *Syrphus ribesii* 194, 358(幼)
オオフタホシマグソコガネ *Aphodius elegans* 122
オオフタモンハナアブ *Blera shirakii* 218
オオフタモンミズギワゴミムシ
 Bembidion bandotaro 99
オオベニヘリコケガ *Melanaema venata venata* 311
オオマエグロメバエ *Physocephala obscura* 193
オオマエベニトガリバ *Tethea consimilis consimilis*

293
オオマグソコガネ *Aphodius haroldianus* 122
オオマダラカスミカメの一種 *Phytocoris* sp. 74
オオマダラコクヌスト *Leperina tibialis* 131
オオマルクビヒラタカミキリ *Asemum striatum* 144
オオミズアオ *Actias artemis artemis* 303, 362(幼)
オオミズクサハムシ *Plateumaris constricticollis* 170
オオミスジ *Neptis alwina* 279
オオミズスマシ *Dineutus orientalis* 99
オオミドリシジミ *Favonius orientalis* 266, 269
オオムカシハナバチ *Colletes perforator* 346
オオムラサキ *Sasakia charonda charonda* 270(成, 幼), 360(幼)
オオムラサキキンウワバ *Autographa amurica* 318
オオモモブトシデムシ *Necrodes asiaticus* 105
オオモモブトハナアブ *Matsumyia jesoensis* 214, 215
オオモンキゴミムシダマシ *Diaperis niponensis* 138
オオモンクロベッコウ *Anoplius samariensis* 334, 335
オオモンシロチョウ *Pieris brassicae* 249(成, 卵, 幼), 359(幼, さなぎ)
オオヨコバイ *Cicadella viridis* 64
オオヨコモンヒラタアブ *Ischyrosyrphus glaucius* 198
オオヨツスジハナカミキリ *Leptura regalis* 148
オオヨモギハムシ *Chrysolina angsticollis* 164, 165
オオルリオサムシ *Damaster gehinii gehinii* 93, 94
オオルリコンボウハバチ *Orientabia relativa* 323
オオルリボシヤンマ *Aeschna nigroflava* 24, 354(幼)
オカダンゴムシ *Armadillidium vulgare* 366
オカモトトゲエダシャク *Apochima juglansiaria* 361(幼)
オサムシ科の一種 *Carabidae* gen. sp. 355(幼)
オサムシモドキ *Craspedonotus tibialis* 96
オゼイトトンボ *Coenagrion terue* 18
オツネントンボ *Sympecma paedisca paedisca* 16
オトシブミ *Apoderus jekelii* 172
オドリコソウハムシ *Chrysolina brunneipennis* 164, 165
オドリバエ科の一種 *Empididae* gen. sp. 193
オナガアゲハ *Papilio macilentus* 245

オナガシジミ *Araragi enthea enthea* 260
オナガミズアオ *Actias gnoma mandschurica* 303
オナシカワゲラ科の一種 *Nemouridae* gen. sp. 40
オニグモ *Araneus ventricosus* 367(成, 幼)
オニグルミノキモンカミキリ *Menesia flavotecta* 163
オニクワガタ *Prismognathus angularis angularis* 111, 113
オニコメツキダマシ *Hylochares harmandi* 125
オニシモツケヒラタハバチ *Onycholyda kumamotonis* 322
オニベニシタバ *Catocala dula* 312
オニヤンマ *Anotogaster sieboldii* 23, 354(幼)
オヌキシダヨコバイ *Onukigallia onukii* 64
オヌキヨコバイ *Onukia onukii* 64
オバボタル *Lucidina biplagiata* 129
オビガ *Apha aequalis* 301, 361(幼)
オビカギバ *Drepana curvatula acuta* 292
オビカレハ *Malacosoma neustria testacea* 361(幼)
オビヒラタアブ属の一種 *Epistrophe* sp. 196
オビヒソヒラタアブ *Meliscaeva cinctella* 201

【か】

カイコ *Bombyx mori* 301(成, 卵, 幼, さなぎ)
カイコノウジバエ *Blepharipa zebina* 221
カエデノヘリグロハナカミキリ *Eustrangalis distenioides* 149
カエデヒゲナガコバネカミキリ *Glaphyra ishiharai* 150
カオグロオオモモブトハナアブ *Matsumyia nigrofacies* 214, 215
カオジロトンボ *Leucorrhinia dubia orientalis* 34, 36
カオジロヒゲナガゾウムシ *Sphinctotropis laxus* 172
カオジロヒメハナバチ *Andrena hondoica* 347, 348
カオスジコモンシマハナアブ *Eristalis interrupta* 211, 212
カオビロホソヒラタアブ *Melangyna lucifera* 201, 202
ガガンボ科の一種 *Tipulidae* gen. sp. 357(幼)
ガガンボ属の一種 *Tipula* sp. 183
カギシロスジアオシャク *Geometra dieckmanni* 298
カクスナゴミムシダマシ *Gonocephalum recticolle* 138

カシワカスミカメ　*Castanopsides potanini*　74
カシワクチブトゾウムシ　*Myllocerus griseus*　176
カシワマイマイ　*Lymantria mathura aurora*
　308, 309, 363（幼）
カタキハナカミキリ　*Leptura femoralis*　149
カタクリハムシ　*Sangariola punctatostriata*
　168, 169
カタナクチイシアブ　*Mactea matsumurai*　190
カタボシエグリオオキノコ　*Megalodacne bellula*
　133
カタモンコガネ　*Blitopertha conspurcata*　118
カツオゾウムシ　*Lixus impressiventris*　176
カツオブシムシ科の一種　*Dermestidae* gen. sp.
　130（幼）
カッコウカミキリ　*Miccolamia cleroides*　162
カツラカミキリ　*Niponostenostola niponensis konoi*
　163
カトウハナアブ　*Eristalis katoi*　212
カニグモの一種　*Xysticus* sp.　369
カノコガ　*Amata fortunei fortunei*　311
カバアシハラナガハナアブ
　Brachypalpoides brunnipes　219
カバイロアシナガコガネ　*Ectinohoplia rufipes*
　121
カバイロコメツキ　*Ectinus sericeus sericeus*　124
カバイロシジミ　*Glaucopsyche lycormas lycormas*
　257
カバキコマチグモ　*Cheiracanthium japonicum*　368
カバシャク　*Archiearis parthenias bella*　299
カバノキハムシ　*Syneta adamsi*　170
カブトムシ　*Allomyrina dichotoma dichotoma*　117
ガマキンウワバ　*Autographa gamma*　318
カミキリムシ科の一種　*Cerambycidae* gen. sp.
　356（幼）
カミムラカワゲラ属の一種　*Kamimuria* sp.
　41（成, 幼）, 354（幼）
カミヤビロウドコガネ　*Maladera kamiyai*　119
ガムシ　*Hydrophilus acuminatus*　102, 355（幼）
カメノコテントウ　*Aiolocaria hexaspilota*
　136, 356（幼, さなぎ）
カメノコハムシ　*Cassida nebulosa*　171
カラカネイトトンボ　*Nehalennia speciosa*　20
カラカネトンボ　*Cordulia aenea amurensis*　30
カラカネハナカミキリ　*Gaurotes doris*　145
カラスアゲハ　*Papilio bianor dehaanii*
　243〜245
カラスシジミ　*Strymonidia w-album fentoni*
　259, 360（幼）

カラスヨトウ　*Amphipyra livida corvina*　315
カラフトコンボウアメバチ　*Heteropelma amictum*
　329
カラフトトホシハナカミキリ　*Brachyta sachalinensis*
　145
カラフトマルトゲムシ　*Byrrhus geminatus*　122
カラフトムシヒキ　*Asilella karafutonis*　191
カラフトモモブトハバチ　*Cimbex femorata femorata*
　323, 365（幼）
カルマイツヤタマヒラタアブ
　Orthonevra karumaiensis　209
カレハガ　*Gastropacha orientalis*　361（幼）
カンタン　*Oecanthus longicaudus*　48

【き】
キアゲハ　*Papilio machaon hippocrates*
　228, 240, 241（成, 卵, 幼, さなぎ）, 358（幼）
キアシアシナガヤセバエ　*Compsobata japonica*
　193
キアシクチグロヒラタアブ　*Parasyrphus annulatus*
　200, 201
キアシシロナミシャク　*Xanthorhoe abraxina pudicata*
　298
キアシドクガ　*Ivela auripes*　309, 364（幼, さなぎ）
キアシハラナガハナアブ　*Brachypalpoides simplex*
　219
キアシフンバエ　*Scathophaga mellipes*　220
キアシマメヒラタアブ　*Paragus haemorrhous*　205
キイロキリガ　*Xanthia togata*　317
キイロケアリ　*Lasius flavus*　334
キイロコウカアブ　*Ptecticus aurifer*　189
キイロスズメバチ　*Vespa simillima*　217, 337
キイロナミホシヒラタアブ　*Syrphus vitripennis*
　194
キイロフチグロノメイガ
　Paratalanta taiwanensis sasakii　235
キイロホソナガクチキ　*Serropalpus niponicus*
　140
キオビクロスズメバチ　*Vespula vulgaris*
　217, 339
キオビツヤハナバチ　*Ceratina flavipes*　349
キオビホオナガスズメバチ　*Dolichovespula media*
　217, 339
キオビホソナガクチキ　*Phloeotrya flavitarsis*　140
キオビヒメハマキ　*Apotomis flavifasciana*　231
キカオアシブハナアブ　*Helophilus trivittatus*
　211, 213
キガオハラナガハナアブ　*Brachypalpoides flavifacies*
　219

キガシラオオナミシャク *Gandaritis agnes festinaria* 297
キカワゲラ属の一種 *Acroneuria* sp. 38, 41 (成, 幼)
キクギンウワバ *Macdunnoughia confusa* 318
キクスイカミキリ *Phytoecia rufiventris* 163
キクビアオハムシ *Agelasa nigriceps* 167
キシタエダシャク *Arichanna melanaria fraterna* 296
キシタミドリヤガ *Xestia efflorescens* 314
キスケジガバチモドキ *Trypoxylon regium hatogayuum* 342
キスジカンムリヨコバイ *Evacanthus interruptus* 64
キスジトラカミキリ *Cyrtoclytus caproides* 152
キスジホソマダラ *Artona gracilis* 233, 234
キスネアシボソケバエ *Bibio aneuretus* 186
キスネクロハナアブ *Cheilosia ochripes* 207
キソガワフユユスリカ *Hydrobaenus kondoi* 185
キタアカシジミ *Japonica onoi* 261, 263
キタイトトンボ *Coenagrion ecornutum* 18
キタエグリバ *Calyptra hokkaida* 318, 364 (幼)
キタオオクサカゲロウ *Nineta alpicola* 88
キタオオブユ *Prosimulium jezonicum* 186
キタクロミノガ *Canephora pungelerii* 230 (成, 幼), 358 (幼)
キタササキリ *Conocephalus fuscus* 46
キタシマハナアブ *Eristalis rossica* 212
キタシリアカニクバエ *Heteronychia vagans* 223
キタスカシバ *Sesia yezoensis* 232
キタハンノキヒラタハバチ *Pamphilius alnivorus* 322
キタヒメアメンボ *Gerris lacustris* 69
キタヒメゲンゴロウ *Rhantus notaticollis* 100
キタベニボタル *Lopheros septentrionalis* 127
キタミドリイエバエ *Neomyia cornicina* 223
キタムツモンホソヒラタアブ *Melangyna olsufjevi* 202
キタヨコバイ *Bathysmatophorus shabliovskii* 64
キタヨツモンホソヒラタアブ *Melangyna pavlovskyi* 201, 202
キドクガ *Euproctis piperita* 363 (幼)
キトンボ *Sympetrum croceolum* 33, 36
キヌゲマルトゲムシ *Cytilus sericeus* 122
キヌツヤハナカミキリ *Corennys sericata* 149
キヌツヤミズクサハムシ *Plateumaris sericea* 170, 171
キバナオニグモ *Araneus marinoreus* 368

キバネクロバエ *Mesembrina resplendens* 223
キバネセセリ *Bibasis aquilina chrysaeglia* 239
キバネツヤハダコメツキ *Hemicrepidius inornatus* 124
キバネハサミムシ *Forficula mikado* 57
キバネモリトンボ *Somatochlora graeseri aureola* 31
キバラアブ *Hybomitra distinguenda* 188
キバラエダシャク *Garaeus specularis mactans* 295
キバラナガハナアブ *Macrozelima hervei* 219
キバラヒメアオシャク *Hemithea aestivaria* 299
キバラヒメハムシ *Exosoma flaviventre* 169
キバラヘリカメムシ *Plinachtus bicoloripes* 77 (成, 幼)
キバラモクメキリガ *Xylena formosa* 317, 365 (幼)
キヒゲアシブトハナアブ *Parhelophilus citricornis* 213
キヒゲムツモンヒラタアブ *Dasysyrphus venustus* 195
キベリアシブトハナアブ *Helophilus sapporensis* 211, 213
キベリクロヒメゲンゴロウ *Ilybius apicalis* 100, 101
キベリシロナミシャク *Eucosmabraxas placida* 298
キベリタテハ *Nymphalis antiopa asopos* 278
キベリナガカスミカメ *Dryophilocoris saigusai* 71
キベリヒラタアブ *Xanthogramma sapporense* 196, 197
キベリヘリカメムシ *Megalotomus costalis* 78
キボシエグリハマキ *Acleris caerulescens* 231
キボシルリハムシ *Smaragdina aurita* 169
キマダラオオナミシャク *Gandaritis fixseni* 297
キマダラケシキスイ *Soronia japonica* 132
キマダラセセリ *Potanthus flavus flavus* 237, 238
キマダラツマキリエダシャク *Zanclidia testacea* 295
キマダラトガリバ *Macrothyatira flavida flavida* 293
キマワリ *Plesiophthalmus nigrocyaneus nigrocyaneus* 138, 356 (幼)
キミドリユスリカ *Chironomus tentans* 185
キモンカミキリ *Menesia sulphurata* 162
キョウコシマハナアブ *Eristalis kyokoae* 212
キレワハエトリの一種 *Sibianor* sp. 369
ギンイチモンジセセリ *Leptalina unicolor* 238

キンイロアブ *Hirosia sapporoensis* 188
キンイロエビグモ *Philodromus auricomus* 369
キンイロキリガ *Clavipalpura aurariae* 316
キンオビナミシャク *Electrophaes corylata granitalis* 298
キンケトラカミキリ *Clytus auripilis* 152
キンスジコウモリ *Phymatopus japonicus* 230
キンスジコガネ *Mimela holosericea* 118
キンナガゴミムシ *Pterostichus planicollis* 96
キンバエ *Lucilia caesar* 222
キンヘリタマムシ *Scintillatrix pretiosa bellula* 123
ギンボシキンウワバ *Antoculeora locuples* 318
ギンボシトビハムキ *Spatalistis christophana* 231
ギンボシヒョウモン *Speyeria aglaja basalis* 281, 285
ギンスジハマキ *Eana argentana* 231
キンムネヒメカネコメツキ *Kibunea ignicollis* 125
キンメアブ *Chrysops suavis* 188
キンモリヒラタゴミムシ *Colpodes sylphis stichai* 97
ギンヤンマ *Anax parthenope julius* 25, 26
ギンランキマダラハナバチ *Nomada ginran* 350

【く】
クギヌキハサミムシ *Forficula scudderi* 54, 57（成, 幼）
クサアリモドキ *Lasius spathepus* 333
クサカゲロウ *Chrysopa intima* 88
クサカゲロウ科の一種 *Chrysopidae* gen. sp. 355（卵, 幼）
クサギカメムシ *Halyomorpha halys* 82
クシコメツキ *Melanotus legatus legatus* 125
クシヒゲガガンボ *Ctenophora* sp. 184
クシヒゲシャチホコ *Ptilophora nohirae* 306
クシヒゲベニボタル *Macrolycus flabellatus* 126
クジャクチョウ *Inachis io geisha* 276, 360（幼）
クスサン *Saturnia japonica japonica* 302, 361（幼, まゆ）
クチキクシヒゲムシ *Sandalus segnis* 103
クチキムシ科の一種 *Alleculidae* gen. sp. 139
クチグロヒラタアブ *Parasyrphus aeneostoma* 200
クチナガガガンボ *Elephantomyia hokkaidensis* 184
クチナガハリバエ *Prosena siberita* 221
クナシリムツモンヒラタアブ *Dasysyrphus zinchenkoi* 195
クビアカツヤゴモクムシ *Trichotichnus longitarsis* 97
クビカクシナガクチキムシ *Scotodes niponicus* 139
クビワシャチホコ *Shaka atrovittatus* 306
クボズギングチ *Ectemnius cavifrons aurarius* 343
クモガタガガンボの一種 *Chionea* sp. 184
クモノスモンサビカミキリ *Graphidessa venata venata* 161
クモリトゲアシベッコウ *Priocnemis japonica* 334, 335
クモンクサカゲロウ *Chrysopa formosa* 84, 88
クリイロジョウカイ *Stenothemus badius* 128
クルマバッタモドキ *Oedaleus infernalis* 50, 51（成, 幼）
クルミツヤクロカスミカメ *Castanopsides falkovitshi* 71
クルミハムシ *Gastrolina depressa* 167
クロアオカミキリモドキ *Oedemerina concolor* 142
クロアシコメツキモドキ *Languriomorpha nigritarsis* 132
クロアナアキゾウムシ *Hylobitelus gebleri* 175
クロイトトンボ *Cercion calamorum calamorum* 19
クロウスタビガ *Rhodinia jankowskii hokkaidoensis* 303
クロエンマムシ *Hister concolor* 102
クロオオアリ *Camponotus japonicus* 332
クロオオキバネカクシ *Oxyporus niger* 104
クロオオナガゴミムシ *Pterostichus leptis* 96
クロオビフユナミシャク *Operophtera relegata* 298
クロオビリンガ *Gelastocera exusta* 319
クロカミキリモドキ *Opsimea nigripennis* 142
クロカレキゾウムシ *Acicnemis nigra* 175
クロカワゲラ科の一種A *Capniidae* gen. sp. A 39
クロカワゲラ科の一種B *Capniidae* gen. sp. B 39
クロギングチ *Rhopalum latronum* 344
クロキンメアブ *Chrysops japonicus* 188
クロクサアリ *Lasius nipponensis* 333
クロケハナダカチビハナアブ *Sphegina montana* 210
クロケブカハムシダマシ *Macrolagria robusticeps* 139
クロケラトリバチ *Larra carbonaria* 342
クロコウスバカゲロウ *Myrmeleon bore* 89（成, 幼, まゆ）, 355（幼, まゆ）
クロコブゾウムシ *Niphades variegatus* 176

クロゴモクムシ *Harpalus niigatanus* 97
クロサワヘリグロハナカミキリ
　Eustrangalis anticereducta 149
クロシギゾウムシ *Curculio distinguendus* 177
クロシタアオイラガ *Parasa sinica* 232
クロスキバホウジャク *Hemaris affinis* 304
クロスジアワフキ *Aphrophora vittata* 62
クロスジイシアブ *Choerades nigrovittata* 190
クロスジチャイロコガネ
　Sericania fuscolineata fuscolineata 118
クロスジフユエダシャク *Pachyerannis obliquaria* 295
クロスジホソアワフキ *Aphilaenus nigripectus* 63
クロスズメバチ *Vespula flaviceps* 338
クロズマメゲンゴロウ *Agabus conspicuus* 100
クロタマムシ *Buprestis haemorrhoidalis japanensis* 123
クロツヤアオメナガカメムシ *Hypogeocoris itonis* 76
クロツヤナガハリバエ *Zophomyia tremula* 221
クロツヤハナバチ *Ceratina megastigmata* 349
クロツヤヒラアシヒラタアブ
　Platycheirus urakawensis 204
クロテングスケバ *Saigona ishidae* 65
クロトゲナシケバエ *Plecia adiastola* 187
クロトサカシバンムシ *Trichodesma japonicum* 130
クロトラカミキリ *Chlorophorus diadema inhirsutus* 153
クロニセリンゴカミキリ *Eumecocera unicolor* 163
クロハナカミキリ *Leptura aethiops* 147
クロハナギンガ *Chasminodes sugii* 318
クロハナボタル *Plateros coracinus* 127
クロハナムグリ *Glycyphana fulvistemma* 121
クロバヌマユスリカ *Psectrotanypus orientalis* 185
クロバネツルギアブ *Dichoglena nigripennis* 192
クロハラナガハナアブ *Chalcosyrphus longus* 219
クロハラハナダカチビハナアブ
　Sphegina violovitshi 210
クロヒカゲ *Lethe diana diana* 289
クロヒメジョウカイの一種 *Rhagonycha* sp. 128
クロヒメツノカメムシ *Elasmucha amurensis* 83
クロヒメヒラタタマムシ *Anthaxia reticulata aino* 123
クロヒラタアブ *Betasyrphus serarius* 198
クロヒラタカミキリ *Ropalopus signaticollis* 151

クロヒラタシデムシ *Phosphuga atrata* 105
クロフアワフキ *Sinophora submacula* 62
クロフシヒラタヒメバチ *Coccygomimus pluto* 328
クロフトメイガ *Termioptycha nigrescens* 234
クロホシタマムシ *Ovalisia virgata* 123
クロマメゲンゴロウ *Agabus optatus* 100
クロマルカスミカメ *Orthocephalus funestus* 74
クロマルケシキスイ *Cyllodes ater* 132
クロミスジシロエダシャク *Myrteta angelica* 296
クロモンイッカク *Notoxus monoceros daimio* 141
クロモンサシガメ *Peirates turpis* 77
クロモンハムシ *Gonioctena springlovae* 166
クロヤマアリ *Formica japonica* 332
クロユビギングチ *Ectemnius nigritarsus* 344
クロルリハムシ *Chrysolina aeruginosa* 165
クワガタゴミムシダマシ
　Atasthalomorpha dentifrons 138
クワコ *Bombyx mandarina* 301, 362(幼)
クワゴマダラヒトリ *Lemyra imparilis* 311, 364(幼)
クワハムシ *Fleutiauxia armata* 170, 171
クワヒョウタンゾウムシ *Scepticus insularis* 176
クワヤマハネナガウンカ *Zoraida kuwayamae* 65

【け】

ゲジ科の一種 Scutigeridae gen. sp. 366
ケバエの一種 *Bibio adjunctus* 186
ケバエの一種 *Bibio matsumurai* 186, 187
ケバエの一種 *Bibio omani* 186, 187
ケバエ科の一種 Bibionidae gen. sp. 357(幼)
ケヒラタアブ *Syrphus torvus* 194
ケブカクロバエ *Aldrichina grahami* 222
ケブカスジドロバチ *Ancistrocerus melanocerus* 340
ケブカスズメバチ *Vespa simillima* 217, 337
ケブカヒメヘリカメムシ *Rhopalus sapporensis* 78
ケブカヒラタアブ *Eriozona syrphoides* 198
ケマダラカミキリ *Agapanthia daurica* 156
ケモンヒメトゲムシ *Nosodendron asiaticum* 130
ケラ *Gryllotalpa fossor* 47
ゲンゴロウ *Cybister japonicus* 101, 355(幼)
ゲンゴロウモドキ *Dytiscus dauricus* 101
ケンモンキシタバ *Catocala deuteronympha omphale* 314
ケンモンミドリキリガ *Daseochaeta viridis* 317

【こ】

コアオカスミカメ *Apolygus lucorum* 72
コアオハナムグリ *Oxycetonia jucunda* 121
コアシナガバチ *Polistes snelleni* 335
ゴイシシジミ *Taraka hamada hamada* 258
コウカアブ *Ptecticus tenebrifer* 189
コウスバカゲロウ *Myrmeleon formicarius* 89
コウノジュウジベニボタル *Lopheros konoi* 127
コウライアワフキバチ *Gorytes koreanus* 345
コエゾゼミ *Tibicen bihamatus* 60
コエゾトンボ *Somatochlora japonica* 31
コオイムシ *Appasus japonicus* 66
コオニヤンマ *Sieboldius albardae* 22, 354(幼)
コカゲロウ科の一種 *Baetidae* gen. sp. 12(成, 幼)
コガシラアワフキ *Eoscartopis assimilis* 63
コガシラナガゴミムシ *Pterostichus microcephalus* 96
コガタアワフキ *Aphrophora obtusa* 62
コガタスズメバチ *Vespa analis* 336
コガタツバメエダシャク *Ourapteryx obtusicauda* 296
コガタノミズアブ *Odontomyia garatas* 189
コガタミドリカスミカメ *Lygocoris makiharai* 72
コガタルリハムシ *Gastrophysa atrocyanea* 165
コガネキンバエ *Lucilia ampullacea* 222
コガネコバチ科の一種 *Pteromalidae* gen. sp. 330
コガネコメツキ *Aphotistus puncticollis* 125
コカメノコテントウ *Propylea quatuordecimpunctata* 136, 137
コキアシヒラタヒメバチ *Ephialtes capulifera* 328
コキマダラセセリ *Ochlodes venatus venatus* 236
コクシヒゲハネカクシ *Velleius setosus* 104
コクロアナバチ *Isodontia nigella* 341
コクロシデムシ *Ptomascopus morio* 105
コクロツヤヒラタゴミムシ *Synuchus melantho* 98
コクロハナボタル *Libnetis granicollis* 127
コクロヒラタアブの一種A *Pipiza* sp. A 206
コクロヒラタアブの一種B *Pipiza* sp. B 206
コクワガタ *Macrodorcas rectus rectus* 108〜110, 112
コゲチャツツゾウムシ *Carcilia tenuistriata* 176
コゴマヨトウ *Chandata bella* 316
コサナエ *Trigomphus melampus* 22
コシアカハバチの一種 *Siobla* sp. 325
コシブトジガバチモドキ *Trypoxylon pacificum* 342
コシボソヤンマ *Boyeria maclachlani* 29
コシマゲンゴロウ *Hydaticus grammicus* 100
コセアカアメンボ *Macrogerris gracilicornis* 68, 69
コチャバネセセリ *Thoressa varia* 237
コツバメ *Callophrys ferrea* 256
コトラガ *Mimeusemia persimilis* 307
コナラシギゾウムシ *Curculio dentipes* 177
コニワハンミョウ *Cicindela transbaicalica japanensis* 92
コノシメトンボ *Sympetrum baccha matutinum* 33, 37
コハラアカモリヒラタゴミムシ *Colpodes lampros* 97
コバネイナゴ *Oxya yezoensis* 53
コバネカミキリ *Psephactus remiger remiger* 144
コバネササキリモドキ *Cosmetura ficifolia* 46
コバネナガカメムシ *Dimorphopterus pallipes* 76
コバネヒメギス *Chizuella bonneti* 47
コヒオドシ *Aglais urticae connexa* 275
コヒサゴキンウワバ *Diachrysia nadeja* 318
コヒョウモン *Brenthis ino mashuensis* 282, 285, 360(幼, さなぎ)
コフキサルハムシ *Lypesthes ater* 171
コブサビコメツキ *Lacon quadrinodatus* 124
コブハサミムシ *Anechura harmandi* 57
コブヒゲカスミカメ *Harpocera orientalis* 71
コブヒゲボソゾウムシ *Phyllobius Nipponophyllobi picipes* 177
コベニカスミカメ *Deraeocoris elegantulus* 70
ゴボウトガリヨトウ *Gortyna fortis* 316
コホネゴミムシダマシ *Phaleromela subhumeralis* 138
ゴマシジミ *Maculinea teleius ogumae* 257
ゴマダラオトシブミ *Paroplapoderus pardalis* 174
ゴマダラカミキリ *Anoplophora malasiaca* 157
ゴマダラチョウ *Hestina japonica* 271
コマチアリノスアブ *Microdon murayamai* 218
コマバムツボシヒラタアブ *Scaeva komabensis* 195
ゴマフアブ *Haematopota pluvialis tristis* 188
ゴマフカミキリ *Nemophora raddei* 154
コマユバチ科の一種 *Braconidae* gen. sp. 327(まゆ)
コミスジ *Neptis sappho intermedia* 278, 279
ゴミムシ *Anisodactylus signatus* 97
コミヤマアワフキ *Peuceptyelus indentatus* 62

コムライシアブ *Choerades komurae*　190, 191
コムラサキ *Apatura metis substituta*　271
コメツキムシ科の一種 Elateridae gen. sp.
　356(幼)
コモンクチグロヒラタアブ *Parasyrphus ammosovi*
　200
コモンツチバチ *Scolia decorata ventralis*　331
コモンホソナガクチキ *Phloeotrya trisignata*　140
コヨツボシゴミムシ *Panagaeus robustus*　98
コルリアトキリゴミムシ *Lebia viridis*　99
コンボウケンヒメバチ *Coleocentrus incertus*　329
コンボウヤセバチ *Gasteruption japonicum*　330

【さ】

サイジョウハムシドロバチ *Symmorphus apiciornatus*
　340
サカハチチョウ *Araschnia burejana strigosa*
　272, 273
ササナミスズメ *Dolbina tancrei*　304
ササヤマオビヒラタアブ *Epistrophe sasayamana*
　196
サジクヌギカメムシ *Urostylis striicornis*　79
サッポロアシナガムシヒキ *Molobratia sapporoensis*
　191
サッポロツルギアブ *Pandivirilia sapporensis*　192
サッポロヒゲナガハナアブ *Chrysotoxum sapporense*
　205
サッポロフキバッタ *Miramella sapporensis*
　52, 53(成, 幼)
サトキマダラヒカゲ *Neope goschkevitschii*　290
サトジガバチ *Ammophila sabulosa nipponica*　341
サビキコリ *Agrypnus binodulus binodulus*　124
サビハネカクシ *Ontholestes gracilis*　104
サラサヤンマ *Oligoaeschna pryeri*　29
サラサリンガ *Camptoloma interiorata*　319

【し】

シオカラトンボ *Orthetrum albistylum speciosum*
　35
シオヤアブ *Promachus yesonicus*　190, 357(卵)
シオヤトンボ *Orthetrum japonicum japonicum*　35
シダクロスズメバチ *Vespula shidai*　217, 338
シータテハ *Polygonia c-album hamigera*
　277, 360(幼)
シデムシ科の一種 Silphidae gen. sp.　355(幼)
シナカミキリ *Eutetrapha sedecimpunctata*　162
シナノクロフカミキリ
　Asaperda agapanthina agapanthina　155
シナヒラタヤドリバエ *Ectophasia rotundiventris*
　221

シバカワオビヒラタアブ *Epistrophe shibakawae*
　196
シバスズ *Pteronemobius mikado*　48
シベリアハナダカチビハナアブ *Sphegina sibirica*
　210
シーベルスシャチホコ *Odontosia sieversii japonibia*
　306, 307
シマアオカスミカメ *Mermitelocerus annulipes*　71
シマアシブトハナアブ *Mesembrius flaviceps*　213
シマアメンボ *Metrocoris histrio*　68
シマカラスヨトウ *Amphipyra pyramidea yama*
　315, 364(幼)
シマクロハナアブ *Eristalis arbustorum*　212
シマコンボウハバチ *Praia ussuriensis*　323
シマトビケラ科の一種 Hydropsychidae gen. sp.
　227
シマハナアブ *Eristalis cerealis*　212
シモフリカスミカメ *Salignus duplicatus*　73
シモフリコメツキの一種 *Actenicerus* sp.　125
シャクガ科の一種 Geometridae gen. sp.
　361(幼)
ジャコウカミキリ *Aromia moschata ambrosiaca*
　150
シャチホコガ *Stauropus fagi persimilis*　305
ジャノメチョウ *Minois dryas bipunctata*　289
シャンハイオエダシャク
　Macaria shanghaisaria shanghaisaria　294
ジュウサンホシテントウ
　Hippodamia tredecimpunctata timberlakei　136
ジュウシホシクビナガハムシ
　Crioceris quatuordecimpunctata　166
ジュウニキボシカミキリ *Paramenesia theaphia*
　163
シュルツェマダニ *Ixodes persulcatus*　367
ジュンサイハムシ *Galerucella nipponensis*　168
ジョウカイボン *Lycocerus suturellus suturellus*　128
ジョウザンエグリトビケラ
　Discosmoecus jozankeanus　226
ジョウザンオナガバチ *Rhyssa jozana*　328
ジョウザンギングチ *Ectemnius spinipes*　343
ジョウザンケイクロハナアブ *Cheilosia josankeiana*
　208
ジョウザンコガシラウンカ *Rhotala jozankeana*
　65
ジョウザンシジミ *Scolitantides orion jezoensis*　256
ジョウザンナガハナアブ *Temnostoma jozankeanum*
　216
ジョウザンハバチ *Tenthredo jozana*　324

ジョウザンヒトリ *Pericallia matronula helena* 310
ジョウザンミドリシジミ *Favonius aurorinus* 265, 267, 269, 359（卵, 幼）
ジョウザンメバエ *Conops flavipes* 193
ショウブヨトウ *Amphipoea ussuriensis* 316
シラオビアカガネヨトウ *Phlogophora illustrata* 319
シラオビシデムシモドキ *Nodynus leucofasciatus* 104
シラケトラカミキリ *Clytus melaenus* 152
シラハタミズクサハムシ *Plateumaris shirahatai* 170
シラフクチバ *Sypnoides picta* 318, 365（幼）
シラフシロオビナミシャク
　Trichodezia kindermanni latifasciaria 297
シラフヒョウタンゾウムシ
　Meotiorhynchus querendus 176
シラフヨツボシヒゲナガカミキリ
　Monochamus urussovii 158, 159
シラホシオナガバチ *Sychnostigma japonicum* 329
シラホシカミキリ *Glenea relicta relicta* 163
シラホシキリガ *Cosmia restituta picta* 317
シラホシハナノミ *Hoshihananomia perlata* 141
シラホシヒゲナガコバネカミキリ
　Molorchus minor fuscus 150
シリジロヒゲナガゾウムシ *Androceras flavellicorne* 172
シリブトチョッキリ *Chokkirius truncatus* 174
シロアシクシヒゲガガンボ *Ctenophora macraeformis* 184
シロオビアワフキ *Aphrophora intermedia* 62
シロオビチビヒラタカミキリ *Phymatodes albicinctus* 151
シロオビナカボソタマムシ
　Coroebus quadriundulatus 123
シロオビノメイガ *Spoladea recurvalis* 234
シロオビヒメエダシャク
　Lomaspilis marginata amurensis 297
シロオビヒメヒカゲ *Coenonympha hero neoperseis* 286
シロオビホオナガスズメバチ *Dolichovespula pacifica* 338
シロオビホソハマキモドキ *Glyphipterix basifasciata* 231
シロケンモン *Acronicta vulpina leporella* 316
シロシタバ *Catocala nivea* 313
シロシタホタルガ *Neochalcosia remota* 233, 358（幼）
シロジュウゴホシテントウ *Calvia quindecimguttata* 136
シロジュウシホシテントウ
　Calvia quatuordecimguttata 136, 137
シロズオオヨコバイ *Oniella leucocephala* 64
シロスジコガネ *Polyphylla albolineata* 121
シロスジナガハナアブ *Milesia undulata* 216
シロスジヒメバチ *Achaius oratorius albizonellus* 328
シロスジベッコウハナアブ
　Volucella pellucens tabanoides 209
シロズヒメムシヒキ *Philonicus albiceps* 191
シロツバメエダシャク *Ourapteryx maculicaudaria* 296
シロツルギアブ *Spiriverpa argentata* 192
シロテンツヤカスミカメ *Deraeocoris pulchellus* 70
シロトホシテントウ *Calvia decemguttata* 136, 137
シロトラカミキリ *Paraclytus excultus* 153
シロヒゲナガゾウムシ *Platystomos sellatus* 172
シロヒトリ *Chionarctia nivea* 310, 364（幼）
シロフフユエダシャク *Agriopis dira* 295
シロヘリトラカミキリ *Anaglyptus colobotheoides* 154
シロヘリナガカメムシ *Panaorus japonicus* 76
シロホシエダシャク *Arichanna albomacularia* 295
シロホシテントウ *Vibidia duodecimguttata* 136
シロホソハバチ *Tenthredo alboannulata* 324
シロモンムカシハナバチヤドリ
　Epeolus melectiformis 350
シロモンヤドリハナバチ
　→ シロモンムカシハナバチヤドリ
シワクシケアリ *Myrmica kotokui* 333
シワヨコバイバチ *Psen exaratus exaratus* 341
ジンガサハムシ *Aspidomorpha indica* 170
シンジュサン *Samia cynthia walkeri* 303, 362（幼, まゆ）

【す】

スイセンハナアブ *Merodon equestris* 210
スカシヒロバカゲロウ *Osmylus hyalinatus* 87
スギタニルリシジミ *Celastrina sugitanii ainonica* 254
スキバツリアブ *Villa limbata* 192
ズキンヨコバイ *Podulmorinus vitticollis* 65
スグリゾウムシ *Pseudocneorhinus bifasciatus* 176

スグロアラメハムシ *Lochmaea capreae* 168, 169
スゲハムシ → キヌツヤミズクサハムシ
スコットカメムシ *Menida scotti* 81
スジアカハシリグモ *Dolomedes saganus* 368
スジカミキリモドキ *Chrysanthia viatica* 142
スジカミナリハムシ *Altica latericosta* 168, 169
スジグロシロチョウ *Pieris melete melete* 250, 251, 253, 359(幼, さなぎ)
スジグロボタル *Pristolycus sagulatus* 129
スジクワガタ *Macrodorcas striatipennis* 108, 110, 112, 114, 115, 138
スジコガネ *Mimela testaceipes* 116
スジコツチバチ *Tiphia ordinaria* 331
スジシャコグモ *Tibellus oblongus* 369
スジトビケラ属の一種 *Nemotaulius* sp. 226
スジマダラモモブトカミキリ *Acanthocinus griseus griseus* 161
スジモクメシャチホコ *Hupodonta lignea* 306
スジモンヒトリ *Spilarctia seriatopunctata seriatopunctata* 310
スズキナガハナアブ *Spilomyia suzukii* 216
スズキフタモンハナアブ *Ferdinandea cuprea* 207
スズバチ *Oreumenes decoratus* 340
スズメガ科の一種 Sphingidae gen. sp. 363(幼)
スナゴミムシダマシ *Gonocephalum japanum* 138
スネブトクシヒゲガガンボ *Ctenophora nohirae* 184
スベザトウムシ亜科の一種 Leiobuninae gen. sp. 367
スモモエダシャク *Angerona prunaria turbata* 294
スルスミシマハナアブ *Eristalis japonica* 212

【せ】

セアカアメンボ *Limno rufoscutellatus* 68, 69
セアカクロバエ *Muscina assimilis* 223
セアカツノカメムシ *Acanthosoma denticauda* 83
セアカヒメオトシブミ *Apoderus geminus* 174
セアカヒラタゴミムシ *Dolichus halensis* 98
セイヨウオオマルハナバチ *Bombus terrestris* 353
セイヨウミツバチ *Apis mellifera* 353
セグロアオズキンヨコバイ *Trocnadella suturalis* 65
セグロカブラバチ *Athalia infumata* 326
セグロコシボソハバチ *Tenthredo finschi seguro* 324
セグロヒメツノカメムシ *Elasmucha signoreti* 83
セグロベニトゲアシガ *Atkinsonia ignipicta* 232
セグロベニモンツノカメムシ *Elasmostethus interstinctus* 83
セスジイトトンボ *Cercion hieroglyphicum* 18, 354(幼)
セスジツツハムシ *Cryptocephalus parvulus* 169
セスジハリバエの一種 *Tachina* sp. 221
セスジヒメハナカミキリ *Pidonia amentata amentata* 146
セスジミドリイエバエ *Eudasyphora cyanicolor* 223
セダカオサムシ *Cychrus morawitzi* 95
セダカコガシラアブ *Oligoneura nigroaenea* 187
セボシクサカゲロウ *Dichochrysa prasina* 88
セボシヒラタゴミムシ *Agonum impressum* 96
セマダラコガネ *Blitopertha orientalis* 119
セマダラハバチの一種 *Rhogogaster* sp. 325
センチコガネ *Geotrupes laevistriatus* 122
センノカミキリ *Acalolepta luxuriosa luxuriosa* 160
センブリ *Sialis sibilica* 86
センモンヤガ *Agrotis exclamationis informis* 316

【た】

ダイコクコガネ *Copris ochus* 122
ダイテンコツチバチ *Tiphia punctata* 331
ダイミョウガガンボ *Pedicia daimio* 183
ダイミョウハネカクシ *Staphylinus daimio* 104
ダイミョウヒラタコメツキ *Anostirus daimio* 125
ダイミョウヒラタヤドリバエ *Phasia hemiptera* 221
タイリクアカネ *Sympetrum striolatum imitoides* 33, 37
タカオハナアブの一種 *Criorhina* sp. 214, 215
タカネクチグロヒラタアブ *Parasyrphus makarkini* 200
タカネトンボ *Somatochlora uchidai* 30
タカネムツモンホソヒラタアブ *Melangyna coei* 201, 202
タカミネヨコバイバチ *Psen seminitidus* 342
タシマツルギアブ *Acrosathe tashimai* 192
タテジマクロハナアブ *Eristalinus sepulchralis* 213
タテスジゴマフカミキリ *Mesosa senilis* 155
タテスジシャチホコ *Togepteryx velutina* 306
タマガワヨシヨコバイ *Paralimnus tamagawanus* 63
タマゴゾウムシ *Dyscerus roelofsi* 175

【ち】
チシマムツモンホソヒラタアブ
　　Melangyna (Melangyna) basarukini　203
チシマヤブカ　Aedes punctor　185
チズモンアオシャク　Agathia carissima carissima
　　299
チビクロコヒラタハナアブ　heringia familiaris
　　206
チビハナカミキリ　Grammoptera chalybeella　146
チャイロオオイシアブ　Laphria rufa　190
チャイロクチブトカメムシ　Arma custos　79
チャイロサルハムシ　Basilepta balyi　170
チャイロスズメバチ　Vespa dybowskii　337
チャイロホソヒラタカミキリ　Phymatodes testaceus
　　151
チャイロムシヒキ　Eutolmus brevistylus　191
チャバネアオカメムシ　Plautia crossota stali　82
チャバネクチグロヒラタアブ　Parasyrphus lineolus
　　200
チャバネヒメヒラタゴミムシ　Agonum jurecekianum
　　99
チャバネフユエダシャク　Erannis golda
　　295, 361（幼）
チャボヒゲナガカミキリ　Xenicotela pardalina
　　160
チャモンナガカメムシ　Paradieuches dissimilis　76
チョウセントリバ　Cnaemidophorus rhododactyla
　　235
チョウセンヒゲナガハナアブ
　　Chrysotoxum coreanum　205

【つ】
ツクツクボウシ　Meimuna opalifera　60
ツチカメムシ　Macroscytus japonensis　78
ツツジグンバイ　Stephanitis pyrioides　76
ツノアオカメムシ　Pentatoma japonica　80
ツノオニグモ　Araneus stella　367
ツノキウンモンチュウレンジ　Arge fulvicornis
　　323
ツノキクロハバチ　Taxonus fulvicornis　325
ツノグロモンシデムシ　Nicrophorus vespilloides
　　105
ツノコガネ　Liatongus phanaeoides　122
ツノジロナカアカハバチ　Tenthredo ferruginea
　　324
ツノヒゲゴミムシ　Loricera pilicornis　99
ツノヒゲハナアブ　Callicera aurata　206
ツバメシジミ　Everes argiades hellotia　255
ツマアカシャチホコ　Clostera anachoreta
　　306, 307
ツマアキツリアブ　Anthrax putealis　192
ツマキアオジョウカイモドキ　Malachius prolongatus
　　129
ツマキシロナミシャク　Calleulype whitelyi whitelyi
　　298
ツマキチョウ　Anthocharis scolymus　252, 253
ツマキトラカミキリ　Xylotrechus clarinus　152
ツマキモモブトハナアブ　Criorhina apicalis　214
ツマキリエダシャク　Endropiodes abjectus abjectus
　　295
ツマグロアオカスミカメ　Apolygus spinolae　72
ツマグロイナゴモドキ　Stethophyma magister　52
ツマグロコシボソハナアブ　Allobaccha apicalis
　　205
ツマグロツツシンクイ　Hylecoetus dermestoides cossis
　　131
ツマグロハギカスミカメ　Apolygus subpulchellus
　　73
ツマグロハナアブ　Leucozona lucorum　198
ツマジロカメムシ　Menida violacea　81
ツマジロカラスヨトウ　Amphipyra schrenckii　315
ツマジロクロハバチ　Macrophya apicalis　325
ツマセグロハバチ　Tenthredo sapporensis　324
ツメクサガ　Heliothis maritima adaucta　319
ツメクサキシタバ　Euclidia dentata　319
ツヤオビクロハナアブ　Cheilosia abdominalis
　　208
ツヤクロスズメバチ　Vespula rufa　338
ツヤケシハナカミキリ　Anastrangalia scotodes
　　146
ツヤコガネ　Anomala lucens　116, 117
ツヤテンヒラタアブ　Syrphus hualasae　195
ツヤハダクワガタ　Ceruchus lignarius lignarius
　　106, 111
ツヤヒラタアブ　Melanostoma orientale　204
ツヤマルエンマムシ　Atholus pirithous　102
ツヤミドリカスミカメ　Lygocoris pabulinoides　71
ツヤムネオビヒラタアブ　Epistrophe nitidicollis
　　196, 197
ツヤムネクチグロヒラタアブ
　　Parasyrphus malinellus　200
ツユムシ　Phaneroptera falcata　45
ツルガハキリバチ　Megachile tsurugensis　349
ツルギアブ　Thereva major　192
ツンベルグナガゴミムシ　Pterostichus thunbergi
　　96

【て】

テツイロハナカミキリ *Encyclops olivacea* 145
テングベニボタル *Platycis nasutus* 127
テントウムシ *Harmonia axyridis*
　134, 135, 356(幼, さなぎ)

【と】

ドイカミキリ *Doius divaricata divaricata* 161
ドウガネエンマムシ *Saprinus planiusculus* 102
ドウガネヒラタコメツキ *Corymbitodes gratus*
　125
ドウガネブイブイ *Anomala cuprea*
　116, 117, 356(幼)
ドウガネホシメハナアブ *Eristalinus aeneus* 213
ドウボソガガンボ *Tipula longicauda* 182
トウヨウマダラカゲロウ属の一種
　Cincticostella sp.　13(幼)
トガリシロオビサビカミキリ
　Pterolophia caudata caudata 156
トガリフタモンアシナガバチ *Polistes riparius* 335
ドクガ *Artaxa subflava* 309, 363(幼)
トゲカメムシ *Carbula humerigera* 81
トゲバカミキリ *Rondibilis saperdina* 161
トゲハネバエ科の一種 Heleomyzidae gen. sp. 220
トゲヒゲトラカミキリ *Demonax transilis* 153
トゲヒラアシヒラタアブ *Platycheirus scutatus* 204
トゲホオヒメハナバチ *Andrena dentata* 348
トゲミケハラブトハナアブ *Mallota tricolor* 214
トゲムネアオハバチ *Tenthredo viridatrix* 324
トサカシバンムシ *Trichodesma fasciculare* 130
トックリゴミムシ *Lachnocrepis prolixa* 98
トドキボソゾウムシ *Pissodes cembrae* 176
トドノネオオワタムシ *Prociphilus oriens* 66
トドマツカミキリ *Tetropium castaneum* 144
トドマツノキバチ *Xoanon matsumurae* 326
トノサマバッタ *Eparchus yezoensis*
　50, 51(成, 幼)
トビイロケアリ *Lasius japonicus* 334
トビイロシマメイガ *Hypsopygia regina* 234
トビイロシワアリ *Tetramorium tsushimae* 333
トビイロツノゼミ *Machaerotypus sibiricus* 63
トビスジシャチホコ *Notodonta stigmatica*
　306, 307
トビマダラカスミカメ *Phytocoris nowickyi* 74
トビモンエグリトビケラ *Hydatophylax festivus*
　226(成, 幼)
トビモンシロナミシャク
　Plemyria rubiginata japonica 298
トホシカメムシ *Lelia decempunctata* 81
トホシテントウ *Epilachna admirabilis*
　136, 137, 356(幼)
トホシハナカミキリ *Brachyta punctata* 145
トホシハムシ *Gonioctena japonica* 166, 167
トラハナムグリ *Trichi us japonicus* 121
トラフカミキリ *Xylotrechus chinensis* 151
トラフシジミ *Rapala arata* 258
トラフツバメエダシャク *Tristrophis veneris* 296
トラフムシヒキ *Astochia virgatipes* 191
トリバガ科の一種 Pterophoridae gen. sp. 235
ドロノキハムシ *Chrysomela populi* 166
ドロハマキチョッキリ *Byctiscus puberulus puberulus* 173
トワダオオカ *Toxorhynchites towadensis* 185

【な】

ナガアシヒゲナガゾウムシ *Habrissus longipes* 172
ナガコガラカスミカメ *Adelphocoris suturalis* 71
ナガコガネグモ *Argiope bruennichii* 368
ナガゴマフカミキリ *Mesosa longipennis* 155
ナガジロキシタヨトウ *Triphaenopsis postflava* 315
ナガジロサビカミキリ *Pterolophia jugosa jugosa* 156
ナガジロルリハバチ *Tenthredo picticornis* 325
ナガスジシャチホコ *Nerice bipartita* 305
ナガチャコガネ *Heptophylla picea picea*
　118, 355(幼)
ナガツヤヒラタアブ *Melanostoma interruptum* 204
ナガミドリカスミカメ *Lygocoris pabulinus* 72
ナカムラオニグモ *Larinioides cornutus* 368
ナガメ *Eurydema rugosa* 58, 81
ナガモモブトハナアブ *Azpeytia shirakii* 210
ナギサツルギアブ *Acrosathe stylata* 192
ナツアカネ *Sympetrum darwinianum* 31
ナツササハマダラミバエ *Acrotaeniostola scutellaris* 193
ナナホシクサカゲロウ *Chrysopa septemmaculata* 88
ナナホシテントウ *Coccinella septempunctata*
　136, 137, 356(幼)
ナミアゲハ → アゲハ
ナミアワフキバチ *Gorytes maculicornis* 345
ナミギングチ *Ectemnius continuus* 343

ナミツチスガリ *Cerceris hortivaga*　345
ナミテントウ ⟶ テントウムシ
ナミドクガ ⟶ ドクガ
ナミニクバエ *Parasarcophaga similis*　223
ナミハナアブ *Eristalis tenax*　211, 212
ナミヒョウモン ⟶ ヒョウモンチョウ
ナミヒラアシヒラタアブ *Platycheirus clypeatus*　204
ナミホシヒラタアブ *Eupeodes bucculatus*　194
ナミルリイロハナガハナアブ *Xylota amamiensis*　219
ナルミハナアブ *Criorhina narumii*　218
ナワヒメハナバチ *Andrena nawai*　347

【に】
ニイニイゼミ *Platypleura kaempferi*　61
ニシキアリノスアブ *Microdon yokohamai*　218
ニセキオビコハナバチ *Lasioglossum vulsum*　346
ニセクロハナボタル *Plateros hasegawai*　127
ニセジュウジベニボタル *Lopheros harmandi harmandi*　127
ニセジョウザンケイクロハナアブ *Cheilosia nuda*　208
ニセスズキフタモンハナバチ *Ferdinandea nigrifrons*　207
ニセハイイロマルハナバチ *Bombus pseudobaicalensis*　353
ニセビロウドカミキリ *Acalolepta sejuncta sejuncta*　160
ニセヤツボシカミキリ *Saperda mandschukuoensis*　162
ニッコウクロハナアブ *Cheilosia nikkoensis*　208
ニッコウシャチホコ *Shachia circumscripta*　306
ニッコウヒラタアブ *Asiodidea nikkoensis*　198
ニッコウマエダテバチ *Psenulus nikkoensis*　342
ニッポンアワフキバチ ⟶ ニッポントゲアワフキバチ
ニッポンクロハナアブ *Cheilosia japonica*　207
ニッポンクロヒラタアブ *Betasyrphus nipponensis*　198
ニッポンコハナバチ *Lasioglossum nipponense*　346
ニッポンシロアブ *Tabanus nipponicus*　188
ニッポントゲアワフキバチ *Argogorytes nipponis*　345
ニッポンハナダカバチ *Bembix niponica*　342, 344, 345
ニッポンホオナガスズメバチ *Dolichovespula saxonica*　338
ニッポンミケハラブトハナアブ *Mallota japonica*　214
ニッポンモンキジガバチ *Sceliphron deforme nipponicum*　341
ニトベナガハナアブ *Temnostoma nitobei*　216, 217
ニトベハラボソツリアブ *Systropus nitobei*　192
ニトベベッコウハナアブ *Volucella linearis*　209
ニホンアカズヒラタハバチ *Acantholyda nipponica*　322
ニホンカブラバチ *Athalia japonica*　326, 365（幼）
ニホンカワトンボ *Mnais costalis*　16
ニレキリガ *Cosmia affinis*　317, 364（幼）
ニレハムシ *Pyrrhalta maculicollis*　168
ニワハンミョウ *Cicindela japana*　92
ニンフホソハナカミキリ *Parastrangalis nymphula*　149

【ね】
ネアカナカジロナミシャク *Paradysstroma corussarium*　297
ネギオオアラメハムシ *Galeruca extensa*　168, 357（幼）
ネグロエダシャク *Ramobia basifuscaria*　295
ネグロクサアブ *Craspedometopon frontale*　189
ネグロミズアブ *Craspedometopon frontale*　189
ネジロカミキリ *Pogonocherus seminiveus*　162

【の】
ノコギリカミキリ *Prionus insularis insularis*　143
ノコギリクワガタ *Prosopocoilus inclinatus inclinatus*　106, 107, 110, 355（幼）
ノコギリヒラタカメムシ *Aradus orientalis*　75
ノシメトンボ *Sympetrum infuscatum*　33, 36
ノミバッタ *Xya japonica*　49
ノンネマイマイ *Lymantria monacha*　308, 309

【は】
ハイイロハナカミキリ *Rhagium japonicum*　145
ハイイロヒゲナガハナバチ *Eucera sociabilis*　350
ハイイロヒョウタンゾウムシ *Catapionus gracilicornis*　175
ハイイロビロウドコガネ *Paraserica gricea*　118
ハイイロマルハナバチ *Bombus deuteronymus deuteronymus*　353
ハエトリグモの一種 *Carrhotus* sp.　369
ハガタエグリシャチホコ *Hagapteryx admirabilis*　306
ハガタベニコケガ *Barsine aberrans askoldensis*　311

ハギツツハムシ　*Pachybrachis eruditus*　169
ハクサンギングチ　*Crossocerus hakusanus*　344
ハグロケバエ　*Bibio tenebrosus*　186, 187
ハコネハバチ　*Tenthredo versuta*　324
ハサミツノカメムシ　*Acanthosoma labiduroides*　82
ハサミムシ　→　ハマベハサミムシ
ハセガワトラカミキリ　*Teratoclytus plavilstshikovi*　154
ハッカハムシ　*Chrysolina exanthematica*　165
ハトシラミバエ　*Ornithomya avicularia aobatonis*　220
ハナアブ　*Eristalis tenax*　211, 212
ハナウドゾウムシ　*Catapionus virdimetallicus*　175
ハナグモ　*Misumenops tricuspidatus*　369
ハナダカハナアブ　*Rhingia laevigata*　206
ハナダカヒラアシヒラタアブ　*Platycheirus dux*　204
ハナブトハナアブの一種　*Brachyopa* sp.　218
ハナムグリ　*Eucetonia pilifera*　120
ハネナガキリギリス　*Gampsocleis ussuriensis*　44
ハネナガクロハナアブ　*Cheilosia longipennis*　209
ハネナガフキバッタ　*Eirenephilus longipennis*　51, 53(成, 幼)
ハネナガブドウスズメ　*Acosmeryx naga naga*　305
ハネナガマキバサシガメ　*Nabis stenoferus*　75
ハネナシサシガメ　*Coranus dilatatus*　77
ハネナシヒメバチの一種　*Ichneumonidae* gen. sp.　327
ハネビロエゾトンボ　*Somatochlora clavata*　31
ハネビロハナカミキリ　*Leptura latipennis*　149
ババアメンボ　*Gerris babai*　68, 69
ババムカシハナバチ　*Colletes babai*　346
ハマヒョウタンゴミムシダマシ　*Idisia ornata*　138
ハマベハサミムシ　*Anisolabis maritima*　55
ハムシダマシ　*Lagria rufipennis*　139
ハモンエビグモ　*Philodromus* sp.　369
ハヤシミドリシジミ　*Favonius ultramarinus*　263, 265, 267, 269, 360(幼)
ハラアヒラタハバチ　*Pamphilius venustus*　322
ハラアカマルセイボウ　*Hedychrum japonicum*　330, 331
ハラアカモリヒラタゴミムシ　*Colpodes japonicus*　97
ハラナガクシヒゲガガンボ　*Ctenophora jozana*　184
ハラナガハムシドロバチ　*Symmorphus foveolatus*　340

バラハキリバチ　*Megachile nipponica nipponica*　348
ハラヒシバッタ　→　ヒシバッタ
ハラビロマキバサシガメ　*Himacerus apterus*　75
ハラビロミズアブ　*Clitellaria obtusa*　189
ハラボソトガリヒメバチ　*Apachia tenuiabdominalis*　328
ハラボソムツモンホソヒラタアブ　*Melangyna compositarum*　203
ハリマキマダラハナバチ　*Nomada harimensis*　350
ハルササハマダラミバエ　*Paragastrozona japonica*　193
ハンノアオカミキリ　*Eutetrapha chrysochloris chrysochloris*　162
ハンノアワフキ　*Aphrophora alni*　62
ハンノキカミキリ　*Cagosima sanguinolenta*　162
ハンノキハムシ　*Agelastica coerulea*　165, 357(幼)

【ひ】
ヒオドシチョウ　*Nymphalis xanthomelas japonica*　275
ヒグラシ　*Tanna japonensis japonensis*　60
ヒゲジロキバチ　*Urocerus antennatus*　326
ヒゲナガアリノスアブ　*Microdon macrocerus*　218
ヒゲナガウスバハムシ　*Stenoluperus nipponensis*　170
ヒゲナガオトシブミ　*Paracycnotrachelus longicornis*　174
ヒゲナガガの一種　*Nemophora* sp.　230
ヒゲナガカミキリ　*Pachygrontha antennata*　158, 159
ヒゲナガカワトビケラ　*Stenopsyche marmorata*　227(成, 幼)
ヒゲナガゴマフカミキリ　*Palimna liturata*　160
ヒゲナガハナアブ　*Chrysotoxum shirakii*　205
ヒゲナガミドリカスミカメ　*Lygocoris longiusculus*　72
ヒゲブトツヤチビカスミカメ　*Atractotomus morio*　70
ヒサゴスズメ　*Mimas christophi*　304
ヒシバッタ　*Tetrix japonica*　49
ヒトオビアラゲカミキリ　*Rhopaloscelis unifasciatus*　161
ヒトツメカギバ　*Auzata superba superba*　292
ヒトホシアリバチ　→　ルイスヒトホシアリバチ
ヒトリガ　*Arctia caja phaeosoma*　310, 311, 364(幼)

ヒナバッタ *Chorthippus brunneus* 51, 52
ヒメアカタテハ *Cynthia cardui* 274
ヒメアカハネムシ *Pseudopyrochroa rufula* 139
ヒメアカホシテントウ *Chilocorus kuwanae* 136
ヒメアミメエダシャク *Chiasmia clathrata kurilata* 297
ヒメアメンボ *Gerris latiabdominis* 68, 69
ヒメイトアメンボ *Hydrometra procera* 70
ヒメウスバシロチョウ *Parnassius stubbendorfii hoenei* 246, 247
ヒメウスミドリカスミカメ *Lygocoris hoberlandti* 72
ヒメウラナミジャノメ *Ypthima argus* 287, 288
ヒメオオクサカゲロウ *Nineta vittata* 88
ヒメオオクワガタ *Nipponodorcus montivagus montivagus* 90, 113
ヒメカメノコテントウ *Propylea japonica* 136, 137
ヒメカメノコハムシ *Cassida piperata* 171
ヒメギス *Metrioptera hime* 46
ヒメキマダラヒカゲ *Zophoessa callipteris* 288, 289
ヒメキンイシアブ *Choerades japonicus* 190
ヒメクサキリ *Homocoryphus jezoensis* 45
ヒメクシヒゲガガンボ *Ctenophora angustistyla* 184
ヒメクチバスズメ *Marumba jankowskii* 304
ヒメクロオサムシ *Leptocarabus opaculus opaculus* 95
ヒメクロコメツキ *Ampedus carbunculus* 124
ヒメクロシデムシ *Nicrophorus tenuipes* 105
ヒメクロツチカメムシ *Geotomus palliditarsus* 78
ヒメクロトラカミキリ *Rhaphuma diminuta* 153
ヒメクロヒタラハバチ *Neurotoma sibirica* 322
ヒメゲンゴロウ *Rhantus pulverosus* 100
ヒメコガネ *Anomala rufocuprea* 116, 117
ヒメゴマダラオトシブミ *Paroplapoderus vanvolxemi* 174
ヒメサクラコガネ *Anomala geniculata* 116
ヒメサビキコリ *Agrypnus scrofa scrofa* 124
ヒメシジミ *Plebejus argus pseudaegon* 255
ヒメシロシタバ *Catocala nagioides* 312
ヒメシロスジベッコウハナアブ *Volucella matsumurai* 209
ヒメシロチョウ *Leptidea amurensis* 252
ヒメシロモンドクガ *Orgyia thyellina* 363(幼)
ヒメジンガサハムシ *Cassida fuscorufa* 171
ヒメスジコガネ *Mimela flavilabris* 116, 117

ヒメセアカケバエ *Penthetria japonica* 187
ヒメツノカメムシ *Elasmucha putoni* 83
ヒメテントウノミハムシ *Argopistes tsekooni* 170
ヒメトラガ *Asteropetes noctuina* 307
ヒメハマトビムシ *Orchestia platensis* 366
ヒメハラブトハナアブ *Mallota megilliformis* 214
ヒメヒゲナガカミキリ *Monochamus subfasciatus subfasciatus* 157
ヒメヒラタタマムシ *Anthaxia proteus* 123
ヒメビロウドコガネ *Maladera orientalis* 119
ヒメフンバエ *Scathophaga stercoraria* 220
ヒメホソヒラタアブ *Melangyna cingulata* 203
ヒメマルカツオブシムシ *Anthrenus verbasci* 130
ヒメミズカマキリ *Ranatra unicolor* 67
ヒメモンキアワフキ *Aphrophora rugosa* 63
ヒメヤスデ科の一種 *Julidae gen. sp.* 367
ヒメヤママユ *Saturnia jonasii fallax* 302, 361(幼)
ヒメヨコジマナガハナアブ *Temnostoma apiforme* 216, 217
ヒメリスアカネ *Sympetrum risi yosico* 32, 37
ヒメルリイロアリノスアブ *Microdon simplex* 218
ヒメルリミズアブ *Ptecticus matsumurae* 189
ヒョウタンカスミカメ *Pilophorus setulosus* 74
ヒョウタンゴミムシ *Scarites aterrimus* 99
ヒョウモンエダシャク *Arichanna gaschkevitchii gaschkevitchii* 296
ヒョウモンケシキスイ *Librodor pantherinus* 132
ヒョウモンチョウ *Brenthis daphne iwatensis* 282
ヒラアシキバチ *Tremex longicollis* 326
ヒラクチハバチの一種 *Trichiosoma sp.* 323
ヒラズギングチ *Ectemnius ruficornis* 343
ヒラタアブ亜科の一種 *Syrphinae gen. sp.* 358(幼)
ヒラタアブ属の一種 *Syrphus sp.* 180
ヒラタカメムシ *Aradus consentaneus* 75
ヒラタゴモクムシ *Harpalus platynotus* 97
ヒラタシデムシ *Silpha paerforata venatoria* 105
ヒラタネクイハムシ *Donacia hiurai* 170
ヒラタヒメバチの一種 *Ichnewmonidae gen. sp.* 327
ヒラタヒョウタンナガカメムシ *Caridops albomarginatus* 76
ビロウドカミキリ *Acalolepta fraudatrix fraudatrix* 160

ビロウドコガネ *Maladera japonica japonica* 119
ビロウドツリアブ *Bombylius major* 192
ビロウドハリバエの一種 *Tachina* sp. 221
ヒロオビトンボエダシャク *Cystidia truncangulata* 294, 360(幼)
ヒロオビヒラタアブ *Dasysyrphus tricinctus* 196, 197
ヒロオビモンシデムシ
　Nicrophorus investigator investigator 105
ヒロオオクロハナアブ *Cheilosia latifaciella* 208
ヒロゴモクムシ *Harpalus corporosus* 97
ヒロズハヤバチ *Tachytes latifrons* 342
ビロードナミシャク *Sibatania mactata* 298
ヒロバカゲロウ *Lysmus harmandinus* 87

【ふ】
フクラスズメ *Arcte coerula* 319, 365(幼)
フサヤガ *Eutelia geyeri* 319
フジハムシ *Gonioctena rubripennis* 166, 167
フタオタマムシ *Dicerca furcata aino* 123
フタオビアリノスアブ *Microdon bifasciatus* 218
フタオビクロナガハバチ *Tenthredo hokkaidonis* 324
フタオビハバチ *Jermakia sibirica* 325
フタガタハラブトハナアブ *Mallota dimorpha* 214, 215
フタコブルリハナカミキリ
　Stenocorus coeruleipennis 145
フタスジアブ *Atylotus miser* 188
フタスジカスミカメ *Stenotus binotatus* 73
フタスジコヤガ *Deltote bankiana* 319
フタスジスズバチ →ヤマトフタスジスズバチ
フタスジチョウ *Neptis rivularis bergmanii* 279
フタスジハナカミキリ *Leptura vicaria vicaria* 149
フタスジヒトリ *Spilarctia bifasciata* 311
フタスジヒラタアブ *Dasysyrphus bilineatus* 195, 358(幼)
フタスジベッコウ *Eopompilus internalis* 335
フタスジモンカゲロウ *Ephemera japonica* 12(成, 幼)
フタツメゴミムシ *Lebidia bioculata* 99
フタテンオオヨコバイ *Epiacanthus stramineus* 64
フタトゲムギカスミカメ *Stenodema calcarata* 75
フタホシヒゲナガハナアブ *Chrysotoxum biguttatum* 205
フタホシヒラタアブ *Eupeodes corollae* 194
フタマタマダラカゲロウ *Drunella bifurcata* 13(幼), 354

フタモンアカカスミカメ *Apolygus hilaris* 73
フタモンウスキカスミカメ *Lygocoris honshuensis* 72
フタモンカスミカメ *Adelphocoris variabilis* 71
フタモンクサカゲロウ *Dichochrysa formosana* 88
フタモンクロハバチ *Aglaostigma sapporonis* 326
フタモンホシカメムシ *Pyrrhocoris sibiricus* 77
ブチヒゲカメムシ *Dolycoris baccalum* 82
ブチヒゲクロカスミカメ *Adelphocoris triannulatus* 74
ブチヒゲケブカハムシ *Pyrrhalta annulicornis* 168
ブチヒゲハナカミキリ *Corymbia variicornis* 148
ブチヒゲヒメヘリカメムシ
　Stictopleurus punctatonervosus 78
ブチミャクヨコバイ *Drabescus nigrifemoratus* 65
フデヒメヒラタアブ *Sphaerophoria scripta* 201
ブドウサルハムシ *Bromius obscurus* 170
ブドウスカシクロバ *Illiberis tenuis* 233,358(幼)
ブドウドクガ *Ilema eurydice* 309
フトベニボタル *Lycostomus semiellipticus* 126
フユエダシャクの一種 Ennominae gen. sp. 295
プライヤシリアゲ *Panorpa pryeri* 178, 179
プライヤヒメハマキ *Epiblema pryerana* 231
ブランコヤドリバエ *Exorista japonica* 221
フルショウヤガ *Agrotis militaris* 317, 364(幼)
フレイハナダカチビハナアブ *Sphegina freyana* 210

【へ】
ヘイケボタル *Luciola lateralis* 129, 356(幼)
ベッコウバエ *Dryomyza formosa* 220
ベッコウハナアブ *Volucella jeddona* 209
ベットウヨコバイバチ *Psen bettoh* 341
ベニシジミ *Lycaena phlaeas daimio* 258
ベニシタバ *Catocala electa zalmunna* 312, 313
ベニシタヒトリ *Rhyparioides nebulosus* 310,311
ベニスズメ *Deilephila elpenor lewisii* 304,362(幼)
ベニヒカゲ *Erebia niphonica scoparia* 287,288
ベニヒラタムシ *Cucujus coccinatus* 131
ベニヘリコケガ *Miltochrista miniata rosaria* 311
ベニボタル *Lycostomus modestus* 126
ベニミドリカスミカメ *Lygocoris roseus* 73
ベニモンツノカメムシ *Elasmostethus humeralis* 83
ベニモントラガ *Sarbanissa venusta* 307
ヘビトンボ *Protohermes grandis* 85(成, 幼), 86
ヘラクヌギカメムシ *Urostylis annulicornis* 79

ヘリカメムシ *Coreus marginatus orientalis*　77
ヘリグロチャバネセセリ
　　Thymelicus sylvaticus sylvaticus　236
ヘリグロベニカミキリ *Nupserha marginella*　154
ヘリヒラタアブ *Didea alneti*　198
ペレーマエダテバチ *Psenulus lubricus*　342
【ほ】
ホウジャク *Macroglossum stellatarum*　304
ホクダイコハナバチ *Lasioglossum duplex*　346
ホクチチビハナカミキリ *Alosterna tabacicolor*
　　146
ホシアワフキ *Aphrophora stictica*　62
ホシウスバカゲロウ *Glenuroides japonicus*　89
ホシシャク *Naxa seriaria*　299
ホシツヤヒラタアブ *Melanostoma scalare*
　　204, 205
ホシツリアブ *Anthrax distigma*　192
ホシメハナアブ *Eristalinus tarsalis*　213
ホソアトキリゴミムシ *Dromius prolixus*　98
ホソアワフキ *Philaenus spumarius*　62
ホソガガンボ属の一種 *Nephrotoma* sp.　183
ホソカミキリ *Distenia gracilis gracilis*　144
ホソクビキマワリ *Stenophanes rubripennis*　138
ホソコバネカミキリ *Necydalis pennata*　150
ホソサビキコリ *Agrypnus fuliginosus*　124
ホソツヤヒラタアブ *Melanostoma mellinum*　204
ホソトラカミキリ *Rhaphuma xenisca*　153
ホソバセダカモクメ *Cucullia fraterna*
　　316, 355(幼)
ホソヒゲキボシアブ *Hybomitra olsoi*　188
ホソヒメヒラタアブ *Sphaerophoria macrogaster*
　　201
ホソヒラアシヒラタアブ *Platycheirus angustatus*
　　204
ホソヒラタアブ *Episyrphus balteatus*
　　201, 357(幼, さなぎ)
ホソベニボタル *Mesolycus atrorufus*　126
ホソムシヒキの一種 *Leptogaster* sp.　191
ホタルハムシ *Monolepta dichroa*　170, 171
ホッカイジョウカイ *Wittmercantharis vulcana*
　　128
ポプラハバチ *Trichiocampus populi*　365(幼)
ホホアカクロバエ *Calliphora vicina*　222
ホンサナエ *Gomphus postocularis*　22
【ま】
マイコアカネ *Sympetrum kunckeli*　32, 36
マイコトラガ *Maikona jezoensis jezoensis*　307
マイマイガ *Lymantria dispar praeterea*
　　308, 309, 363(幼, さなぎ)
マエアカクロベニボタル
　　Cautires zahradniki zahradniki　127
マエアカスカシノメイガ *Palpita nigropunctalis*
　　234
マエキアワフキ *Aphrophora pectoralis*　62
マエジロオオヨコバイ *Kolla atramentaria*　64
マエモンシデムシ *Nicrophorus maculifrons*　105
マガイヒラタアブ *Syrphus dubius*　194, 197
マガタマモンヒラタアブ *Syrphus annulifemur*
　　195
マガリケムシヒキ *Neoitamus angusticornis*　191
マガリモンハナアブ *Anasimyia lunulata*
　　211, 213
マキバカスミカメ *Lygus rugulipennis*　73
マクガタテントウ *Coccinula crotchi*　135, 136
マグソコガネ *Aphodius rectus*　122
マダラエダシャクの一種 *Abraxas* sp.　296
マダラガガンボ *Tipula coquilletti*　182
マダラカゲロウ科の一種 Ephemerellidae gen. sp.
　　13
マダラカスミカメ *Cyphodemidea saundersi*　73
マダラカマドウマ *Diestrammena japonica*　44
マダラカミキリモドキ *Oncomerella venosa*　142
マダラキボシキリガ *Dimorphicosmia variegata*
　　317
マダラキンウワバ *Polychrysia splendida*　318
マダラクワガタ *Aesalus asiaticus asiaticus*
　　106, 111, 355(幼)
マダラシボソハナアブ *Baccha maculata*　205
マダラスズ *Pteronemobius nigrofasciatus*　48
マダラツチカメムシ *Trigomegas variegatus*　78
マダラナガカメムシ *Lygaeus equestris*　76
マダラヒメガガンボ
　　Limonia quadrimaculata truncata　183
マダラヒメバチ *Pterocormus generosus*　328
マダラミズメイガ *Elophila interruptalis*　235
マダラヤンマ *Aeschna mixta*　25, 27
マツカレハ *Dendrolimus spectabilis*　300, 361(幼)
マツシタトラカミキリ *Anaglyptus matsushitai*
　　154
マツムラクロハナアブ *Cheilosia matsumurana*
　　208
マツムラナガハナアブ *Spilomyia permagna*
　　216, 217
マツムラフシヒメバチ *Dolichomitus matsumurai*
　　329
マツモトマメゲンゴロウ *Agabus matsumotoi*

101
マツモムシ *Notonecta triguttata* 70
マドヒラタアブ *Eumerus japonicus* 210
マメキシタバ *Catocala duplicata* 314
マメゲンゴロウ *Agabus japonicus* 101
マメコガネ *Popillia japonica* 118
マメコツチバチ *Tiphia isolata* 331
マメノメイガ *Maruca vitrata* 234
マユタテアカネ *Sympetrum eroticum eroticum* 32
マユミトガリバの一種 *Neoploca* sp. 358(幼)
マルカククチゾウムシ *Blosyrus japonicus* 176
マルガタゴミムシ *Amara chalcites* 98
マルガタナガゴミムシ *Pterostichus subovatus* 96
マルガタハナカミキリ *Judolia cometes* 147
マルヒラタアブ *Didea fasciata* 198
マルモンクシヒゲガガンボ *Ctenophora yezoana* 184
マルヤマトリキンバエ *Protocalliphora maruyamensis* 222

【み】
ミカドオオアリ *Camponotus kiusiuensis* 332
ミカドフキバッタ *Parapodisma mikado* 42, 52(幼), 53(成, 幼)
ミズアブの一種 *Orthogoniocera* sp. 189
ミズイロオナガシジミ *Antigius attilia attilia* 260
ミズカマキリ *Ranatra chinensis* 67
ミスジアワフキバチ *Gorytes tricinctus* 345
ミスジシロエダシャク *Taeniophila unio* 296
ミスジチョウ *Neptis philyra excellens* 279
ミスジツマキリエダシャク *Xerodes rufescentaria* 295
ミスジヒシベニボタル *Benibotarus spinicoxis* 126
ミスジヒメヒロクチバエ *Rivellia nigricans* 220
ミズホギングチ *Ectemnius radiatus* 343
ミズムシ *Hesperocorixa distanti distanti* 67
ミゾバネナガクチキ *Melandrya modesta* 140
ミチノクスカシバ *Nokona michinoku* 232
ミツアナアトキリゴミムシ *Parena tripunctata* 98
ミットゲマダラカゲロウ *Drunella trispina* 13(幼)
ミツボシツチカメムシ *Adomerus triguttulus* 78
ミドリオオキスイ *Helota cereopunctata* 132
ミドリカミキリ *Chloridolum viride* 150
ミドリカメノコハムシ *Cassida erudita* 171
ミドリカワゲラ科の一種 Chloroperlidae gen. sp. 40

ミドリキンバエ *Lucilia illustris* 222
ミドリコハナバチ *Halictus tumulorum higashi* 346
ミドリシジミ *Neozephyrus japonicus* 263, 266, 268
ミドリトビハムシ *Crepidodera japonica* 170, 171
ミドリヒョウモン *Argynnis paphia tsushimana* 284, 285, 360(幼)
ミドリヨシカスミカメ *Teratocoris depressus* 75
ミナミヒメヒラタアブ *Sphaerophoria indiana* 201
ミノウスバ *Pryeria sinica* 233
ミミズク *Ledra auditura* 63
ミヤマアカネ *Sympetrum pedemontanum elatum* 34, 37
ミヤマアミメナミシャク *Eustroma aerosum* 298
ミヤマアワフキ *Peuceptyelus nigroscutellatus* 62
ミヤマオオハナムグリ *Protaetia lugubris insperata* 120, 121, 356(幼)
ミヤマオビオオキノコ *Episcapha gorhami* 133
ミヤマカタコハナバチ *Lasioglossum exiliceps* 346, 347
ミヤマカミキリモドキ *Ditylus laevis* 142
ミヤマカラスアゲハ *Papilio maackii* 242〜245
ミヤマキベリホソバ *Eilema okanoi* 310
ミヤマキンバエ *Lucilia papuensis* 222
ミヤマクビアカジョウカイ *Lycocerus nakanei* 128
ミヤマクロバエ *Calliphora vomitoria* 222
ミヤマクワガタ *Lucanus maculifemoratus* 107〜109, 355(幼)
ミヤマケクロハナアブ *Cheilosia eurodes* 207
ミヤマジュウジアトキリゴミムシ *Lebia sylvarum* 98
ミヤマセセリ *Erynnis montanus* 237, 239
ミヤマツノカメムシ *Acanthosoma spinicolle* 82
ミヤマツヤセイボウ *Philoctetes monticola* 330
ミヤマハンミョウ *Cicindela sachalinensis* 92, 355(幼)
ミヤマヒゲボソゾウムシ *Phyllobius annectens* 177
ミヤマヒラタハバチ *Pamphilius masao* 322
ミヤマヒラタハムシ *Gastrolina peltoidea* 167, 357(幼, さなぎ)
ミヤマフキバッタ → ミカドフキバッタ
ミヤマミズスマシ *Gyrinus reticulatus* 99
ミヤマヨモギハムシ *Chrysolina porosirensis* 164

ミヤマルリイロハラナガハナアブ *Xylota coquilletti* 219
ミヤマルリハナカミキリ *Kanekoa azumensis* 146
ミンミンゼミ *Oncotympana maculaticollis* 61
【む】
ムカシトンボ *Epiophlebia superstes* 21, 354(幼)
ムギヤガ *Euxoa karschi* 316
ムクゲコノハ *Lagoptera juno* 319
ムチンシマママメヒラタアブ *Paragus clausseni* 205
ムツアカネ *Sympetrum danae* 34, 36
ムツボシオニグモの一種 *Araniella* sp. 368
ムツボシクチグロヒラタアブ
　Parasyrphus macularis 200
ムツボシタマムシ *Chrysobothris succedanea* 123
ムツボシツツハムシ *Cryptocephalus sexpunctatus* 169
ムツボシハチモドキハナアブ
　Takaomyia sexmaculata 210, 211
ムツボシヒメバチ *Pterocormus sexmaculatus* 327
ムツボシベッコウ *Anoplius viaticus* 334
ムツモンホソヒラタアブ *Melangyna lasiophthalma* 202
ムツモンミツギリゾウムシ *Pseudorychodes insignis* 177
ムナキハナアブ *Pterallastes unicolor* 215, 216
ムナグロチャイロツヤハダコメツキ
　Scutellathous porrecticollis 124
ムナグロツヤハムシ *Arthrotus niger* 168
ムナグロミドリカスミカメ *Lygocoris nipponicus* 72
ムナビロサビキコリ *Agrypnus cordicollis* 124
ムネアカオオアリ *Camponotus obscuripes* 332
ムネアカオオホソトビハムシ *Luperomorpha collaris* 170
ムネアカクロジョウカイ *Lycocerus adusticollis* 128
ムネアカハラビロヒメハナバチ
　Andrena parathoracica 347
ムネグロリンゴカミキリ *Nupserha sericans* 163
ムネスジダンダラコメツキ属の一種
　Harminius sp. 125
ムネビロイネゾウモドキ *Dorytomus notaroides* 176
ムネビロハネカクシ *Algon grandicollis* 104
ムモンアカシジミ *Shirozua jonasi* 260(成, 幼), 261
ムモンクサカゲロウ *Chrysotropia ciliata* 88
ムモントックリバチ *Eumenes rubronotatus* 340
ムモンマキゲヒラアシヒラタアブ
　Platycheirus immaculatus 204
ムモンミドリカスミカメ *Lygocoris idoneus* 72
ムラサキエダシャク *Selenia tetralunaria* 295
ムラサキオオツチハンミョウ
　Meloe violaceus semenowi 141
ムラサキカメムシ *Carpocoris purpureipennis* 82
ムラサキシタバ *Catocala fraxini jezoensis* 313
ムラサキツヤハナムグリ *Protaetia cataphracta* 121
ムラサキトビケラ *Eubasilisa regina* 224, 225(成, 幼)
ムラサキミツボシアツバ *Hypena narratalis* 319
【め】
メスアカキマダラコメツキ *Gamepenthes versipellis* 125
メスアカケバエ *Bibio rufiventris* 186
メスアカミドリシジミ *Chrysozephyrus smaragdinus* 264, 266, 268, 360(幼)
メスグロヒゲボソムシヒキ *Cyrtopogon pulchripes* 191
メスグロヒョウモン *Damora sagana ilone* 284, 360(幼)
メススジゲンゴロウ *Acilius japonicus* 100
メノコツチハンミョウ *Meloe menoko* 141
メンガタカスミカメ *Eurystylus coelestialium* 74
【も】
モイワウスバカゲロウ *Epacanthaclisus moiwana* 89
モイワガガンボ *Tipula moiwana* 183
モイワサナエ *Davidius moiwanus moiwanus* 22
モクメシャチホコ *Cerura felina* 305, 363(幼)
モジツノゼミ *Tsunozemia mojiensis* 63
モトドマリクロハナアブ *Cheilosia motodomariensis* 207
モトドマリハラボソヒラタアブ
　Melangyna motodomariensis 203
モノサシトンボ *Copera annulata* 17
モモアカハラナガハナアブ *Chalcosyrphus femoratus* 219
モモブトカミキリモドキ *Oedemeronia lucidicollis* 142
モモブトコハナアブ *Tropidia scita* 210
モモブトスカシバ *Macroscelesia japona* 232
モモブトチビハナアブ *Syritta pipiens* 210
モモブトハナアブ属の一種A *Criorhina* sp. A

214
モモブトハナアブ属の一種B *Criorhina* sp. B 214
モモブトハナカミキリ *Oedecnema dubia* 148
モリズミウマ *Diestrammena unicolor* 44
モンカゲロウ *Ephemera strigata* 10, 12(成, 幼)
モンキアワフキ *Aphrophora major* 62, 63
モンキキリガ *Xanthia icteritia* 317
モンキゴミムシダマシ *Diaperis lewisi lewisi* 138
モンキチョウ *Colias erate poliographus* 248
モンキナガクチキムシ *Penthe japana* 139
モンキハバチ *Conaspidia guttata* 325
モンキマキバカスミカメ *Orthops scutellatus* 73
モンキマメゲンゴロウ *Platambus pictipennis* 101
モンキモモブトハナアブ *Pseudovolucella decipiens* 210
モンギンスジヒメハマキ *Olethreutes captiosana* 231
モンクサカゲロウ *Chrysopa lezeyi* 88
モンシロサシガメ *Rhynocoris leucospilus* 77
モンシロチョウ *Pieris rapae crucivora* 249(成, 卵, 幼), 359(幼, さなぎ)
モンシロドクガ *Sphrageidus similis* 309, 363(幼)
モンスズメバチ *Vespa crabro* 217, 337
モントガリバ *Thyatira batis japonica* 293
【や】
ヤスジシャチホコ *Epodonta lineata* 306
ヤスマツアメンボ *Macrogerris insularis* 68, 69
ヤセモリヒラタゴミムシ *Colpodes elainus elainus* 97
ヤチバエの一種 *Tetanocera* sp. 220
ヤツボシハナカミキリ *Leptura mimica* 147
ヤツメカミキリ *Eutetrapha ocelota* 162
ヤドカリチョッキリ *Paradeporaus depressus* 174
ヤドリスズメバチ *Vespula austriaca* 339
ヤドリホオナガスズメバチ *Dolichovespula adulterina* 338
ヤナギシリジロゾウムシ *Cryptorhynchus lapathi* 175
ヤナギハムシ *Chrysomela vigintipunctata* 166
ヤナギホシハムシ *Gonioctena honshuensis* 166
ヤナギムジハムシ *Gonioctena sibirica* 166, 167
ヤナギルリハムシ *Plagiodera versicolora* 169
ヤノトガリハナバチ *Coelioxys yanonis* 349
ヤホシゴミムシ *Lebidia octoguttata* 98
ヤマガタヒメバチ *Chasmias major* 327

ヤマキマダラヒカゲ *Neope niphonica niphonica* 290
ヤマジガバチ *Ammophila infesta* 341
ヤマシロオニグモ *Neoscona scylla* 368
ヤマトアザミテントウ *Epilachna niponica* 136
ヤマトアシナガアリ *Aphaenogaster japonica* 333
ヤマトアブ *Tabanus rufidens* 188, 357(さなぎ)
ヤマトアミメボタル *Xylobanus japonicus* 126
ヤマトクサカゲロウ *Chrysoperla nipponensis* 88
ヤマトクロベッコウ *Anoplius japonicus* 334
ヤマトツヤハナバチ *Ceratina japonica* 349
ヤマトトゲアナバチ *Oxybelus strandi* 344
ヤマトフタスジスズバチ *Discoelius japonicus* 340
ヤマトヤブカ *Aedes japonicus japonicus* 185, 357(幼, さなぎ)
ヤマナラシハムシ *Phratora laticollis* 169
ヤママユ *Antheraea yamamai ussuriensis* 302, 362(幼, さなぎ)
ヤマモトクロベッコウ *Anospilus carbonicolor* 335
ヤンコウスキーキリガ *Xanthocosmia jankowskii* 317
【よ】
ヨコジマオオハリバエの一種 *Tachina* sp. 221
ヨコジマオオヒラタアブ *Dideoides latus* 197
ヨコジマナガハナアブ *Temnostoma vespiforme* 216, 217
ヨコモンハナアブ *Blera japonica* 218
ヨコモンヒラタアブ *Ischyrosyrphus laternarius* 198
ヨシカレハ *Euthrix potatoria bergmani* 300, 361(幼)
ヨシヨトウ *Rhizedra lutosa griseata* 316
ヨスジアカヨトウ *Pygopteryx suava* 316
ヨスジキンメアブ
   Chrysops vanderwulpi yamatoensis 188
ヨツアナミズギワゴミムシ *Bembidion tetraporum* 99
ヨツキボシカミキリ *Homalogonia obtusa* 163
ヨツスジハナカミキリ
   Leptura ochraceofasciata ochraceofasciata 148
ヨツボシオオアリ *Camponotus quadrinotatus* 332
ヨツボシオオキスイ *Helota gemmata* 132
ヨツボシオオキノコ *Eutriplax tuberculifrons* 133
ヨツボシカメムシ *Homalogonia obtusa* 82
ヨツボシクサカゲロウ *Chrysopa pallens* 88
ヨツボシクロヒメゲンゴロウ *Ilybius chishimanus* 100

ヨツボシケシキスイ *Librodor japonicus* 132
ヨツボシトンボ *Libellula quadrimaculata asahinai* 35
ヨツボシノメイガ *Talanga quadrimaculalis* 235
ヨツボシヒラタアブ *Xanthandrus comtus* 198
ヨツボシヒラタシデムシ *Dendroxena sexcarinata* 105
ヨツボシホソバ *Lithosia quadra* 311, 364(幼)
ヨツボシマグソコガネ *Aphodius sordidus* 122
ヨツボシモンシデムシ *Nicrophorus quadripunctatus* 105
ヨツボシワシグモ *Kishidaia albimaculata* 368
ヨツメクロノメイガ *Algedonia luctaualis* 234
ヨツモンカメムシ *Urochela quadrinotata* 79
ヨツモンコヒラタアブ *Pipiza quadrimaculata* 206
ヨツモンハラナガハナアブ *Chalcosyrphus nemorum* 219
ヨツモンホソヒラタアブ *Melangyna quadrimaculata* 202
ヨトウガ *Mamestra brassicae* 315, 364(幼)
ヨフシハバチ *Blasticotoma filiceti pacifica* 323
ヨモギハムシ *Chrysolina aurichalcea* 164, 165, 356(幼)
ヨモギヒメヒゲナガアブラムシ *Macrosiphoniella yomogicola* 66
ヨモギヒシウンカ *Oecleopsis artemisiae* 65

【ら】
ラップホシヒラタアブ *Eupeodes lapponicus* 195

【り】
リシリヒトリ *Hyphoraia aulica rishiriensis* 310, 311
リンゴコフキハムシ *Lypesthes ater* 171
リンゴシジミ *Strymonidia pruni jezoensis* 259
リンゴドクガ *Calliteara pseudabietis* 309, 363(幼), 364(幼)
リンゴドクガホシアメバチ *Enicospilus pudibundae* 329
リンゴヒゲナガゾウムシ *Phyllobius longicornis* 177
リンゴマダラヨコバイ *Orientus ishidae* 63

【る】
ルイステントウ *Adalia conglomerata* 134
ルイスヒトホシアリバチ *Smicromyrme lewisi* 331
ルイヨウマダラテントウ *Epilachna yasutomii* 136
ルリイトトンボ *Enallagma boreale circulatum* 17, 19
ルリオトシブミ *Euops punctatostriatus* 174
ルリキンバエ *Protophormia terraenovae* 222
ルリクビボソハムシ *Lema cirsicola* 166
ルリコガシラハネカクシ *Philonthus cyanipennis* 104
ルリコンボウハバチ *Orientabia japonica* 323
ルリシジミ *Celastrina argiolus ladonides* 254
ルリタテハ *Kaniska canace nojaponicum* 277
ルリチュウレンジ *Arge similis* 322
ルリツヤハダコメツキ *Hemicrepidius subcyaneus* 125
ルリハナカミキリ *Anoploderomorpha cyanea* 146
ルリハムシ *Linaeidea aenea* 165
ルリハリバエ属の一種 *Gymnochaeta* sp. 221
ルリヒラタカミキリ *Callidium violaceum* 151
ルリヒラタゴミムシ *Dicranoncus femoralis* 97
ルリボシカミキリ *Rosalia batesi* 151
ルリボシヤンマ *Aeschna juncea* 14, 24, 26
ルリマルノミハムシ *Nonarthra cyanea* 168
ルリミズアブ *Sargus niphonensis* 189

【わ】
ワカバグモ *Oxytate striatipes* 369
ワシグモ科の一種 Gnaphosidae gen. sp. 368
ワタセヒメハナバチ *Andrena watasei* 348
ワタナベハムシ *Chrysolina watanabei* 164, 165
ワタリマツボシヒラタアブ *Scaeva pyrastri* 195
ワモンキシタバ *Catocala fulminea xarippe* 314
ワモンナガハムシ *Zeugophora annulata* 168, 169
ワラジムシ *Porcellio scaber* 366

Tenthredo 属の一種 *Tenthredo* sp. 325

木野田　君公（きのた　きみひろ）
　1960年　青森市に生まれる
　1984年　北海道大学工学部卒業
　現　在　自営業

札幌の昆虫

発　行	2006年6月10日　第1刷
	2022年3月10日　第6刷

■

著　者	木野田　君公
発行者	櫻井　義秀
発行所	北海道大学出版会

　　　　　札幌市北区北9西8 北大構内　Tel. 011-747-2308・Fax. 011-736-8605
　　　　　http://www.hup.gr.jp

印　刷	株式会社アイワード
製　本	石田製本株式会社
装　幀	須田　照生

Ⓒ Kimihiro Kinota, 2006　　　　　　　　　　　　　　Printed in Japan

ISBN978-4-8329-1391-2

バッタ・コオロギ・キリギリス大図鑑	日本直翅類学会編	A4・728頁 価格50000円
日本産ハバチ・キバチ類図鑑	内藤　親彦 篠原　明彦著 原　　秀穂 伊藤ふくお写真	B5・552頁 価格18000円
原色日本トンボ幼虫・成虫大図鑑	杉村光俊他著	A4・956頁 価格60000円
日本産トンボ目幼虫検索図説	石田　勝義著	B5・464頁 価格13000円
マルハナバチ ―愛嬌者の知られざる生態―	片山　栄助著	B5・204頁 価格5000円
バッタ・コオロギ・キリギリス生態図鑑	村井　貴史著 伊藤ふくお	四六・452頁 価格2600円
日本産マルハナバチ図鑑	木野田君公 高見澤今朝雄著 伊藤　誠夫	四六・194頁 価格1800円
新装版　里山の昆虫たち ―その生活と環境―	山下　善平著	B5・148頁 価格2800円
完本　北海道蝶類図鑑	永盛俊行他著	B5・406頁 価格13000円
北海道の蝶	永盛　俊行 芝田　　翼著 辻　　規男 石黒　　誠	四六・432頁 価格3000円
ウスバキチョウ	渡辺　康之著	A4・188頁 価格15000円
ギフチョウ	渡辺康之編著	A4・280頁 価格20000円
エゾシロチョウ	朝比奈英三著	A5・48頁 価格1400円
虫たちの越冬戦略 ―昆虫はどうやって寒さに耐えるか―	朝比奈英三著	四六・198頁 価格1800円
新北海道の花	梅沢　　俊著	四六・464頁 価格2800円
北海道の湿原と植物	辻井達一 橘ヒサ子編著	四六・266頁 価格2800円
北海道の石	戸苅　賢二著 土屋　　篁	四六・176頁 価格2800円

北海道大学出版会

価格は税別